Visual Development of Android Applications

可视化开发Android应用程序

——拼图开发模式App Inventor 2（第2版）

王向辉　张国印　沈洁　编著

清华大学出版社
北京

内容简介

本书介绍了一种崭新的Android开发模式，将烦琐的代码开发变为轻松的拼图游戏，不仅可以简化开发过程，降低开发难度，还可以提高开发效率，让开发者在Android应用程序开发过程中充满乐趣。

本书分为9章，内容包括App Inventor 2的开发环境搭建、程序设计基础、用户界面、游戏、多媒体、数据存储、社交、网络通信和地图应用开发等方面，较全面地覆盖了Android程序开发所涉及的内容。

本书内容丰富，实用性强，既可用作高等院校信息技术相关课程的教材，也可供工程技术人员参考。

图书在版编目(CIP)数据

可视化开发Android应用程序：拼图开发模式App Inventor 2/王向辉，张国印，沈洁编著. --2版. --北京：清华大学出版社，2015(2021.8重印)

ISBN 978-7-302-37062-8

Ⅰ. ①可… Ⅱ. ①王… ②张… ③沈… Ⅲ. ①移动终端－应用程序－程序设计－高等学校－教材 Ⅳ. ①TN929.53

中国版本图书馆CIP数据核字(2014)第143075号

责任编辑：袁勤勇　王冰飞
封面设计：傅瑞学
责任校对：时翠兰
责任印制：朱雨萌

出版发行：清华大学出版社
　网　址：http://www.tup.com.cn，http://www.wqbook.com
　地　址：北京清华大学学研大厦A座　　**邮　编**：100084
　社 总 机：010-62770175　　**邮　购**：010-83470235
　投稿与读者服务：010-62776969，c-service@tup.tsinghua.edu.cn
　质量反馈：010-62772015，zhiliang@tup.tsinghua.edu.cn
　课件下载：http://www.tup.com.cn，010-83470236
印 装 者：三河市君旺印务有限公司
经　销：全国新华书店
开　本：185mm×260mm　　**印　张**：17　　**字　数**：395千字
版　次：2013年1月第1版　2015年1月第2版　　**印　次**：2021年8月第8次印刷
定　价：49.80元

产品编号：060094-04

FOREWORD

前言

Android是当今应用最为广泛的智能手机平台，具有丰富的软件资源。Android软件开发具有一定的难度，一般需要开发者具备一定的软件开发知识和经验，App Inventor 2的出现将非程序人员编写Android应用软件的愿望变成了现实。App Inventor 2创造的拼图开发方式简化了复杂的程序编码过程，极大地提升了学习者对软件编程的兴趣，并为学习之路创造了一个轻松的开始。

书中所涉及的内容包括App Inventor 2的开发环境搭建、程序设计基础、用户界面、游戏、多媒体、数据存储、社交、网络通信和地图应用开发等方面，较全面地覆盖了Android程序开发所涉及的内容。

全书内容简介如下。

第1章介绍App Inventor 2的起源和优势，展示了利用App Inventor开发的一些作品，并对互联网上的App Inventor 2学习资源进行了简单的介绍。

第2章介绍App Inventor 2的开发环境和账号注册方法，并简单说明了如何使用模拟器和手机进行程序调试。

第3章介绍开发App Inventor 2应用程序的基础知识和基本方法，说明了App Inventor 2的界面编辑器和模块编辑器的作用及其使用方法。

第4章详细介绍App Inventor 2程序开发的基础内容，包括条件判断、循环、列表和函数。

第5章介绍利用App Inventor 2进行界面设计和开发的方法，重点介绍了常见控件的使用方法，并对屏幕的布局方式进行了讲解。

第6章介绍如何使用App Inventor 2开发游戏，详细讲解了画布、精灵和球体控件的使用，并介绍了碰撞检测的原理。

第7章介绍App Inventor 2的多媒体控件和社交控件的使用方法。

第8章介绍App Inventor 2数据存储机制，主要讲解了本地数据库、网络数据库和数据融合表的使用方法，说明了如何使用这些控件进行数据存储、访问和共享。

第9章介绍利用App Inventor 2进行网络通信和地图应用的开发方法，讲解了如何使用位置传感器和谷歌地图，以及如何使用蓝牙和Web控件进行网络通信。

本书主编是王向辉老师，副主编是张国印和沈洁老师。其中，王向辉编写第1～3章，张国印编写第4～5章，沈洁编写第6～9章。参与本书编写和核对工作的还有孙宇彤、杨月、宁凡强、张鑫彧、何志昌、李晓光、姬祥、唐滨、樊旭、汪永峰、王泽宇、寇亮、郭振华、姚佳玮、王奕钧、刘佳坤、谢东良、杨学峰和张婷婷，这里对他们的辛苦工作表示衷心的感谢。

同时感谢谷歌（中国）的朱爱民先生、东北大学的李丹程和刘莹老师，感谢他们对Android教学和科研工作的帮助，以及对哈尔滨工程大学Android人才培养基地的支持。

本书得到谷歌2014年“Android/App Inventor教材出版计划”的资助。

App Inventor是一种新兴的开发模式，很多方面还在不断完善和变化。由于能力和水平所限，虽然竭尽全力，但本书仍然难免存在疏漏，希望各位专家、教师和学生能毫不保留地提出所发现的问题，与编者共同讨论与交流，编者的邮箱为wangxianghui@live.cn。

App Inventor 2屏蔽了Android程序开发中复杂的编程细节，因此可供没有程序基础的低年级学生和非计算机专业学生学习使用，可以在大学一年级和二年级开设这门课程。

所有示例代码和教学资源（教学大纲、教学PPT、习题答案等）均在哈尔滨工程大学的Android资料网站中（http://android.hrbeu.edu.cn）提供下载。

编　者

2014年10月于哈尔滨工程大学

CONTENTS

目录

第 1 章

Android 与 App Inventor 2

App Inventor 2 是一个基于网页、可拖曳的 Android 程序开发环境，它将枯燥的代码变成一块一块的拼图，使 Android 软件开发变得简单有趣，使不懂编程的用户也可以开发出属于自己的 Android 应用程序。通过本章的学习，读者将了解 Android 系统的特点和发展趋势，掌握 App Inventor 2 的起源和优势，了解互联网上一些 App Inventor 2 的学习资源。

本章学习目标

- 了解 Android 系统的起源和发展趋势
- 掌握 App Inventor 2 的优势
- 了解 App Inventor 2 的学习资源

1.1 Android 简介

Android 是 Google 发布的基于 Linux 平台的开源手机操作系统。Android 一词的本义是"机器人"，国内多称为"安卓"。Android 最初应用在智能手机和平板电脑上，是第一个完整、开放、免费的手机操作系统，界面如图 1.1 所示。

图 1.1 Android 界面

安迪·罗宾(Andy Rubin)于2003年创建了Android,并组建了Android团队,于2005年被Google收购。2007年11月5日,Google公司正式向外界展示了这款名为Android的操作系统。

Android是当今世界上应用最广泛的智能手机平台。截至2012年10月,Android应用软件已达到了大约70万个,在Google Play的软件下载量达到了250亿次。2012年9月的统计数据表明,每天的Android设备激活数量已经超过了130万台,激活的设备总量超过4.8亿。Android在全球智能手机操作系统市场所占的份额为76%,在中国市场的占有率高达90%。

Android应用得如此广泛,与其自身的特点是分不开的。首先,Android是一款开源的手机系统,开源有效地缩短了开发周期,降低了开发成本。用户可以免费下载Android源代码,并在原系统的基础上进行二次开发,创造具有个性化的Android系统。Android为各种应用程序提供平等的性能支持,能够满足用户对不同应用的需求,用户可以下载自己喜欢的软件到手机上,也可更改手机的界面或图片的浏览方式,使自己的手机与众不同。借助谷歌在互联网运营方面的优势,谷歌地图、邮件和搜索等服务直接内置在Android系统中,作为用户与互联网之间的重要纽带,增强了手机的实用功能。

Android系统最初只是为智能手机所设计,但随着应用领域的不断拓展,Android系统逐渐广泛应用在平板电脑、电视、手表、眼镜、冰箱、耳机和跑步机等设备中,使我们的生活变得越来越智能化。

如图1.2所示,“谷歌眼镜”是谷歌在2012年4月发布的一款“扩展现实”眼镜产品,可以语音拍照、视频通话和辨明方向,也可以访问互联网信息,还可以处理文字信息和电子邮件。眼镜的右眼镜片上安装了一个微型投影仪和一个摄像头,投影仪用以显示数据,摄像头用来拍摄视频和照片,再通过传感器进行存储和传输,而操控模式可以是语音或触控。

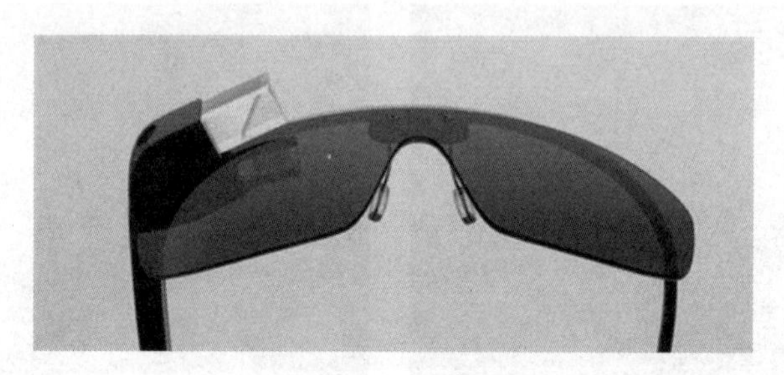

图1.2 谷歌眼镜

如图1.3所示,基于Android系统的i'm Watch智能手表可以显示时间和天气预报,还可以显示短信息和联系人等,并可与其他Android系统手机联接。

如图1.4所示,海尔LD50H9000智能电视使用双核CPU和双核GPU,屏幕尺寸为50寸,分辨率为3840×2160,运行最新的Android 4.0系统。

如图1.5所示,三星Android冰箱是一台有内置应用软件的冰箱,功能包括显示照片、播放音乐和给家人留便条等,三星Android冰箱还有一个专门用来除霜以及改变温度的应用软件。

图 1.3 i'm Watch 智能手表

图 1.4 海尔 LD50H9000 智能电视

图 1.5 三星 Android 冰箱

如图 1.6 所示，Admiral Touch 耳机同样是基于 Android 系统，配备了一块 2.4 英寸的彩色触摸屏，用户可以用它玩游戏和看电影，这款耳机支持 2.4G 和蓝牙通信，具备 7.1 虚拟环绕音效。

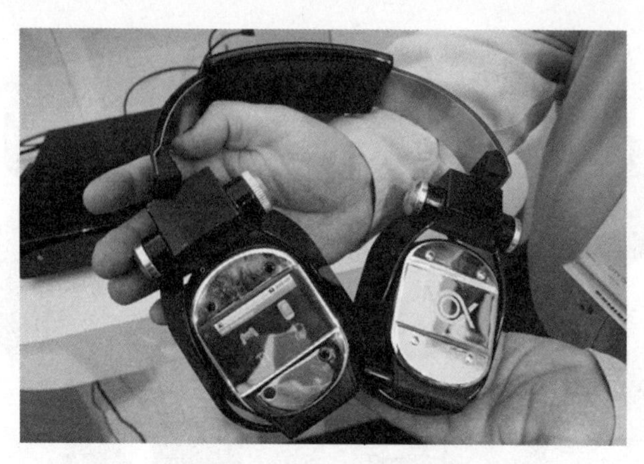

图 1.6　Admiral Touch 耳机

如图 1.7 所示，ProForm Trailrunner 4.0 是一款内置 Android 系统的跑步机，配有 10 英寸的显示屏。该跑步机除了配有传统的心跳监测、运动课程计划、热量消耗统计等功能之外，还支持 WiFi 上网，可以在跑步的时候查看新闻、收发邮件或欣赏影片。

图 1.7　ProForm Trailrunner 4.0 跑步机

1.2　App Inventor 2 起源

App Inventor 的研发目标是“使人们在移动通信的世界里成为创造者，而不仅仅是消费者”。

App Inventor 在很多方面借鉴了麻省理工大学的可视化教学项目 StarLogo TNG（The Next Generation）和 Scratch 的研究成果。StarLogo TNG 和 Scratch 在很多方面对 App Inventor 产生了重要的影响，比如都采用拖曳的编辑方式、模块化的编程语言，且 App Inventor 和 Scratch 一样，都致力于为初学者创造更愉快和更简易的编程体验。

StarLogo TNG 是一种基于主体的仿真语言，由麻省理工媒体实验室和教师教学计划共同研发，其设计的目的主要针对计算机教育，可以用来模拟分散式控制系统的行为。StarLogo TNG 能够利用开放式图形库提供 3D 视野，并运用模块图形语言来增强易用性和易学性，如图 1.8 所示。

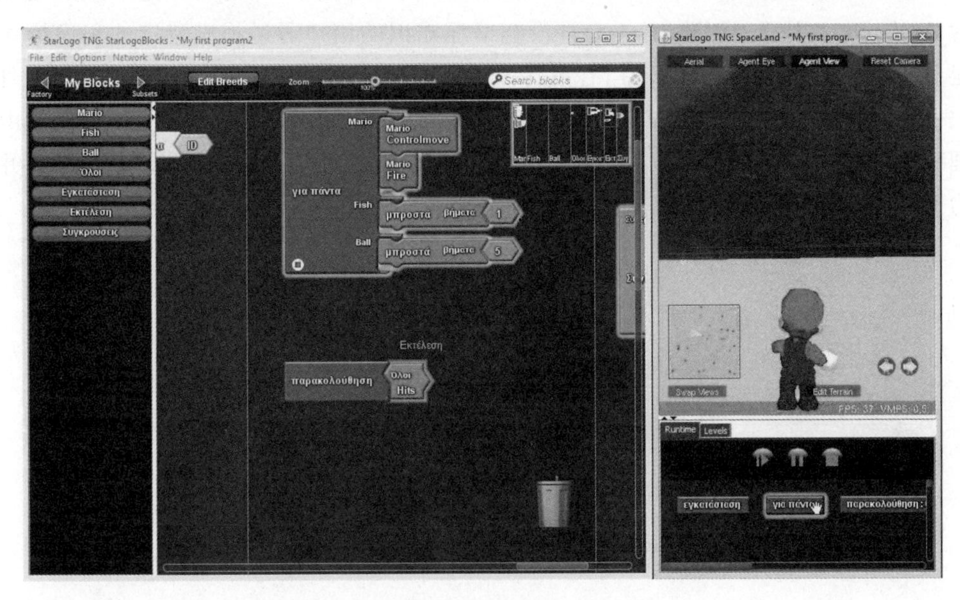

图 1.8 StarLogo TNG

Scratch 是麻省理工媒体实验室开发的一款面向儿童的简易编程工具，旨在通过游戏式的方式激发深层次的学习。如图 1.9 所示，用户可以利用 Scratch 创建互动动画、故事

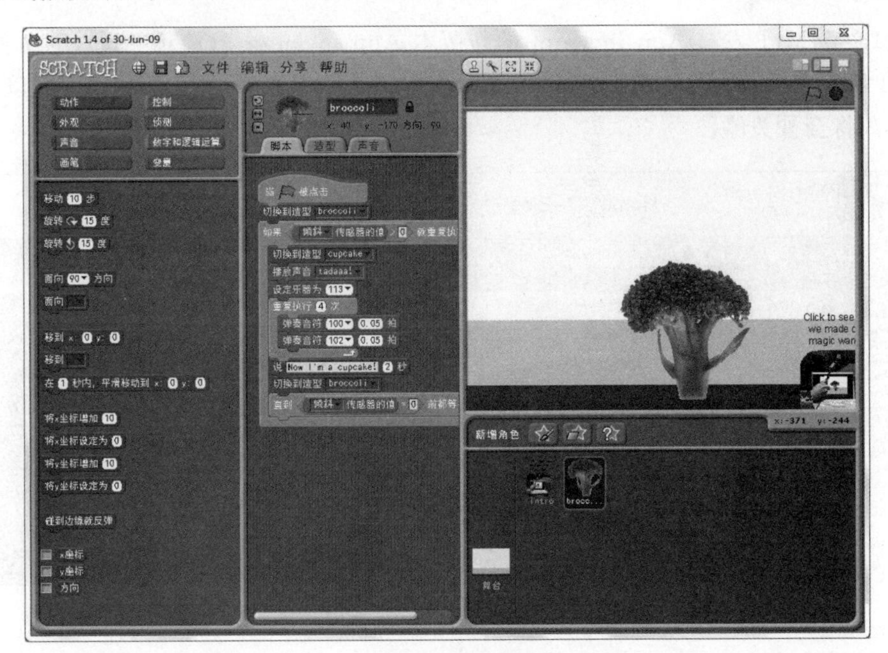

图 1.9 Scratch

或游戏，并可通过网络与其他开发者分享自己的创造成果。麻省理工学院的 Scratch 团队重视软件的易学性，创建和调试 Scratch 程序都非常简易，最早的版本由“终生幼儿园团队”(Lifelong Kindergarten Group)在 2006 年发布。

App Inventor 曾是谷歌实验室的一个子计划，于 2010 年 7 月推出，是一款所见即所得的 Android 应用程序创建器，它允许没有编程知识的用户通过拖曳特定的程序模块来创建 Android 应用。2011 年 8 月，谷歌将该项目的源代码对外开放，并于 2012 年 1 月将该项目移交给麻省理工学院移动学习中心(The MIT Center for Mobile Learning)，由麻省理工学院的 Hal Abelson 教授领导开发，于 2012 年 3 月向互联网用户开放使用，并更名为 MIT App Inventor，网站首页如图 1.10 所示。

图 1.10　MIT App Inventor 网站首页

2013 年，MIT 发布 App Inventor 的新版本 App Inventor 2(简称 AI2)，网站首页如图 1.11 所示。原有版本更名为 App Inventor Classic。原有版本虽然目前仍可以使用，但在不久将会被关停。

图 1.11　MIT App Inventor 2 网站首页

AI2的开发将完全在网页中进行，不再依赖Java虚拟机，而且在开发过程中更加高效、简捷。App Inventor Classic的代码存档格式为zip文件，而AI2的代码存档格式为aia文件，这两个版本的代码存档互不兼容，因此App Inventor Classic的代码存档无法直接在AI2中使用。

1.3 App Inventor 2 优势

目前比较流行的Android开发方式是使用Eclipse编写Java代码，Eclipse集成开发环境如图1.12所示。使用代码进行程序开发是目前较为成熟且普遍的方法，这种开发方式对开发人员的开发知识和经验具有一定的要求，对于刚刚接触程序开发或者没有程序开发经验的用户来说，使用代码开发是一件较为困难的事情。

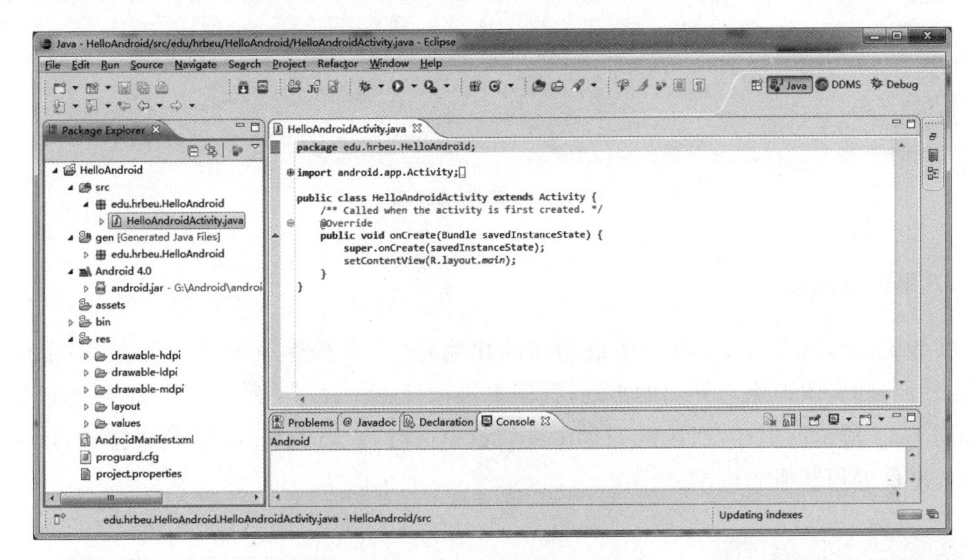

图1.12 Eclipse集成开发环境

相比之下，App Inventor 2为用户提供了更为便捷的开发环境和方法，具有操作简单、可视化、模块化、事件置顶、正确性高和便于调试等优点。

1. 操作简单

使用AI2无须具备编程知识，也不需要记忆和编写代码，程序的组件和功能都存储在模块编辑库中，如图1.13所示，在创建程序时只需将其拖曳到编辑区域进行组合即可，用户不需要记忆如何输入指令或参考任何编程设计手册。

2. 可视化和模块化

在AI2中，不仅用户界面开发是可视化和模块化的，程序逻辑的开发也是如此。如图1.14所示，模块被分为不同的类别，并且标记成不同的颜色，执行不同的动作。在设置每个组件的行为时犹如玩乐高积木，逻辑关系一目了然。

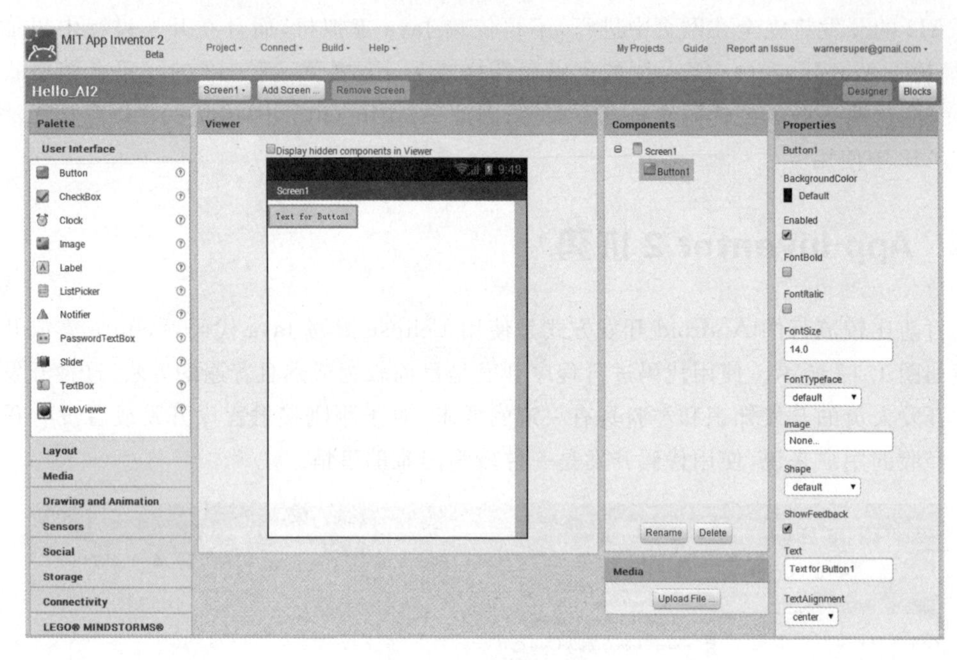

图 1.13　界面编辑器

3. 事件处理器

在传统的编辑语言中，对程序最贴切的比喻是“一个程序就像一个处方，一个说明书”。然而，随着图形用户界面的出现，程序不再像处方一样了，而变成了“事件处理器”，正如图 1.15 所示的那样，当按钮 1(Button1)被单击时，音频 1(Sound1)将被播放，这便是正确的事件处理器概念模型。

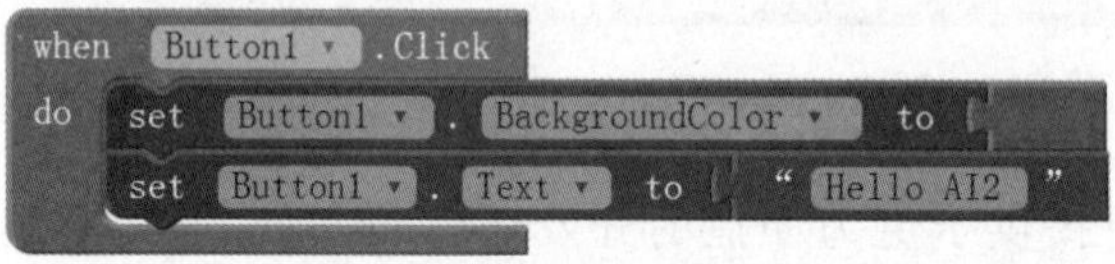

when Button1 .Click
do set Button1 . BackgroundColor to
set Button1 . Text to “ Hello AI2 ”

图 1.14　模块化编辑语言

图 1.15　事件置顶

对于 AI2 来说，一个应用程序便是一套事件处理器。当用户想要设计一个按钮被单击后的效果时，只需拖曳出按钮的单击事件模块，并把单击后要发生的行为模块放置在按钮单击事件模块中就可以了。在设计应用软件的过程中，模块的每个功能行为都预先设计好，并摆放在开发环境中供用户使用，这样大大简化了程序开发工作，也使整个编程过程显得分外清晰。

4. 正确性高且便于调试

在代码式编程过程中，出现错误后信息比较隐秘，无法简单地遏制错误的发生。而 AI2 的模块编辑语言可以从一开始就限制编程的出错几率。例如，如果选择了一种参数模块槽，便无法将其他类型的参数模块与其拼接，这样便降低了参数设置错误的几率。App Inventor 允许相匹配的模块进行拼接，这个特点在一定程度上保证了编程的正确性。

如果编程过程中出现了错误，可以将错误的组件直接拖进 AI2 的回收站进行删除，这比起代码开发方式对错误的修补要方便简捷得多。在应用程序的开发过程中，用户可以随时在自己的 Android 设备上或模拟器上进行调试，对发现的错误可以随时进行修改。

1.4 应用作品展示

本节介绍使用 App Inventor 制作出来的手机软件作品，以便使读者能够直观地了解 App Inventor 和 AI2 的开发能力。

如图 1.16 所示是一款增扩实境的国际象棋游戏。玩家用手机选择自己的团队和开棋的位置，利用室外的开阔地作为棋盘，然后他们充当棋子来回移动。游戏通过 GPS 来记录每个玩家的移动轨迹，并在手机屏幕上展示玩家在虚拟棋盘上的位置。

美国海军陆战队上士 Chris Mstzger 利用 App Inventor 开发了一款应用软件，可以帮助海军陆战队士兵摧毁在战场上发现的炸药，如图 1.17 所示。

图 1.16 增扩实境国际象棋游戏界面

图 1.17 弹药检查

在海地，人道主义开源软件项目利用 App Inventor 开发了两款软件，可帮助那里的人道主义救援人员实地记录降雨量和物价的变化，如图 1.18 所示。

阿拉巴马州劳伦斯郡高中的学生用 App Inventor 开发了一款物种检查软件，可以用来记录野猪的出没。这款软件所记录的数据可以帮助科学家了解野猪入侵的问题，如

图 1.19 所示。

图 1.18 统计软件

图 1.19 物种检查软件

Google 图书搜索软件在进行搜索时，用户可以输入书籍的全名或书名的关键词，然后根据用户所输入的内容显示最相关的书籍信息，图 1.20 展示了该软件的运行界面。

图 1.20 Google 图书搜索软件界面

一款名为 Ez School Bus Locator 的校车定位软件，可以帮助家长确定校车所在的位置，并可以检查自己的孩子是否已经在校车上，界面如图 1.21 所示。

如图 1.22 所示是一款名为 Voice-Controlled Arduino 的语音控制软件，可以利用简单的语音命令，通过手机的蓝牙模块，控制 Arduino 硬件上的 LED 小灯的开关。

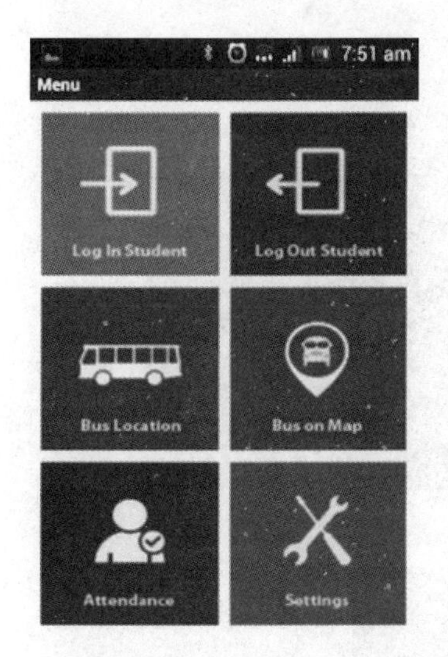

图 1.21 校车定位软件界面

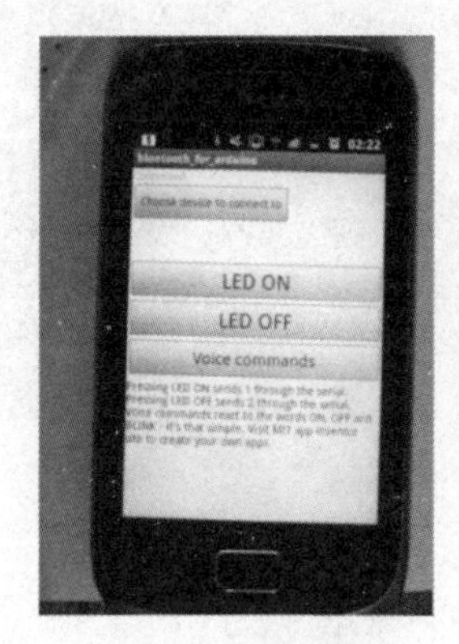

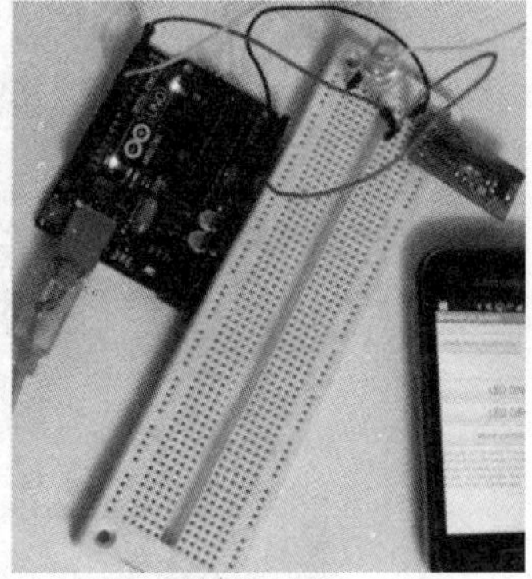

图 1.22 语音控制软件

1.5 App Inventor 2 学习资源

通过前文的介绍，相信读者已经对 AI2 有了一定的了解，下面介绍一些 AI2 的学习资源网站，这些网站中的资源可以帮助读者更好地学习和使用 AI2，进而创造出更多有趣的应用程序。

1. MIT App Inventor(http://appinventor.mit.edu/explore/)

美国麻省理工大学的 App Inventor 2 网站为学生、教师提供了大量的教学资源。其中 Get Start 为开发第一个 AI2 程序提供了简单的指引；Create 可以直接打开集成开发环境，进行 AI2 的应用开发；Tutorials 为开发各种类型的 AI2 程序提供丰富的说明；Library 包含了在开发过程中涉及的各种资料，包括文档、索引、提示和问题解答等；Teach 包含了教师教学过程中所需要的多种教学辅助资源；Forums 是 MIT 为学生和教师提供的开发者论坛。如果用户需要使用 App Inventor Classic，可以通过单击网页最下方的"Find out what's happening with App Inventor 1"链接进入第一代的 App Inventor，如图 1.23 所示。

2. App Inventor TW 中文学习网(http://www.appinventor.tw/home)

该网站为 CAVE 教育国际与翰尼斯企业有限公司合作架构的 App Inventor 教育平台，为学习者提供优秀的网络学习环境、中文说明和一些小应用程序的源代码，网站首页如图 1.24 所示。

3. appinventor.org(http://www.appinventor.org/)

该网站由圣弗朗西斯科大学的 David Wolber 教授创建，网站分为 app inventor 和

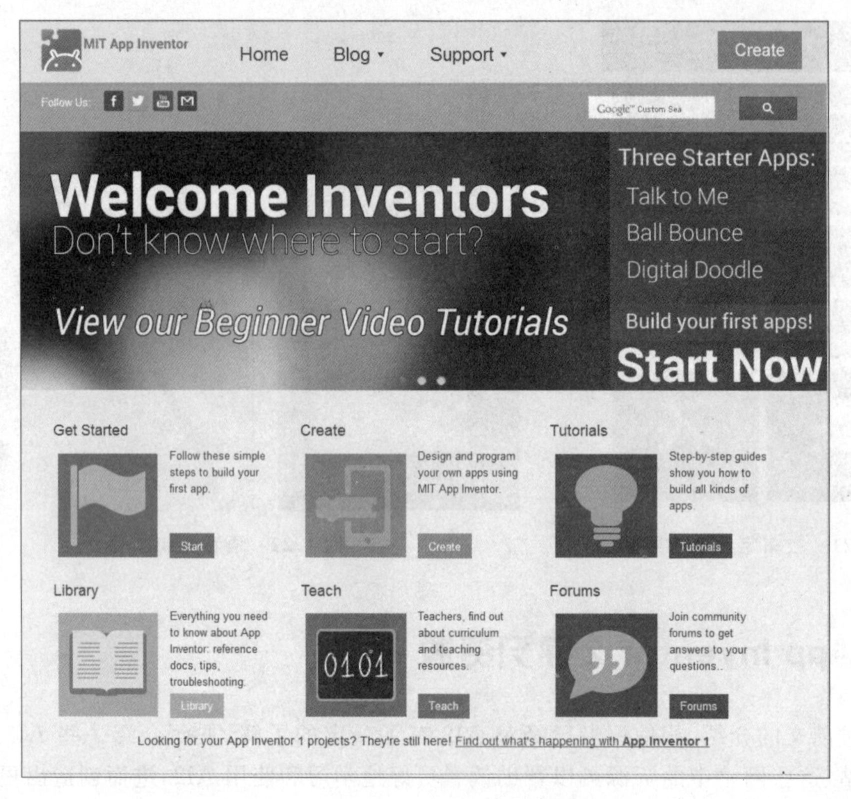

图 1.23　MIT App Inventor 网站

图 1.24　App Inventor TW 中文学习网

app inventor 2 两部分，分别给出对应的书籍和示例代码，而且还有完整的学习指导。该网站的首页如图 1.25 所示。

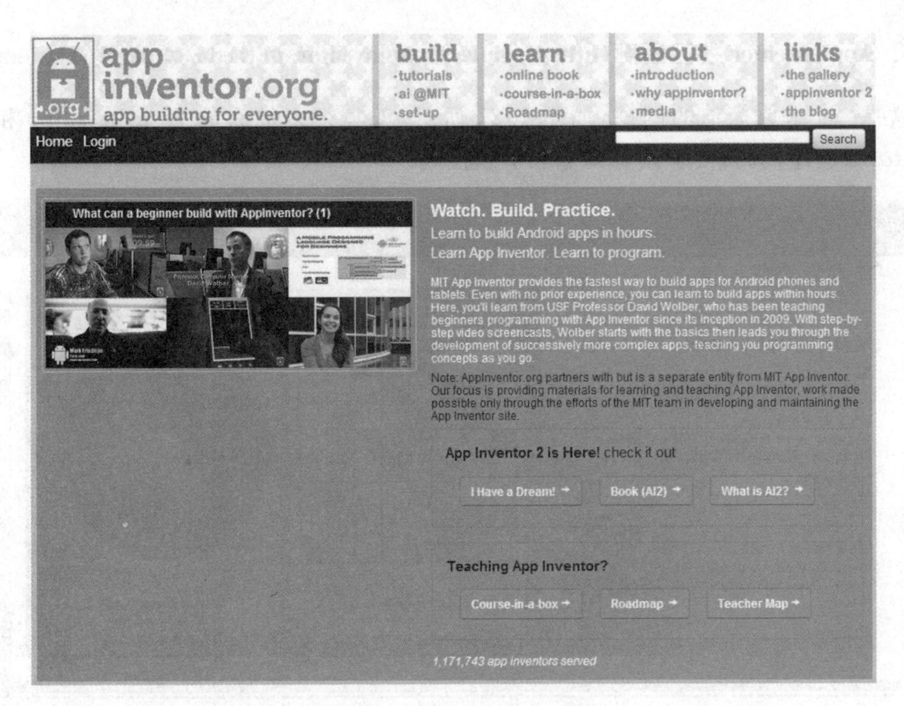

图 1.25 appinventor.org 网站

4. tAIR 网站(http://www.tair.info/)

tAIR 是一个资料非常丰富的网站,如图 1.26 所示,关于 App Inventor 各个方面的资料在这个网站上都找得到,包括示例代码、视频资料、相关书籍、论坛和学习指引等内容。

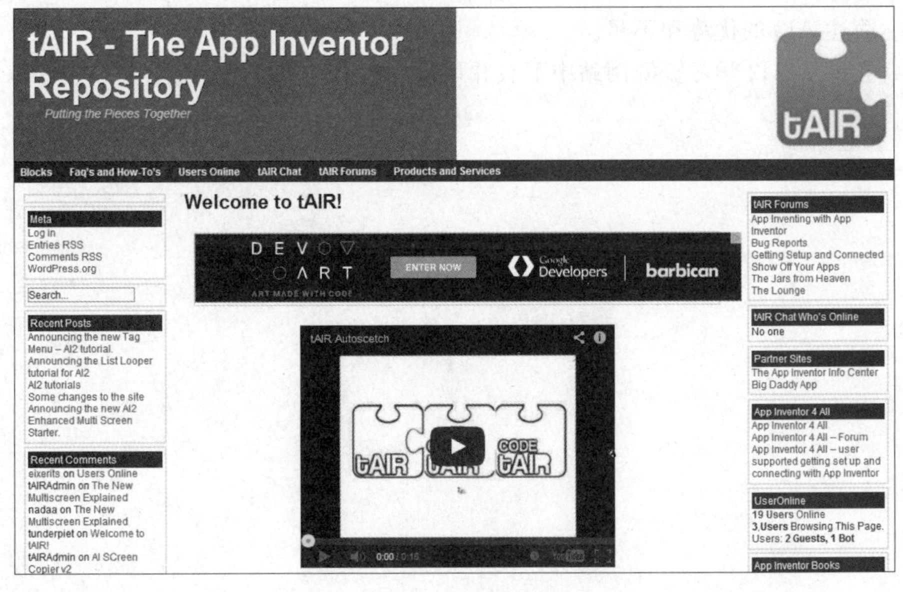

图 1.26 tAIR 网站

5. App Inventor 社区画廊(http://gallery.appinventor.mit.edu/#page%3DHome)

这是一个非常简洁的网站,如图 1.27 所示,汇集很多优秀的 App Inventor 和 App Inventor 2 程序代码,便于读者浏览和下载代码。

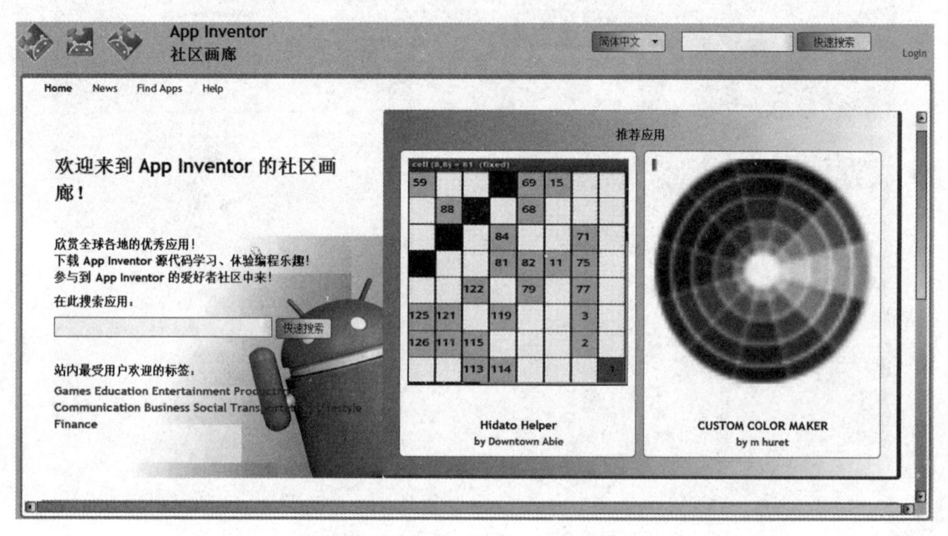

图 1.27 App Inventor 社区画廊

习题

1. 什么是 Android?
2. 简述 AI2 与传统编程方式的区别。
3. 简述 AI2 的优势和不足。
4. 尝试从 AI2 学习资源网站中下载并运行一些小应用程序。

第2章

AI2 开发环境

App Inventor 2 开发环境的安装是开发应用程序的第一步，也是深入了解 AI2 的一个良好的途径。通过本章的学习，读者可以快速掌握如何使用 AI2 开发环境，了解 AI2 界面编辑器和模块编辑器，掌握使用手机和模拟器进行程序调试的方法。

本章学习目标

- 掌握 AI2 开发环境的安装方法
- 熟悉 AI2 界面编辑器和模块编辑器
- 掌握使用手机和模拟器进行应用程序调试的方法

2.1 安装 AI2 开发环境

AI2 提供了基于网页的开发环境，因此读者需要检查自己所使用的操作系统和浏览器是否支持 AI2 开发。AI2 所支持的操作系统和浏览器如表 2.1 和表 2.2 所示。笔者使用的操作系统是 64 位版 Windows 7，使用的浏览器是 Google Chrome。

表 2.1　AI2 所支持的操作系统

操作系统	版本说明
Macintosh	Mac OS X 10.5 或更高版本
Windows	Windows XP, Windows Vista, Windows 7
GNU/Linux	Ubuntu 8 或更高版本，Debian 5 或更高版本
Android Operating System	2.3 或更高版本

表 2.2　AI2 所支持的浏览器

浏览器名称	版本说明
Mozilla Firefox	3.6 或更高版本
Apple Safari	5.0 或更高版本
Google Chrome	4.0 或更高版本
Microsoft Internet Explorer	暂不支持

如果使用的浏览器并不在 AI2 的支持范围内,AI2 会给出如图 2.1 所示的提示,告知用户应当使用被支持的几种浏览器。

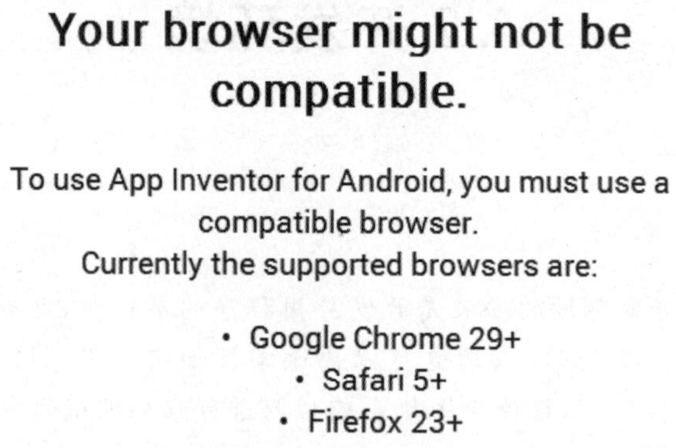

Your browser might not be compatible.
To use App Inventor for Android, you must use a compatible browser.
Currently the supported browsers are:
• Google Chrome 29+
• Safari 5+
• Firefox 23+

图 2.1　浏览器不支持的提示

使用 AI2 进行 Android 应用开发,大致要经过如图 2.2 所示的步骤,首先要注册一个 Gmail 电子邮箱账号,用来登录 AI2;进入 AI2 开发环境,在界面编辑器中开发应用的界面部分,在模块编辑器中开发应用的逻辑部分;在进行应用的调试前,要先安装 AI2 的软件包,手机连接工具 aiStarter 和 Android 模拟器都在这个软件包中;最后用户可以选择 USB、WiFi 或模拟器中的任意一种模式进行应用的调试。

注册Gmail 账号
AI2网页开发环境
调试(安装AI2软件包)
通过USB连接手机调试
通过WiFi连接手机调试
启动手机模拟器调试
界面编辑器
模块编辑器

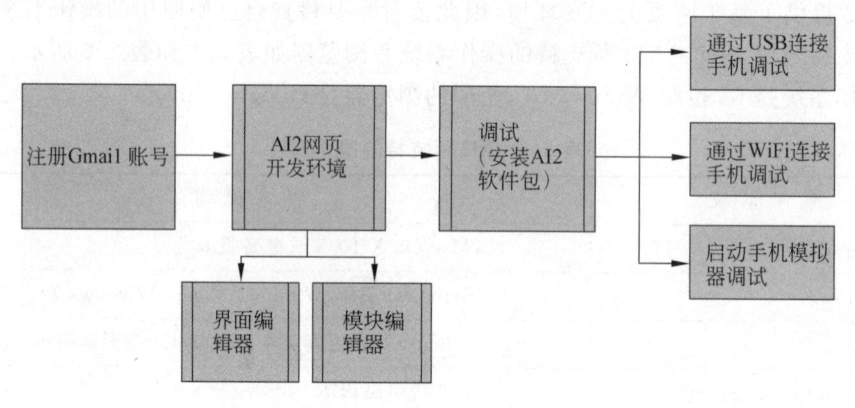

图 2.2　AI2 的开发流程

2.2　注册 Gmail 账号

为了能够区分不同的用户,AI2 需要使用 Google 的 Gmail 邮箱账号进行登录。因此在使用 AI2 之前,先要申请 Google 的 Gmail 账号。

比较快捷的注册方式是直接进入谷歌搜索页面(http://www.google.com.hk),然后单击页面右上角的"登录"按钮,进入 Gmail 邮箱登录页面,如图 2.3 所示。

在登录页面中,如果用户以前使用 Gmail 账号登录过谷歌,会出现如图 2.4 所示的重

图 2.3　谷歌搜索页面

新登录页面，这时用户只要重新输入密码就可以了。

但如果用户没有登录过，则会出现如图 2.5 所示的完整登录页面，要求用户填写用户名和密码。拥有谷歌 Gmail 账号的用户可以直接登录，如果没有 Gmail 账号，则可以单击下方的“创建账户”按钮进入 Gmail 邮箱注册页面。

图 2.4　Gmail 重新登录页面

图 2.5　Gmail 登录页面

在 Gmail 注册页面中，用户需要正确填写姓名、用户名、密码、生日、手机号和电子邮箱等信息，进而完成 Gmail 账号的注册过程，如图 2.6 所示。

图 2.6　Gmail 注册页面

2.3　AI2 开发环境简介

在完成 Gmail 账号注册后，就可以开始使用 AI2 了。首先打开 MIT App Inventor 网站(http://appinventor.mit.edu/explore/)，如图 2.7 所示。然后单击右上角的 Create 按钮，再使用 Gmail 账号登录进入 AI2 的开发环境。

进入 AI2 开发环境后，会显示已经建立的工程列表，如图 2.8 所示；如果用户是首次使用 AI2，显示工程列表的区域应该是空着的。从图 2.8 中可以看出，笔者使用的 AI2 是 Beta 版本。

1. 功能菜单

Project 菜单中提供了一组管理工程的基本操作项，包括显示所有已经建立的项目(My Projects)、新建项目(Start new project)、上传已有的项目源码(Import project from my computer)、删除已有选中项目(Delete project)、保存项目(Save project)、项目另存为(Save project as)、设置便于后期追溯和修改的检查点(Checkpoint)、导出单个选中的已有项目源码(Export selected project to my computer)、导出所有已有项目源码(Export all projects)、导入秘钥(Import keystore)、导出秘钥(Export keystore)和删除秘钥(Delete keystore)。

Connect 菜单中提供了连接设备或模拟器进行调试的操作项，包括通过 WiFi 连接手机调试的 AI 助手(AI Companion)、启动手机模拟器(Emulator)、使用 USB 连接手机调试(USB)、连接软重启(Reset Connection) 和硬重启(Hard Reset)。

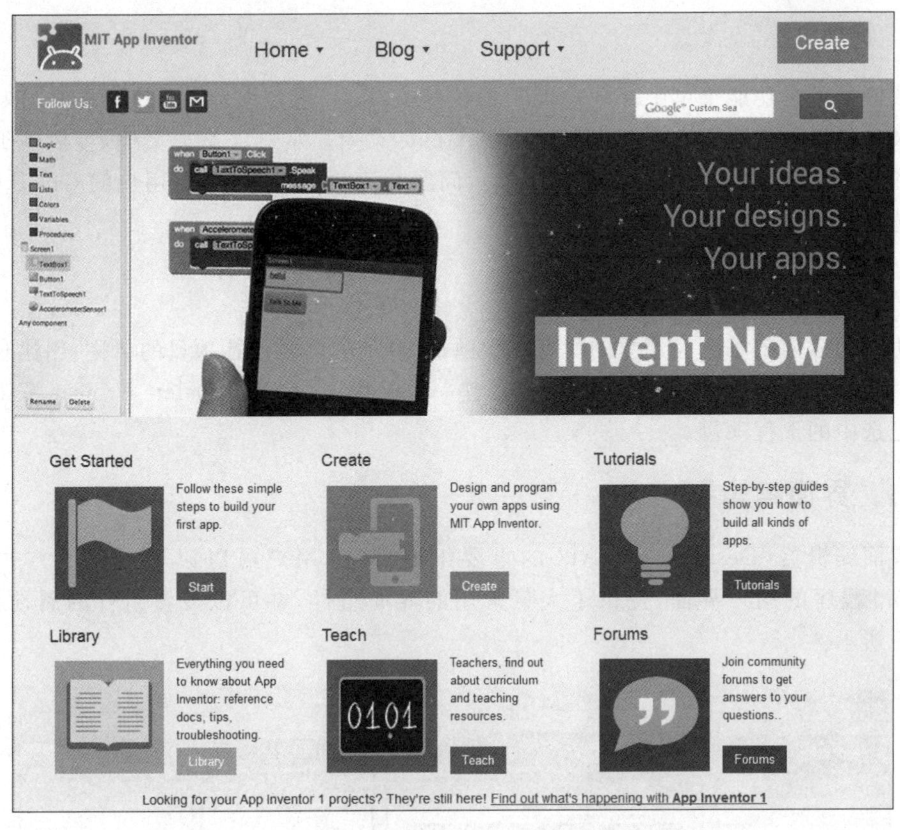

图 2.7 MIT App Inventor 网站

MIT App Inventor 2 Beta　1　Project ▾　Connect ▾　Build ▾　Help ▾　2　My Projects　Guide　Report an Issue　warnersuper@gmail.com ▾

New Project　Delete Project

Projects　3

Name	Date Created	Date Modified ▾
ShowMessage	2014 Mar 30 13:14:25	2014 Mar 31 22:21:17
test002	2014 Mar 26 11:03:31	2014 Mar 30 13:14:08
MiniWeb	2014 Mar 30 09:19:59	2014 Mar 30 09:48:42
SliderColor	2014 Mar 26 14:21:27	2014 Mar 27 09:14:36
test001	2014 Mar 26 10:18:54	2014 Mar 26 10:58:19
TimerClock	2014 Mar 25 23:42:56	2014 Mar 26 00:05:33
SuperClock	2014 Mar 25 22:48:40	2014 Mar 25 23:16:24
Login	2014 Mar 25 02:20:44	2014 Mar 25 18:37:49
FourSeasons	2014 Mar 24 15:45:39	2014 Mar 25 18:35:49
HelloAI2	2014 Mar 23 10:50:22	2014 Mar 23 17:39:52

图 2.8 AI2 的工程列表页面

Build 菜单中提供了打包生成和下载 apk 的操作项，包括二维码扫描下载 apk (provide QR code for .apk)和直接将 apk 文件下载到计算机(save.apk to my computer)。

Help 菜单中提供了辅助 AI2 开发的文档、资源和论坛，包括 AI2 的版本信息(About)、AI2 官方文档(Library、Get Started、Tutorials)、故障排除页面(Troubleshooting)、AI2 论坛(Forums)和问题交流论坛(Report an Issue)。

2. 快捷菜单

快捷菜单是功能菜单中部分功能项的快捷方式,其中,"My Projects"菜单用来从具体的某个项目中快速切换到工程列表页面;Guide 菜单显示 AI2 官方文档,包括各阶段的课程和教学资源;Report an Issue 菜单显示问题交流论坛;通过单击用户的 Gmail 账号,可以选择退出 AI2(Sign out)。

3. 工程列表

工程列表列出了已经建立的所有工程项目,显示的内容包括项目的名称、创建时间和修改时间。单击 New Project 按钮可以新建一个工程项目,单击 Delete Project 按钮可以删除已选中的工程项目。

2.3.1 界面编辑器

界面编辑器(Designer)是 AI2 的重要组成部分,用户可以以可视化的方式设计 Android 程序的用户界面,提供了大量常用的界面组件,并可以设置组件的属性值,如图 2.9 所示。

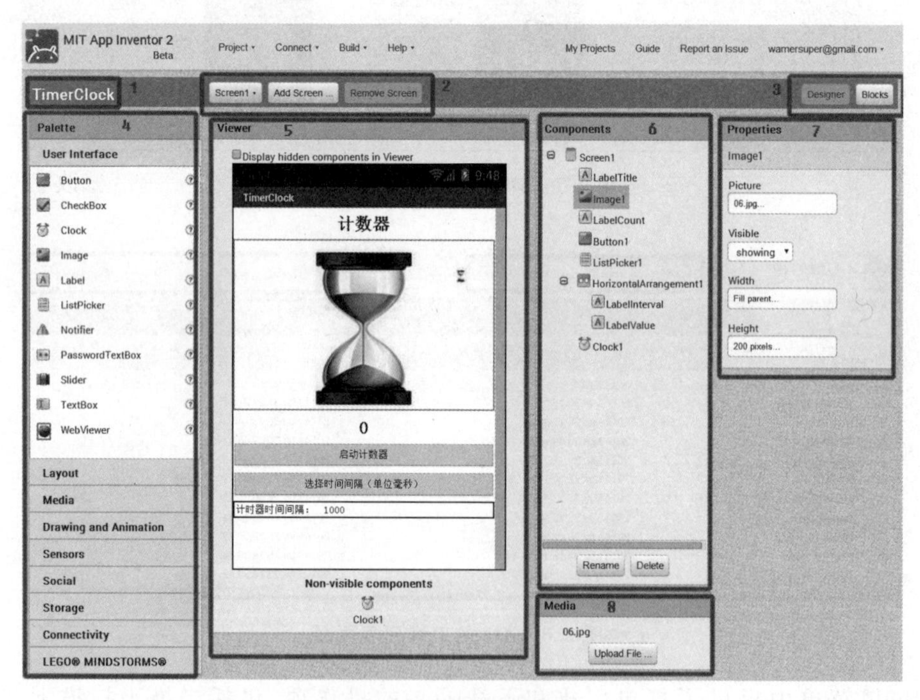

图 2.9 界面编辑器

界面编辑器主要由 8 个部分组成,各部分的功能如下所述。

1. 工程名称

这里显示的是当前工程项目的名称。

2. 屏幕页按钮

Screen1 用来选择需要编辑的屏幕；Add Screen 用来增加一个新的屏幕页；Remove Screen 用来删除已建立的屏幕页，但 Screen1 不能被删除。

3. 编辑器切换按钮

用于在界面编辑器(Designer)和模块编译器(Blocks)之间切换。

4. 控件库(Palette)

分类表的显示了 AI2 所支持的全部界面控件。

5. 预览区(Viewer)

用户在设计界面时，可以将“控件库”中的组件直接拖曳到预览区内，并在预览区内对组件和布局进行调整。同时在属性区对组件的属性进行修改，其修改效果也会立即反应在预览区的该组件上。

6. 构件区(Components)

构件区树形显示组件之间的关系，可以在此区域对组件进行重命名和删除。

7. 属性区(Properties)

用户可以在这里修改组件的属性，如组件的宽度、高度、可见性等，所有修改会立即反应在预览区。

8. 资源区(Media)

该区域显示工程中使用到的所有资源素材，如声音、视频或图片。资源区的按钮(Upload File)可以将本地资源素材文件上传到资源区中。

2.3.2 模块编辑器

模块编辑器(Blocks)主要用于开发应用程序的逻辑和事件处理，在界面编辑器中单击 Blocks 按钮即可切换至模块编辑器，如图 2.10 所示。

模块编辑器主要由如下所述 3 个部分组成。

1. 模块库(Blocks)

模块库提供逻辑开发所需的各种模块，主要有三类模块。内置模块类(Built-in)提供一些常用的基本模块，如颜色、文本、数学和控制等模块；屏幕模块类(Screen1)提供了界面开发时用到的控件的事件、属性和方法，但这些模块与用户在界面编辑器中使用的控件相关，例如用户在界面编辑器中只放置了一个按钮 Button1，则在模块编辑器中就只会出现 Button1 的事件、属性和方法；任意组件(Any component)提供了对同一类型控件的整

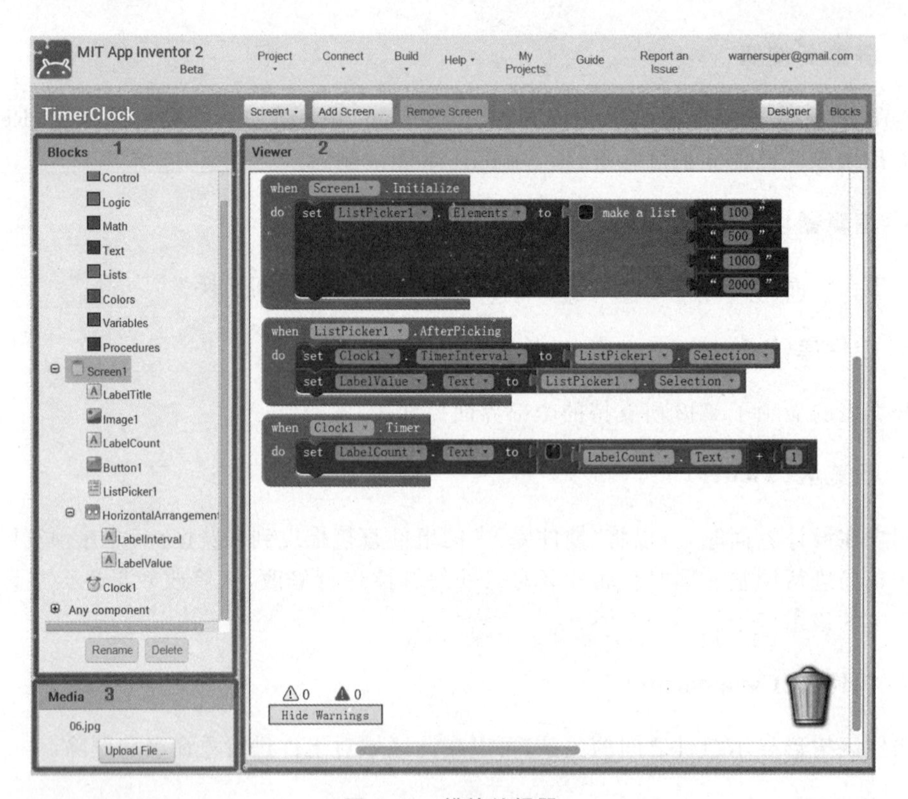

图 2.10　模块编辑器

体操作，例如改变所有按钮的背景颜色、修改所有标签的宽度等。

2. 设计区(Viewer)

模块库中的模块被放置到设计区后，在设计区完成所有模块的拼接和组装，完成整个应用程序的逻辑和事件处理。此外，右下角有垃圾箱，可以将设计区中的模块拖曳到垃圾箱中删除。

3. 资源区(Media)

模块编辑器的资源区和界面编辑器的资源区功能相同，两者共享上传文件。

2.4　安装 AI2 软件包

AI2 支持使用 Android 模拟器或手机进行应用程序的开发、调试和仿真。在进行程序调试前，读者需要先下载 AI2 提供的软件包，Android 模拟器、USB 驱动和相关的通信软件都在这个软件包中。

在笔者编写本书期间，AI2 只提供 Windows 版本和 Mac OS X 版本的软件包，GNU/Linux 版本的软件包还在开发过程中。软件包的下载地址参考表 2.3。

表 2.3 软件包下载地址

操作系统	网 址
Windows	http://appinventor. mit. edu/explore/ai2/windows. html
Mac OS X	http://appinventor. mit. edu/explore/ai2/mac. html
GNU/Linux	暂不支持

Windows 版本的下载页面如图 2.11 所示，单击 Download the installer 选项，可直接下载 AI2 的软件包，文件名为 AppInventor_Setup_Installer_v_2_1. exe，文件大小在 100MB 左右。

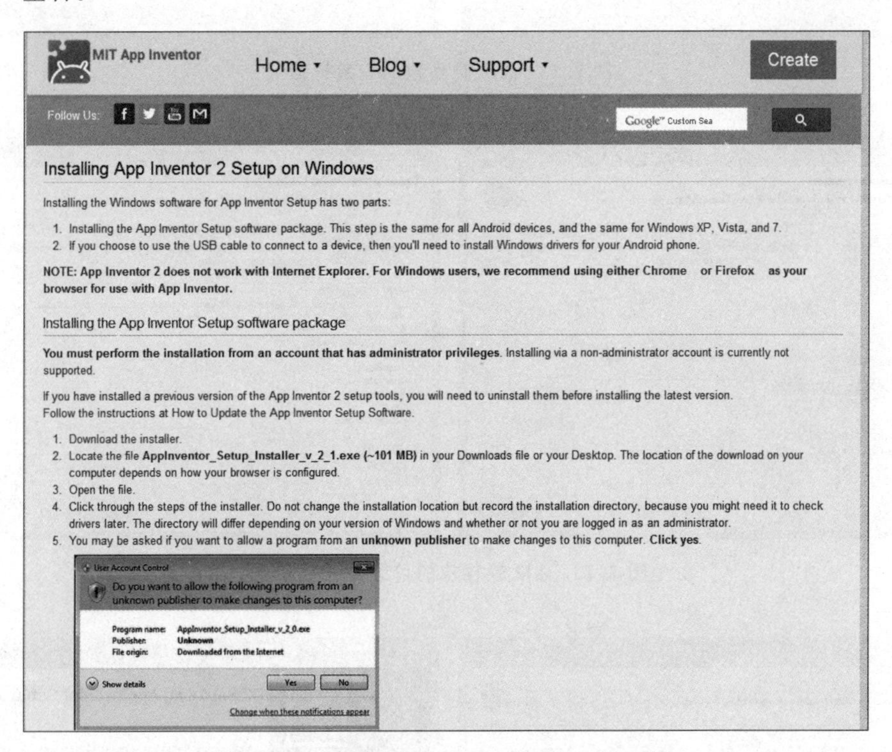

图 2.11 Windows 版本 AI2 软件包下载页面

双击刚刚下载的 AI2 软件包文件，进入 AI2 安装界面，单击 Next 按钮，打开软件的安装协议界面，单击 I Agree 按钮同意安装协议，如图 2.12 所示。

进入 AI2 的目录选择界面，可以看到 AI2 的软件包安装需要 170.5MB 硬盘空间，如果没有特殊要求，可以在 AI2 的默认目录(C:\Program Files\AppInventor)下直接安装；单击 Next 按钮，进入 AI2 的开始菜单选择界面，一般不必修改开始菜单名称，直接使用 AI2 推荐的 AppInventor Setup 即可，如图 2.13 所示，最后单击 Install 按钮开始安装，如图 2.13 所示。

安装完成后，会出现安装成功界面，如图 2.14 所示。单击 Finish 按钮退出 AI2 的安装程序。

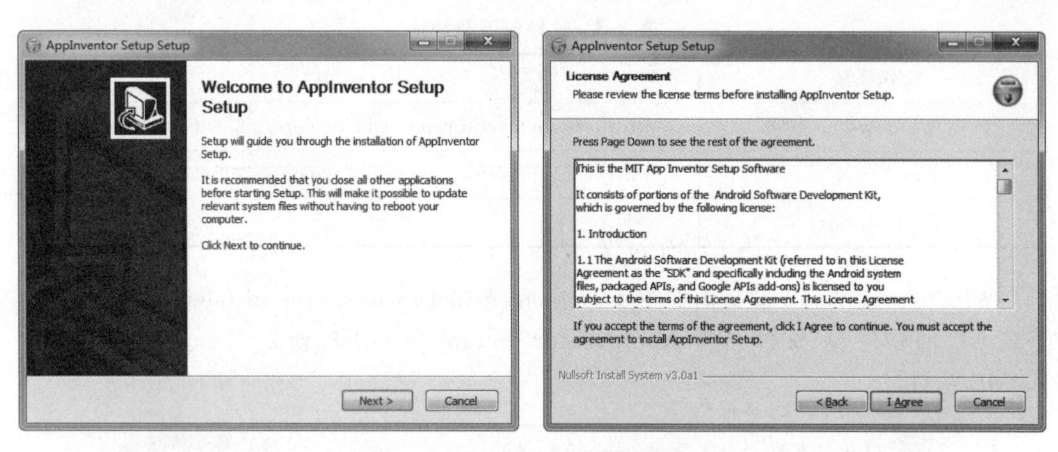

图 2.12　AI2 软件包的安装界面

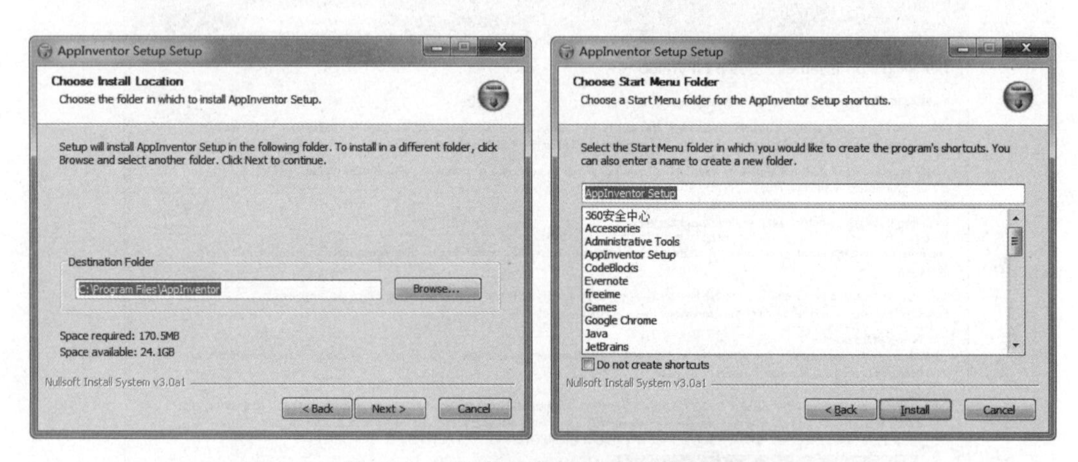

图 2.13　AI2 软件包的目录和开始菜单

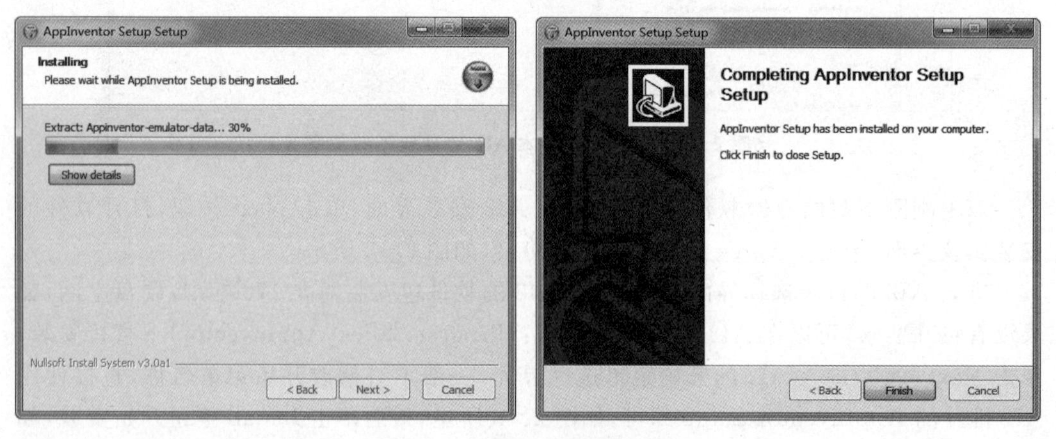

图 2.14　AI2 的安装成功界面

AI2 软件包安装好后，Windows 桌面上会出现名为 aiStarter 的快捷方式，如图 2.15 所示。

aiStarter是实现浏览器和模拟器、浏览器和手机之间进行数据通信的软件，因此用户在进行程序调试前，需要双击桌面上的快捷方式启动aiStarter。在aiStarter启动后，会出现如图2.16所示的命令行程序界面。其中，Platform＝Windows说明使用的是Windows系统；"Listening on http://127.0.0.1:8004/"表示aiStarter在本地端口8004上工作；"Hit Ctrl-C to quit"提示用户可以通过按Ctrl＋C键退出aiStarter。

图2.15 aiStarter的快捷方式

图2.16 aiStart命令行界面

2.5 程序调试

AI2提供了多种程序调试方法，不仅可以在手机模拟器中进行调试，还可以通过USB数据线或者WiFi连接实体手机进行调试。在所有调试方法中，使用USB连接手机这种方式简单、高效，不需要依赖WiFi网络；但如果附近有可靠的WiFi网络，使用WiFi连接手机调试也是非常方便的。Android模拟器的限制较多，调试效果和速度还无法和手机媲美，因此在有手机的情况下应尽量使用手机进行调试。在进行调试前，务必保证aiStart已经启动，否则将提示连接失败的信息，如图2.17所示。

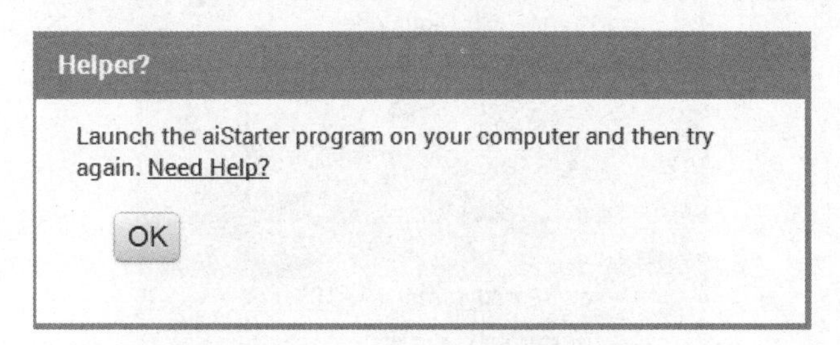

图2.17 aiStart的连接失败信息

2.5.1 WiFi连接手机

通过WiFi连接手机是AI2推荐的连接方式，用户只需要在手机上安装MIT AI2 Companion软件，就可以让手机实时地从AI2中自动获取调试界面，极大地简化了应用程序的调试过程。

在浏览器打开网站http://appinventor.mit.edu/explore/ai2/setup-device-wifi.html，用户可以通过扫描二维码（Play Store）或下载（APK File）的方式获取MIT AI2 Companion软件，如图2.18所示。扫描二维码是AI2推荐使用的方式，直接下载APK

文件也是非常可靠和快速的。

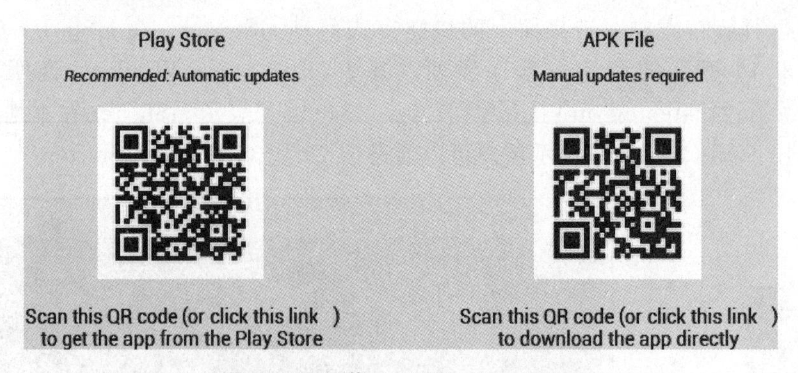

图 2.18 下载 MIT AI2 Companion

运行 MIT AI2 Companion 前,需要开启手机的 WiFi 功能,因为 MIT AI2 Companion 是通过无线局域网将数据从 AI2 传递到手机中的。

启动手机中的 MIT AI2 Companion,手机上应显示如图 2.19 所示的软件界面。

图 2.19 MIT AI2 Companion 界面

在手机端准备好后,在 AI2 的菜单栏中单击 Connect 菜单,然后选择 AI Companion 命令,通知 AI2 尝试通过 WiFi 连接手机,如图 2.20 所示。

页面上会弹出一个对话框,提供了一个 6 个字母组成的验证码(code)和二维码,如图 2.21 所示。用户可以在手机 MIT AI2 Companion 的 Six Digit Code 文本框中输入验证码,或者通过扫描二维码的方法与手机连接。

在输入验证码和二维码后,手机很快会打开应用程序的调试界面。这时只要不按下手机的回退键和 HOME 键,调试界面会一直保留。在 AI2 界面编辑器中的修改,都会直

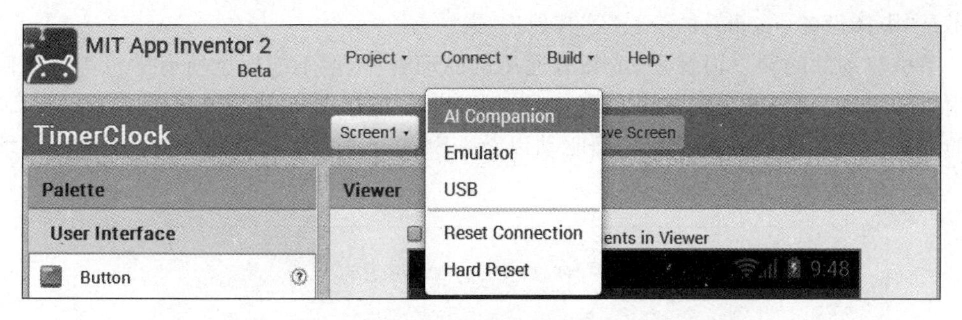

图 2.20 启动 AI 助手

图 2.21 设备连接的验证码和二维码

接反映在手机应用程序的调试界面上，无须用户多次连接手机。

2.5.2 USB 连接手机

与 WiFi 连接相比，使用 USB 连接手机相对复杂一些。USB 连接手机需要满足的条件包括 aiStart 已经启动、开启手机的“USB 调试”、手机在电脑中已经驱动、设置手机为“大规模存储器(mass storage device)”模式。

开启手机的“USB 调试”的方法根据 Android 系统的版本有所差异。一般的 Android 系统在“设置”界面中选择“开发者选项”选项进入“开发者选项”界面，然后勾选“USB 调试”选项即可。在 Android 4.2 及以上版本中，“开发者选项”选项默认是隐藏的，需要在“设置”界面中选择“关于手机”选项进入“关于手机”界面，然后连续单击“版本号”数次，才可以将隐藏的“开发者选项”选项显示出来。

手机在与电脑连接后，会提示用户选择连接模式，此时应选择“大规模存储器”模式，而不是“媒体设备(media device)”等其他选项。

手机驱动的问题也很棘手,虽然有通用的驱动程序,但不能保证所有手机都可以使用通用驱动程序,用户的手机被正常驱动是进行 USB 连接手机调试的基础。如图 2.22 所示的网页可以测试手机是否被正确驱动以及 aiStarter 是否已经启动,这个网页的网址是 http://appinventor.mit.edu/test/。

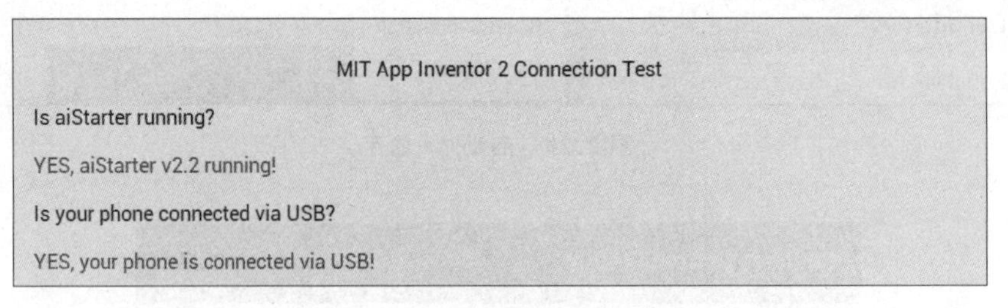

图 2.22 连接测试网页

一切准备就绪后,在菜单栏中单击 Connect 菜单项,然后选择 USB 选项,使用 USB 连接手机。然后界面上会出现 Connecting via USB Cable 的提示对话框,如图 2.23 所示。

手机在与 AI2 成功连接后,会尝试从 MIT 的服务器上获取数据,并将这些数据传递到手机上。用户在看到如图 2.24 所示的手机界面后不久,就可以打开在调试的应用程序界面。

图 2.23 尝试通过 USB 连接手机提示信息

图 2.24 等待获取模块

2.5.3 Android 模拟器

启动 Android 模拟器的方法非常简单,只要在 AI2 的菜单栏中单击 Connect 菜单项,然后选择 Emulator 命令,就可以启动 Android 模拟器。在模拟器的启动过程中,首先会出现 Starting the Android Emulator 提示信息,如图 2.25 所示。

在模拟器启动提示界面出现的同时,aiStarter 中会同时出现一系列的连接信息,如图 2.26 所示。

然后会弹出 Android 模拟器的运行界面,中央显示 ANDROID 字样;片刻后模拟器完全启动,会出现 Android 系统的锁定界面;最后,模拟器会自动运行 MIT App Inventor 2 Companion 软件,出现有 MIT App Inventor 2 字样的画面,这就表示模拟器已经准备好,可以进行程序调试了,如图 2.27 所示。

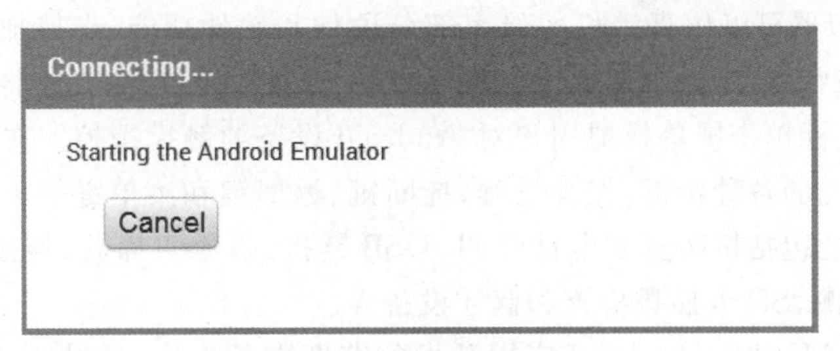

图 2.25　模拟器启动提示界面

aiStarter

```
Platform = Windows
AppInventor tools located here: "C:\Program Files (x86)"
Bottle server starting up (using WSGIRefServer())...
Listening on http://127.0.0.1:8004/
Hit Ctrl-C to quit.

127.0.0.1 - - [01/Apr/2014 19:50:45] "GET /echeck/ HTTP/1.1" 200 38
已复制         1 个文件。
127.0.0.1 - - [01/Apr/2014 19:50:46] "GET /start/ HTTP/1.1" 200 0
127.0.0.1 - - [01/Apr/2014 19:50:46] "GET /echeck/ HTTP/1.1" 200 38
127.0.0.1 - - [01/Apr/2014 19:50:47] "GET /echeck/ HTTP/1.1" 200 38
127.0.0.1 - - [01/Apr/2014 19:50:48] "GET /echeck/ HTTP/1.1" 200 38
127.0.0.1 - - [01/Apr/2014 19:50:49] "GET /echeck/ HTTP/1.1" 200 38
127.0.0.1 - - [01/Apr/2014 19:50:50] "GET /echeck/ HTTP/1.1" 200 38
127.0.0.1 - - [01/Apr/2014 19:50:51] "GET /echeck/ HTTP/1.1" 200 38
127.0.0.1 - - [01/Apr/2014 19:50:52] "GET /echeck/ HTTP/1.1" 200 38
127.0.0.1 - - [01/Apr/2014 19:50:53] "GET /echeck/ HTTP/1.1" 200 38
```

图 2.26　aiStarter 的连接信息

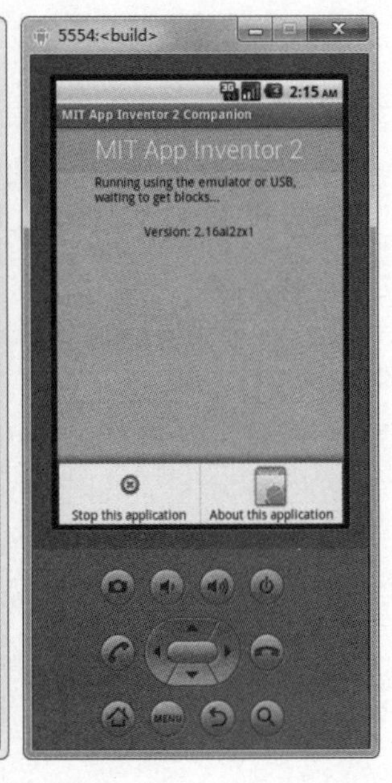

图 2.27　Android 模拟器

Android模拟器可以仿真手机的绝大部分硬件和软件功能，支持加载SD卡映像文件，更改模拟网络状态、延迟和速度，模拟电话呼叫和接收短信等；支持将屏幕当成触摸屏使用，可以使用鼠标单击屏幕模拟用户对Android设备的触摸操控。在Android模拟器上有普通手机常见的各种按键，如音量键、挂断键、返回键和菜单键等。但Android模拟器仍不支持的功能包括接听真实电话呼叫、USB链接、摄像头捕获、连接状态检测、电池电量、AC电源检测、SD卡插拔检查和蓝牙设备等。

以上是利用AI2进行Android应用开发的前期准备工作。如果在操作过程中遇到任何问题，可以参考MIT App Inventor疑难解答（Troubleshooting）网页（http://appinventor.mit.edu/explore/ai2/support/troubleshooting）。

习 题

1. 安装AI2的软件包，并记录在安装过程中所遇到的问题。
2. 从资源网站上下载AI2的源代码文件（aia），尝试使用模拟器和手机进行调试。
3. 分析使用WiFi连接手机调试程序的优缺点。

第3章

第一个 AI2 程序

本章主要介绍开发 AI2 应用程序的基础知识和基本方法。通过本章内容的学习，读者可以了解开发 AI2 应用程序的过程和方法，进一步掌握应用的界面部分和逻辑部分的开发方法。

本章将详细介绍如何开发第一个 AI2 程序 HelloAI2。在第 2 章的基础上，讲解如何使用 AI2 建立新工程、使用界面设计器开发用户界面、使用模块编辑器开发程序逻辑以及使用手机或模拟器进行程序调试。

本章学习目标

- 了解 AI2 的程序开发流程
- 掌握界面编辑器的使用方法
- 掌握模块编辑器的使用方法

3.1 创建新工程

HelloAI2 示例非常简单，界面如图 3.1 所示，用户在界面上单击“请按我”按钮，则会在按钮下方出现“你好！App Inventor 2”文本。

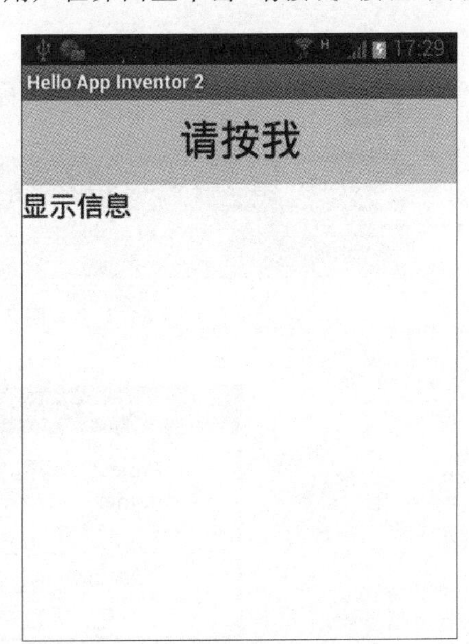

图 3.1 HelloAI2 示例界面

在用 Gmail 账号登录后，可直接进入 AI2 的工程管理界面，如图 3.2 所示。

因为是首次进入工程管理界面，因此这里在 Projects 页面中并没有任何已经建立的工程。同时 AI2 会提示用户如何创建新工程、如何访问旧版本的 App Inventor 以及如何进行手机或模拟器的调试等，如图 3.3 所示。

建立新工程第一步是单击工程管理界面左上角的 New Project 按钮，也可以通过菜单命令 Project→Start new project 实现，如图 3.4 所示。

打开“创建新工程”对话框，在 Project name 文本框中输入 HelloAI2 作为工程名称，然后单击 OK 按钮即可完成工程创建，如图 3.5 所示。

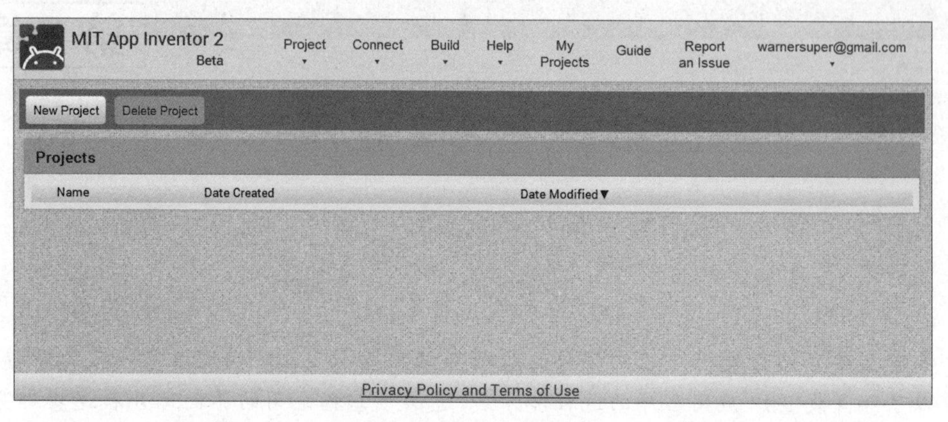

图 3.2　AI2 的工程管理界面

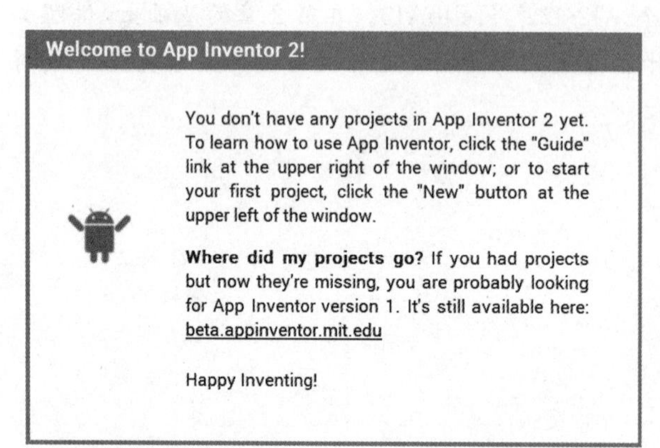

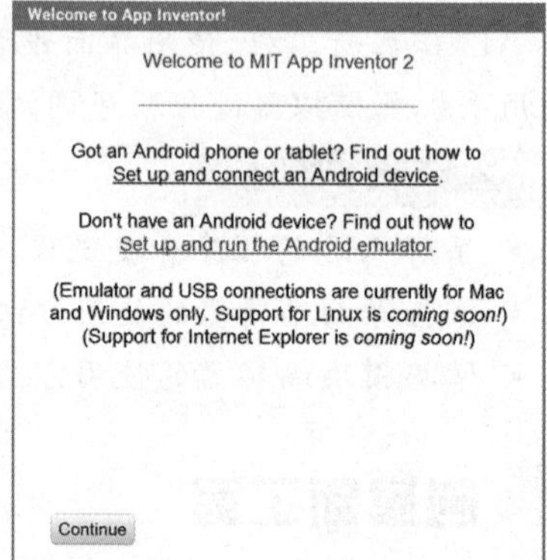

图 3.3　AI2 的提示信息

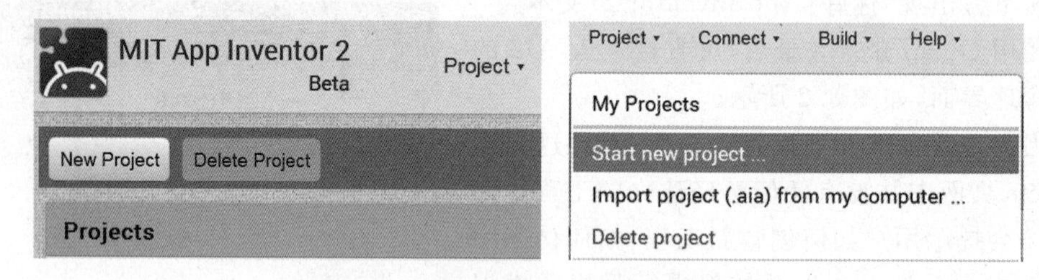

图 3.4　建立新工程

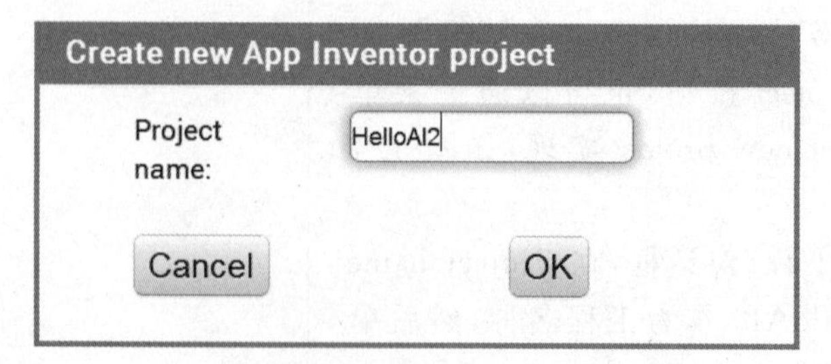

图 3.5　新工程命名

工程创建完成后，Projects 页面中会显示刚刚创建的工程，如图 3.6 所示。工程名称为 HelloAI2，工程创建时间是"2014 Mar 23 10:50:22"。因为是新工程，所以工程的修改时间和创建时间相同。

Projects		
Name	Date Created	Date Modified▼
HelloAI2	2014 Mar 23 10:50:22	2014 Mar 23 10:50:22

图 3.6 工程列表

工程名称 HelloAI2 前有一个复选框，主要是用于删除该工程。如果勾选这个复选框，Delete Project 按钮就会变为可单击的状态，如图 3.7 所示。用户可以同时选中多个工程，一次性删除这些工程项目。

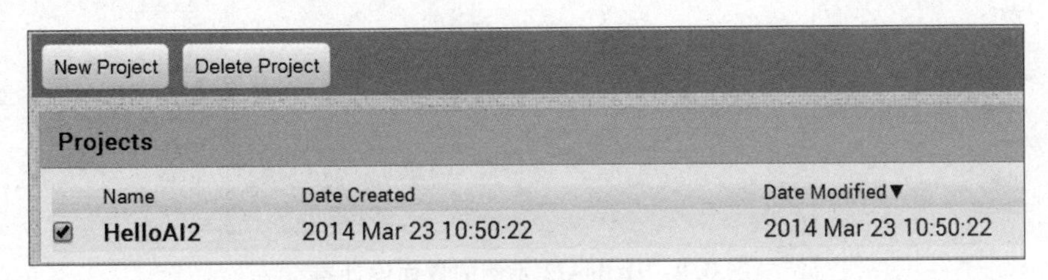

图 3.7 删除工程

在用户单击 Delete Project 按钮后，AI2 会提示用户是否真要删除该工程，如图 3.8 所示，再次确认后，工程 HelloAI2 会被正式删除。

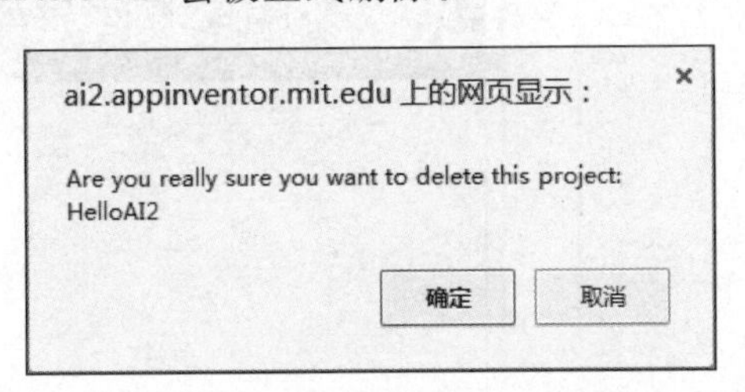

图 3.8 删除工程确认对话框

3.2 界面开发

首先打开新建立的工程，AI2 会自动打开工程，并进入界面编辑页面，如图 3.9 所示。

AI2 会在每个新建工程中自动创建一个屏幕页 Screen1，在 Viewer(预览)区可以看到屏幕页 Screen1 的显示效果。屏幕页是界面控件的承载体，用户可以在屏幕页上面放置各种界面控件和界面布局。

然后对屏幕页 Screen1 的属性进行修改。先在构件区(Components)中选中屏幕页 Screen1，然后在属性区(Properties)中修改标题(Title)属性，将默认的 Screen1 更改为 Hello App Inventor 2。屏幕页 Screen1 属性区修改后，预览区中的显示内容会立即更改为 Hello App Inventor 2，如图 3.10 所示。

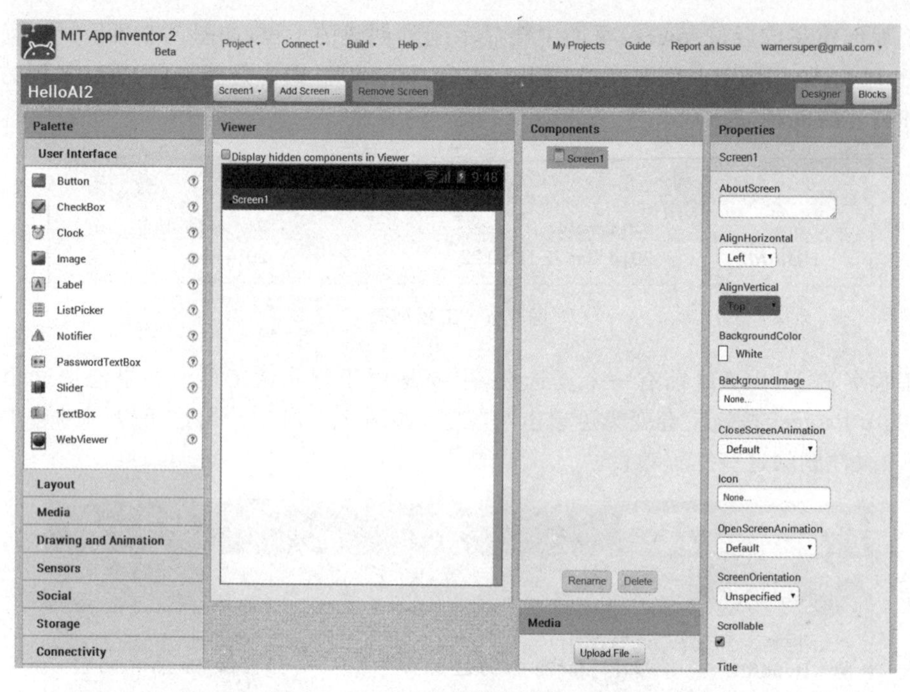

图 3.9　HelloAI2 示例的界面设计器

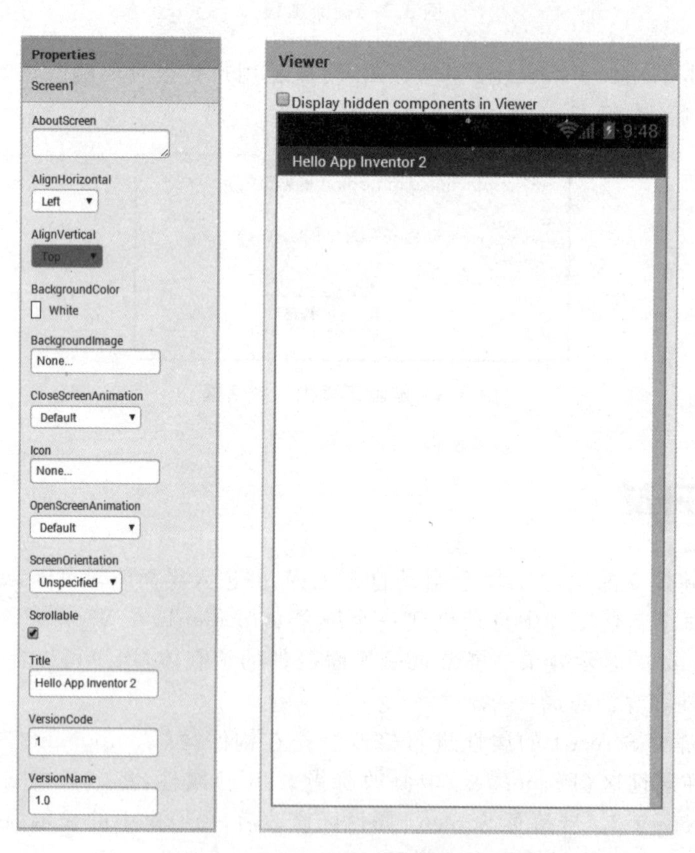

图 3.10　HelloAI2 示例的屏幕页标题

接下来向 HelloAI2 示例添加一个按钮，并修改按钮的文字、大小和颜色。从左侧控件库(Palette)的用户界面(User Interface)区域中将按钮(Button)控件拖曳到屏幕页 Screen1 上。屏幕页上立即会出现一个按钮，显示的内容是默认字符串 Text for Button1，如图 3.11 所示。

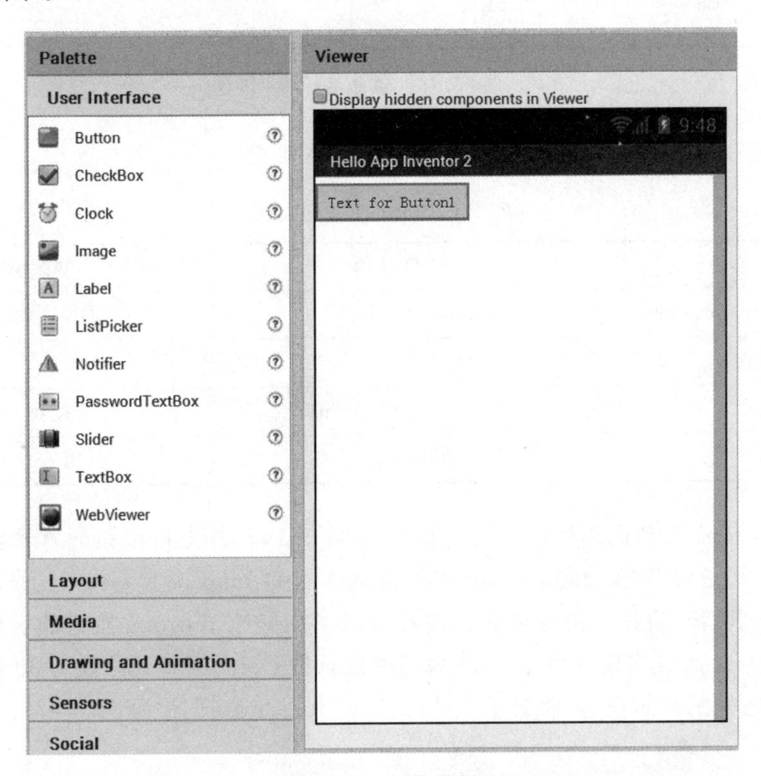

图 3.11 添加按钮

AI2 会为每个拖入预览区的控件自动命名，命名规则是"控件类型＋编号"，编号是从 1 向上递增的。例如，刚刚的按钮会被命名为 Button1，如果再生产一个按钮，则会被命名为 Button2。

如果用户界面上的控件较少，使用 AI2 自动生成的命名会比较方便；但如果界面控件较多，应该给控件起一个容易识别的名称，便于后续的操作。

这里将按钮的名称更改为 ButtonClickMe，方法是先从构件区(Components)中选中 Button1，然后单击 Rename 按钮即可更改控件名称，如图 3.12 所示。

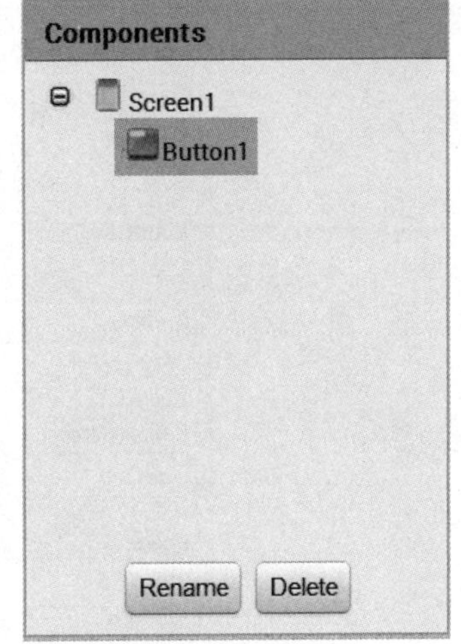

图 3.12 构件区中的 Button1 按钮

给控件重命名只需在 New name 文本框中输入新名称"ButtonClickMe"即可，单击 OK 按钮后，构件区(Components)的按钮名称即被修改为"ButtonClickMe"，如图 3.13 所示。

下面按照表 3.1 来修改 Button1 按钮的属性，目的

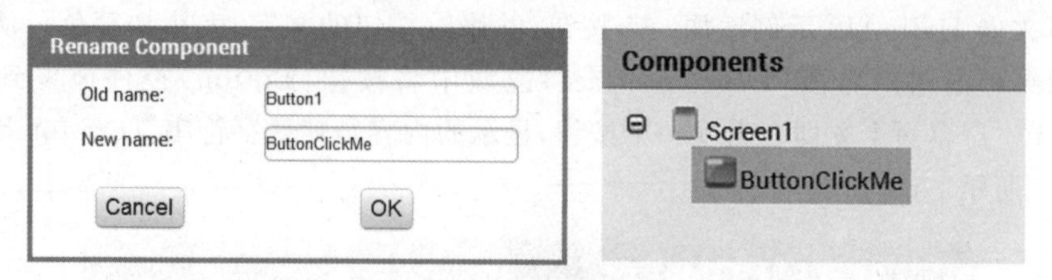

图 3.13　重命名控件

是让按钮看起来更加醒目,且可以显示中文提示"请按我"。

表 3.1　Button1 按钮属性

属性	默认值	修改值
BackgroundColor	Default	Green
FontSize	14.0	30
Text	Text for Button1	请按我
Width	Automatic	Fill parent

修改 Button1 按钮的属性的方法可以参考图 3.14。首先将按钮的背景颜色修改为绿色,修改方法是将 BackgroundColor 属性由默认的 Default 改为 Green。修改背景颜色时会弹出颜色面板,直接单击绿色的方块就可以了。修改 Button1 按钮的字体大小是通过修改 FontSize 属性实现的,FontSize 属性的默认值是 14.0,将其修改为 30 即可。Text 属性是控制按钮的显示内容,将其从默认的 Text for Button1 改为"请按我"。

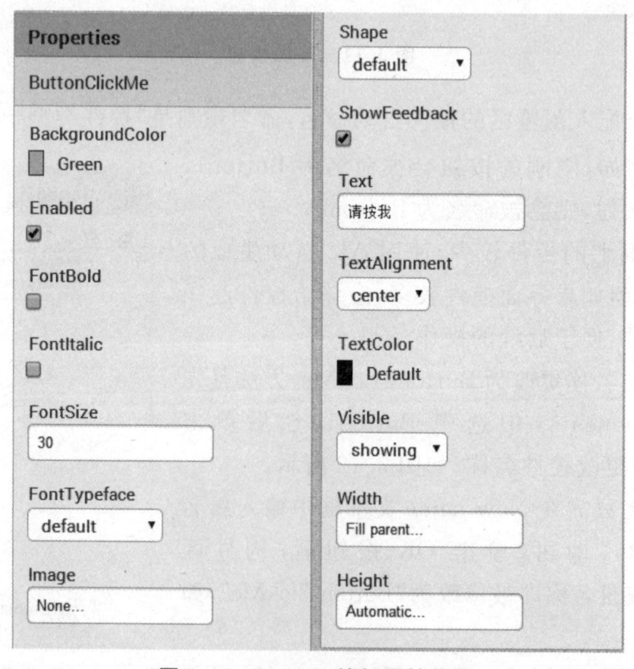

图 3.14　Button1 按钮属性修改

Width 属性是控制按钮宽度的属性，默认值是 Automatic，表示按钮的宽度会自适应文字的长度；选中 Fill parent 单选按钮，按钮的宽度会填充满整个父控件，按钮 Button1 就采用这种属性；最后一个选项是将宽度设置为固定的值，这里用像素作为单位。修改按钮宽度属性可以参考图 3.15。

按钮 Button1 的属性设置完成后，预览区的界面应如图 3.16 所示。因为按钮宽度属性设置为 Fill parent，所以按钮的宽度达到了上层控件允许的最大值。

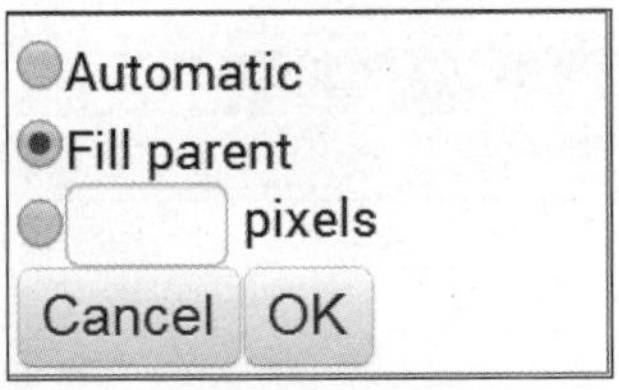

图 3.15 修改按钮宽度属性

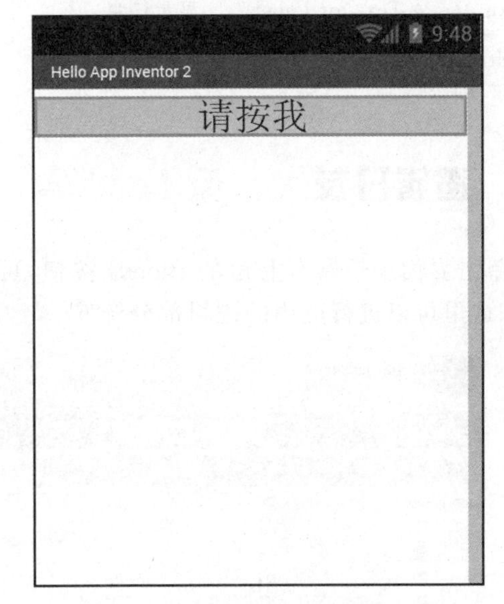

图 3.16 HelloAI2 示例的预览界面

下一步是向 HelloAI2 示例中添加一个标签。标签属于常用控件，一般用来显示文字，位置在控件库的 User Interface 区域。标签控件被拖曳到屏幕页后，会命名为 Label1，并会自动出现在 Button1 按钮控件的下方，显示的文字为 Text for Label1，如图 3.17 所示。

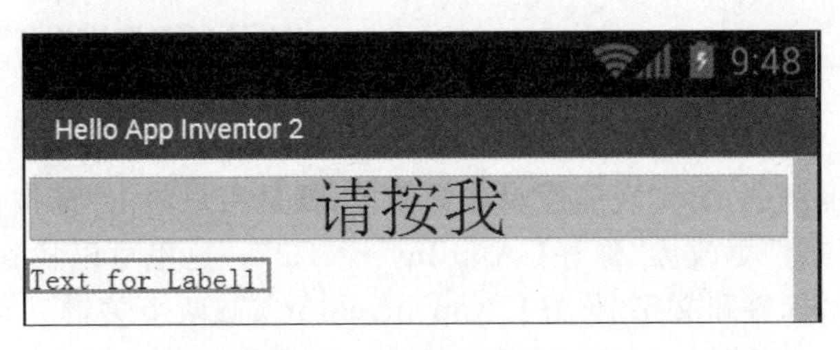

图 3.17 标签的显示内容

参考表 3.2 修改 Label1 标签的字号、显示内容和宽度，修改后的显示结果如图 3.18 所示。

到这里，HelloAI2 示例的界面部分已经完成了，AI2 是自动保存用户修改信息的，但也可以通过选择“Project→Save project”命令强制保存工程。

表 3.2 Label1 属性

属性	默认值	修改值
FontSize	14.0	20
Text	Text for Label1	显示信息
Width	Automatic	Fill parent

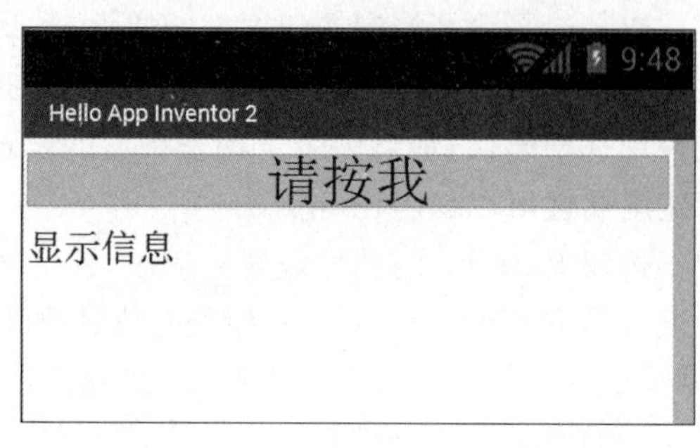

图 3.18 Label1 标签属性修改后的界面

3.3 逻辑开发

单击界面编辑器右上角的 Blocks 按钮，可以进入 AI2 的模块编辑器，如图 3.19 所示，在这里可以进行应用的逻辑部分开发。

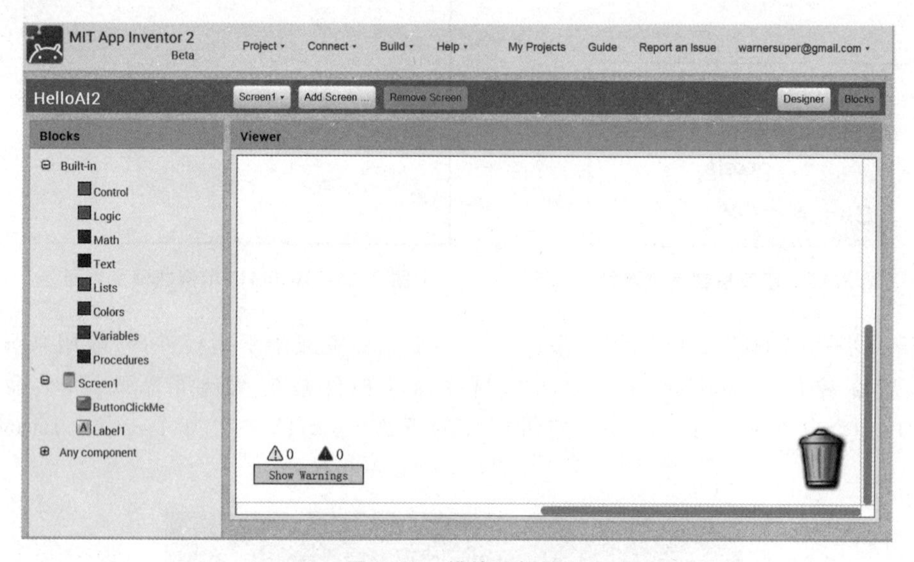

图 3.19 模块编辑器

在 HelloAI2 示例中，要实现的逻辑非常简单，就是用户单击“请按我”按钮后，标签显示的文字由“显示信息”更改为“你好！App Inventor 2”。这里可以找到 3 个关键的元素，就是“请按我”按钮、标签和文字“你好！App Inventor 2”；两个关键动作，即“单击”和“显示”。“单击”动作对应“请按我”按钮控件，而“显示”动作对应标签控件。

这样分析来看，只要在模块编辑器中找到“按钮单击事件”、“标签内容修改模块”和“内容的承载体”，就可以完成上述逻辑开发。事实上，这样的模块在模块编辑器中可以很容易找到，如图 3.20 所示。

下面首先说明如何找到“按钮单击事件”。首先单击屏幕左侧的 Blocks→Screen1→ButtonClickMe 控件，弹出浮动菜单形式的事件模块列表，第一项便是“按钮单击事件”(when ButtonClickMe.Click)，如图 3.21 所示。

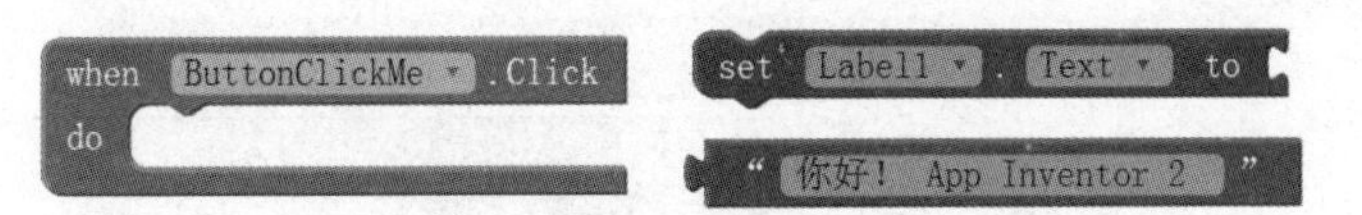

图 3.20 HelloAI2 示例所需的模块

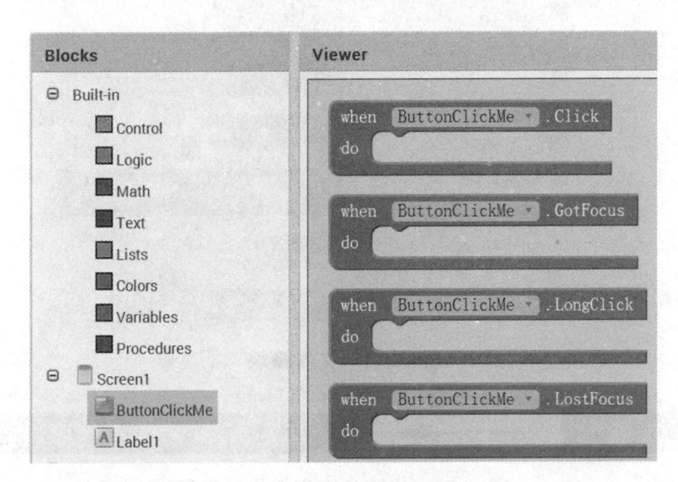

图 3.21 按钮单击事件

找到"标签内容修改模块"的方法是连击 Blocks→Screen1→Label1 控件，然后从弹出的菜单中选择 set Label1. Text to 项，如图 3.22 所示。

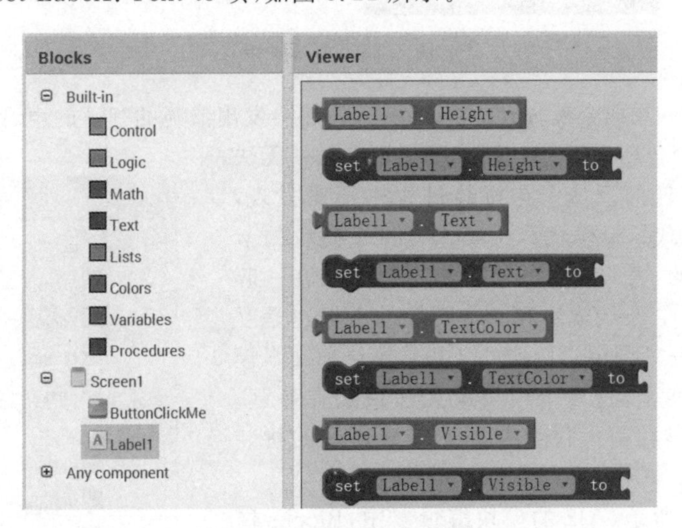

图 3.22 标签内容修改模块

"内容的承载体"在本示例中应是一段文本信息（文本模块），位置在 Blocks→Built-in→Text 控件中，如图 3.23 所示。

文本模块的默认显示内容为空，将其内容修改为"你好！App Inventor 2"。用户只要用鼠标单击文本模块的空白区域，然后就可以进行输入修改了，如图 3.24 所示。

最后，将所有 3 个模块按照预先设定好的逻辑拼装在一起，其过程就像拼图游戏，拼装后的结果如图 3.25 所示。

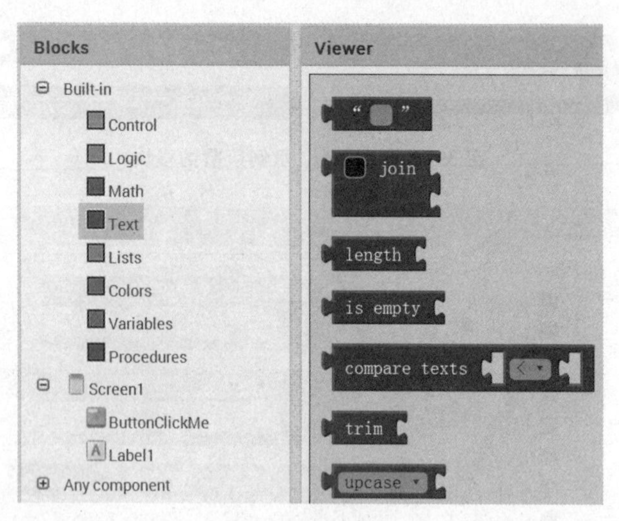

图 3.23 文本模块

图 3.24 修改文本模块显示内容

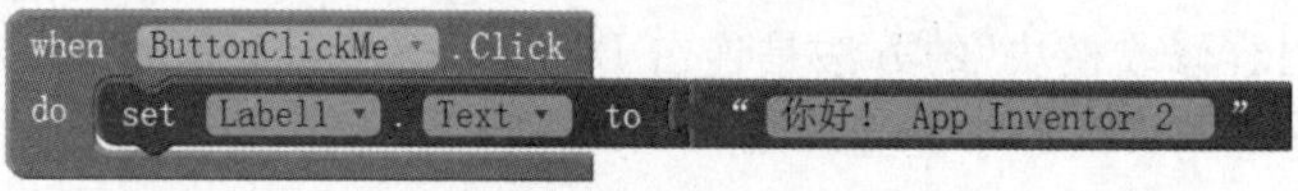

when ButtonClickMe .Click
do set Label1 . Text to "你好！ App Inventor 2"

图 3.25 模块拼装

在 AI2 中，如果两个模块成功拼装在一起，将会发出清脆的“咔”的声音，而且两个模块的边缘是完全咬合在一起的。反之，如果两个模块无法拼装，则不会有任何反应。在拼装过程中不难发现，ButtonClickMe. Click 模块和 Label1. Text 模块的卡槽是互相吻合的，表明这样的模块是可以拼装在一起的；同样，Label1. Text 模块和文本模块的卡槽也是互相吻合的。相反，ButtonClickMe. Click 模块和文本模块的卡槽并不匹配，这两个模块就无法拼装在一起。这样的设计可以在很大程度上避免出现模块的拼装错误。

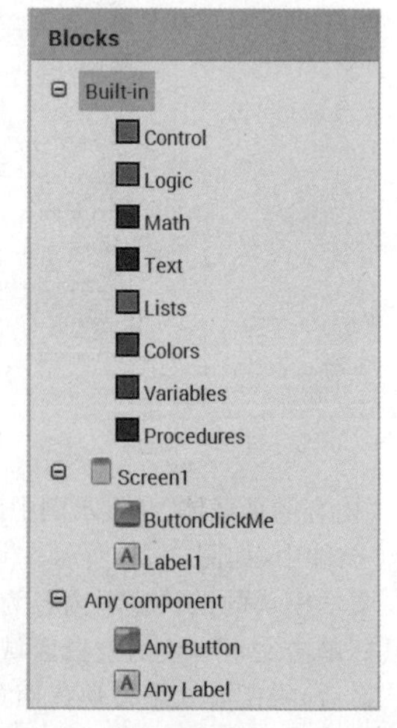

图 3.26 模块编辑器的 Blocks 区域

如图 3.26 所示，AI2 的模块编辑器中，Blocks 区域包含 Build-in、Screen1 和 Any component 共 3 个子项。其中，Build-in 是内建模块区，与界面无关的模块都安置在这里，包括控制模块、逻辑模块、数学模块、文本模块、列表模块、颜色模块、变量模块和函数模块。Screen1 是控件模块区，是与用户界面控件相关的事件、属性和方法模块，这里的模块类型和数量会根据用户界面中所包含的控件数量变化而变化。例如在 HelloAI2 的示例中，界面上只有两个控件(按钮和标签)，所以在 Screen1 控件模块区中只有两个控件的模块列表。Any component 是高级模块区，是对所有同类型控件进行操控的模块，例如全部按钮的操作或全部标签的操作等。

3.4 调试运行

AI2 支持模拟器和手机调试，如果条件允许，应尽量选择手机进行调试。因为模拟器在响应速度、显示效果和对硬件支持方面存在一定的不足，且使用手机调试完毕后，开发者可以将程序安装在手机中，与朋友和家人分享。

笔者这里采用 USB 连接手机的方式进行调试，这种方式不需要无线网络，而且不需要输入验证码，似乎更加易用一些。用 USB 数据线将手机和计算机连接后，单击菜单 Connect，在弹出的菜单中选择 USB，如图 3.27 所示。

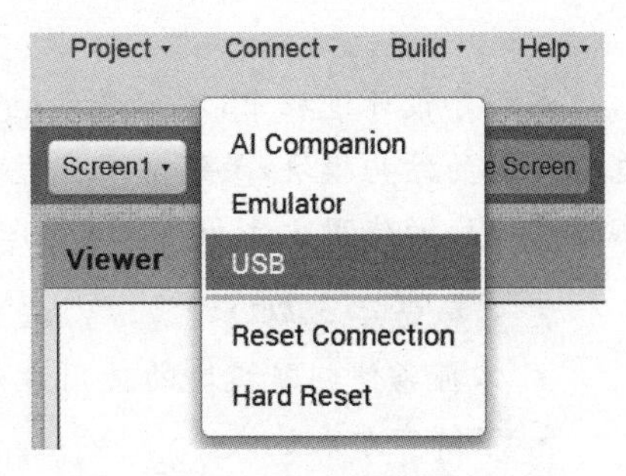

图 3.27 通过 USB 连接手机设备

片刻后，手机屏幕上会显示 HelloAI2 示例的界面，单击“请按我”按钮后，将在按钮下方显示“你好！App Inventor 2”的字样，如图 3.28 所示。

图 3.28 HelloAI2 示例的运行结果

习题

1. 使用 AI2 开发应用程序，界面编辑器和模块编辑器的功能各是什么？

2. 分析哪种程序调试方法更加适合你，为什么？

3. 尝试将 HelloAI2 示例的代码和 apk 文件下载到本地计算机，并想办法将 apk 文件安装在手机上。

第4章

程序设计基础

在程序设计过程中，不可避免地会使用条件判断、循环、函数和列表等模块，用户可以选择所需的结构模块，最终实现完整的程序逻辑。通过本章内容的学习，读者可以基本掌握这些模块的使用方法和应用场景。

本章学习目标

- 掌握条件判断模块的使用方法
- 了解布尔表达式
- 掌握列表的使用方法以及列表项的添加与删除
- 掌握循环模块的使用方法
- 掌握函数模块的使用方法以及函数的参数和返回值

4.1 条件判断

在生活中经常会遇到类似于“如果明天天气好，我们就去郊游；如果天气不好，就不去了”、“如果成绩能到90分，就会奖励你；当然，如果成绩还没有达到60分，就会批评你的”这样的说法，这里的“如果…”就是条件判断，“如果”后面描述的情况称为“条件”，所以这样的句子形式可以总结为“如果＋条件，条件成立时可以做的事情”。

在程序设计中，AI2提供了用于条件判断的if-then模块，可以实现简单的条件判断功能，如图4.1所示。

为了处理各种可能发生的复杂判断情况，if-then模块可以演变成为更加复杂的判断模块，这里暂时将其称为“扩展”，那么if-then扩展模块有无限多种形式，图4.2中列举了其中的一部分。

图4.1 if-then模块

图4.2 if-then扩展模块

4.1.1 布尔表达式

if…then 模块和 if…then 扩展模块中，所有假设条件是拼接在槽 if 上的，这些“假设条件”实际上是一种布尔表达式，最终只有 true(真)和 false(假)两个取值。

最简单的布尔表达式莫过于等式(equality)，这种布尔表达式用来测试一个值是否与另一个值相同，可以是一个简单的等式，例如 2=4；也可以是一个复杂一些的等式，例如 score=60，如图 4.3 所示。

AI2 支持的关系运算符有等于、不等于、小于、小于等于、大于及大于等于，如图 4.4 所示。使用这些关系运算符就可以做出一些较为复杂的条件判断。

图 4.3 各种等式

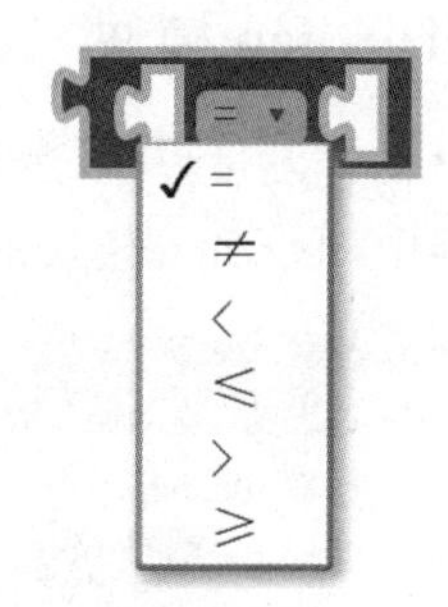

图 4.4 AI2 支持的关系运算符

AI2 支持的逻辑运算符有相等(=)、不相等、真(true)、假(false)、与(and)，或(or)和非(not)，如图 4.5 所示。

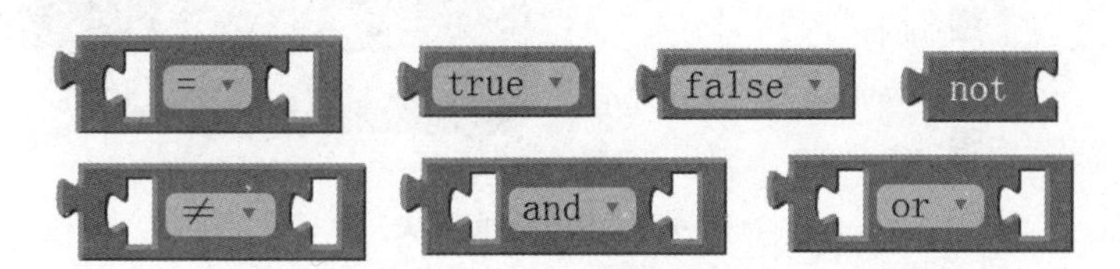

图 4.5 AI2 支持的逻辑运算符

使用关系运算符和逻辑运算符，可以表达稍微复杂一些的判断条件，例如图 4.6 所示的“高危工种的招聘条件是：考试成绩大于等于 60 分，初级工作在 5 年以上或高级工作在两年以上，而且必须是未婚”。使用到了逻辑运算符 and、or 和 not，以及像大于、小于等的一些关系运算符。

图 4.6 复杂的条件判断

除此之外，还有一些判断模块返回的值是布尔类型的，这些模块也可以作为布尔表达式拼接在 if…then 模块的槽 if 上，如图 4.7 所示。通过观察可以发现，这些模块有一个共同的特点，都是“is..?”的形式，所以读者也较为容易在众多的模块中将其辨认出来。

还有一个比较特别的模块，就是 if…then…else 模块，如图 4.8 所示。这个模块会返回一个布尔值,进行条件判断时,首先判断槽 if 中的条件,如果 if 的条件为真,则返回 then 条件的布尔值;如果 if 的条件为假,则会返回 else 条件的布尔值。

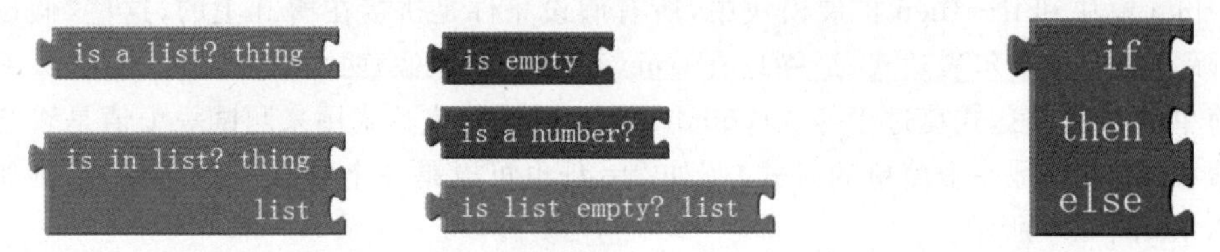

图 4.7 可用于条件判断的模块　　　　图 4.8 特殊的 if…then…else 模块

4.1.2 if…then 模块

在 AI2 的开发过程中,逻辑部分主要在模块编辑器(Blocks Editor)中进行设计。在模块编辑器中,if…then 模块的位置在 Blocks→Built-in→Control 控件中,如图 4.9 所示。

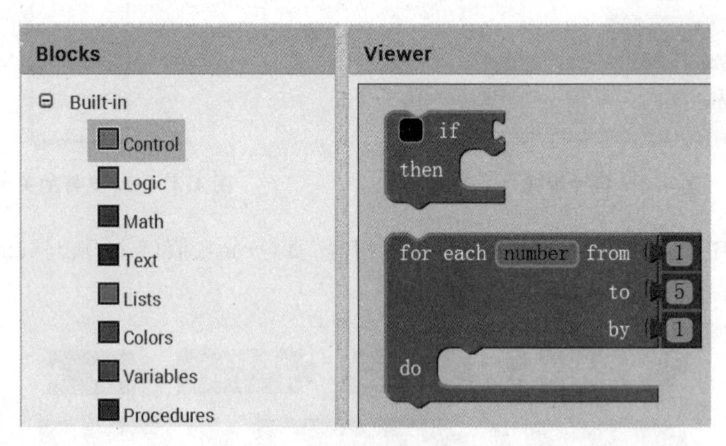

图 4.9 if…then 模块

if…then 模块的结构和执行流程如图 4.10 所示,其中槽 if 用来拼接条件,槽 then 用来拼接需要执行的动作。

if…then 模块的执行流程是先判断槽 if 的条件是否为真(条件成立),如果条件成立,则执行槽 then 中的其他模块;如果条件为假(条件不成立),则不执行槽 then 中的其他模块。下面给出一个判断成绩是否及格的示例,用来说明如何使用 if…then 模块。

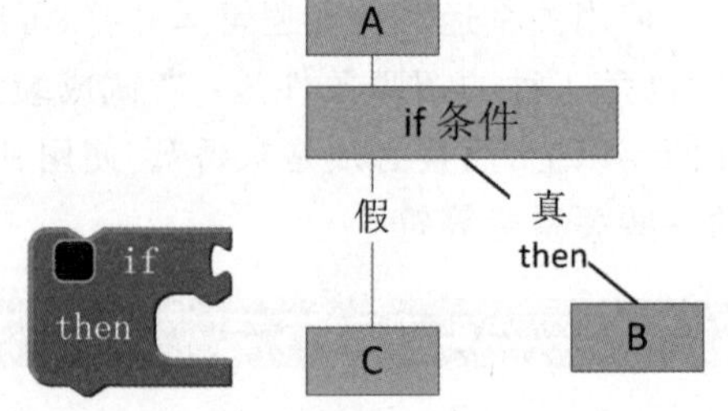

图 4.10 if…then 模块结构与执行流程

程序中的 if…then 模块用来判断全局变量 score 是否小于 60。如果 score 小于 60,条件判断部分会返回 true,if…then 模块执行 then 中的内容,将 Label1 标签的显示内容修改为“不及格”。反之,如果条件不成立,条件判断部分返回 false,if…then 模块跳过 then 中的内容,如图 4.11 所示。

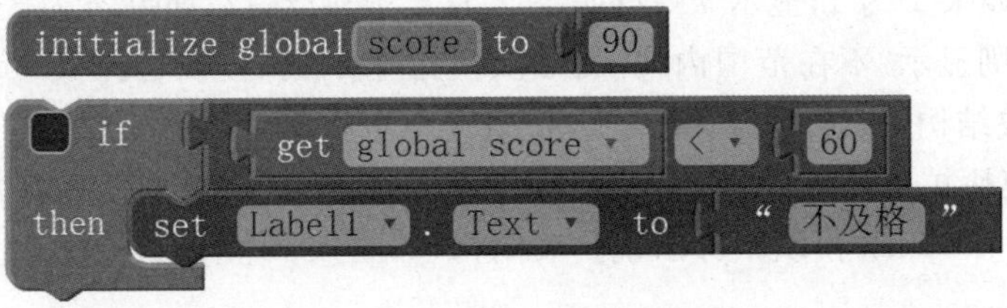

```
initialize global score to 90
if  get global score < 60
then set Label1 . Text to " 不及格 "
```

图 4.11 if…then 模块示例

在这个示例中，initialize global 模块用来定义全局变量，所谓全局变量，就是可以在程序的任何地方使用的变量，要注意的是这样的变量名称不能够重复。这里定义了一个全局变量 score，用来代表考试成绩，初始值设置为 90。全局变量在 Blocks→Built-in→Variables 控件中，如图 4.12 所示。其中，name 表示变量名，由用户根据需要修改，在这个示例中变量名修改为 score，to 后面拼接变量的初始值。

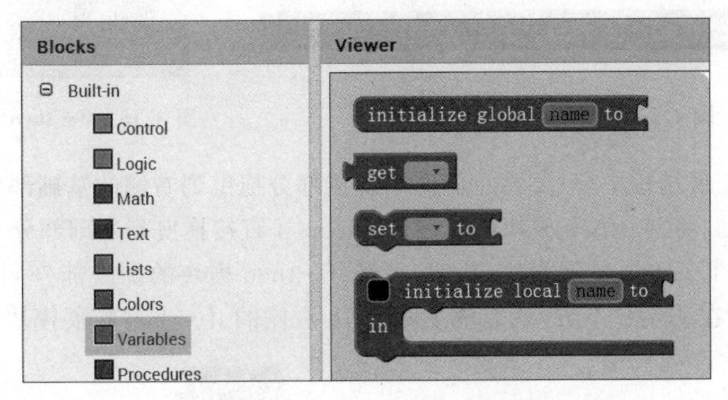

图 4.12 定义全局变量

定义全局变量后，在 Blocks→Built-in→Variables 控件中使用 get 模块获取并使用全局变量；也可以在 Blocks→Built-in→Variables 控件中使用 set to 模块给全局变量重新赋值，如图 4.13 所示。

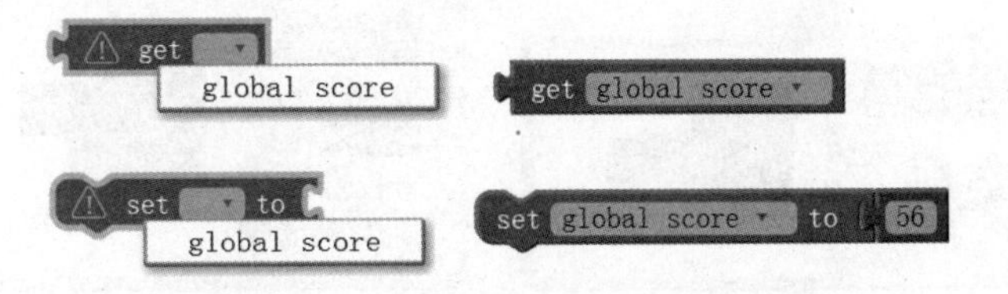

图 4.13 全局变量的使用和重新赋值

4.1.3 if…then 扩展模块

在程序设计中，经常会遇到同时使用多条件进行判断的情况。if…then 模块可以通过扩展，实现更为复杂的条件判断，例如 if…elseif…else 的三分支结构、if…elseif…elseif…else 或 if…elseif…elseif…elseif 的四分支结构。

下面用一个小例子说明如何使用 if…then 扩展模块。给出一个变量 x，x 可能的值只有1、2和3，如果x为1，显示$x=1$；如果x为2，显示$x=2$；如果x为3，显示$x=3$；如果x为其他值，则显示“不在范围内”。为了实现这个示例，应该选择if…elseif…elseif…else四分支模块结构，如图4.14所示。

if…then模块扩展是通过单击if…then模块左上方的蓝色方块实现的，在蓝色方块被点击后，会在if…then模块下方出现扩展结构，如图4.15所示。

图4.14 判断x值的示例

图4.15 if…then模块的扩展结构

在模块的扩展结构中，只要将左侧的可拼接部分拖曳到右侧的基础部分，就可以完成模块扩展。例如，将if…then模块的扩展部分else if直接拖曳到基础部分if中，就完成了图4.16左侧的if…then扩展模块；然后，再将if…then模块的扩展部分else拖曳到基础部分if中，拼接在else if下方，就完成了图4.16右侧的if…then扩展模块。

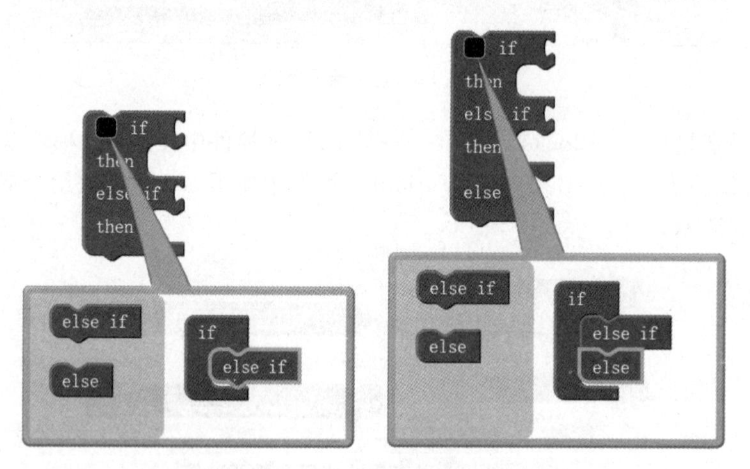

图4.16 if…then扩展模块

下面再通过一个小示例说明如何使用if…then扩展模块，如图4.17所示。在这个示例中，通过判断score的值，确定成绩的类型：score的值在90到100之间，成绩类型为“优秀”；在80到90之间，成绩类型为“良好”；在70到80之间，成绩类型为“中等”；在60到70之间，成绩类型为“及格”；在0到60之间，成绩类型为“不及格”。

```
if      get global score ≥ 90
then    set Label1 . Text to "优秀"
else if get global score ≥ 80
then    set Label1 . Text to "良好"
else if get global score ≥ 70
then    set Label1 . Text to "中等"
else if get global score ≥ 60
then    set Label1 . Text to "及格"
else    set Label1 . Text to "不及格"
```

图 4.17 成绩判断示例

4.2 列表

在程序设计过程中，经常会使用到批量数据，例如电话号码簿、购物清单等，AI2 提供了“列表”用来承载和处理这类批量数据。列表是将数据按照特定顺序进行排列的一种数据结构。列表中的每一个数据都有位置信息，称为索引，用户可以根据索引找到列表中与之对应的数据。严格来讲，AI2 所建立的列表都是动态的，也就是说列表在建立后，用户随时可以向列表中添加或删除数据。

4.2.1 建立列表

要使用列表，首先要建立一个列表，在 Blocks→Built-in→Lists 控件中选择 make a list 模块即可建立列表，如图 4.18 所示。

make a list 模块用来建立列表，如果不在槽中添加任何元素，这时的列表将只是一个空列表，如图 4.19 所示。

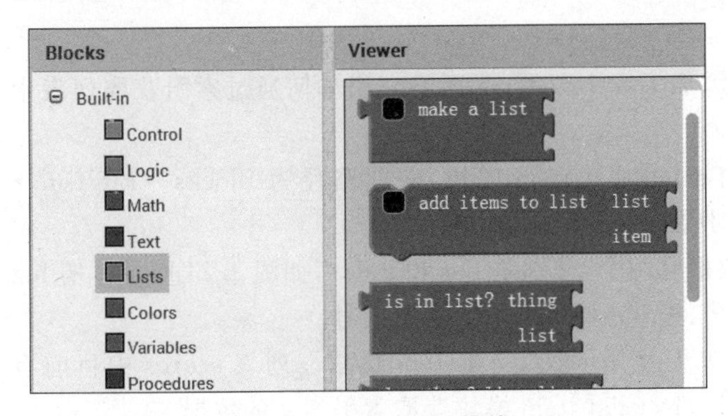

图 4.18 make a list 模块

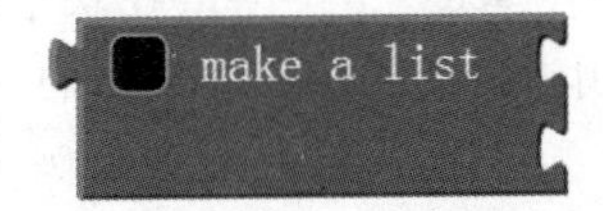

图 4.19 空列表

要在 make a list 模块中添加数据，只需要在槽中添加需要的信息即可。例如将数字 95、70 和 88 添加到 make a list 模块上，如图 4.20 所示，此时列表中有 3 个数据，索引为 1

的数据是 95，索引为 2 的数据是 70，索引为 3 的数据是 88。需要注意的是，AI2 的列表索引是从 1 开始的。

如果需要继续添加数据，只需要单击 make a list 模块左上方的蓝色方块，就可以方便地添加列表空槽，如图 4.21 所示。

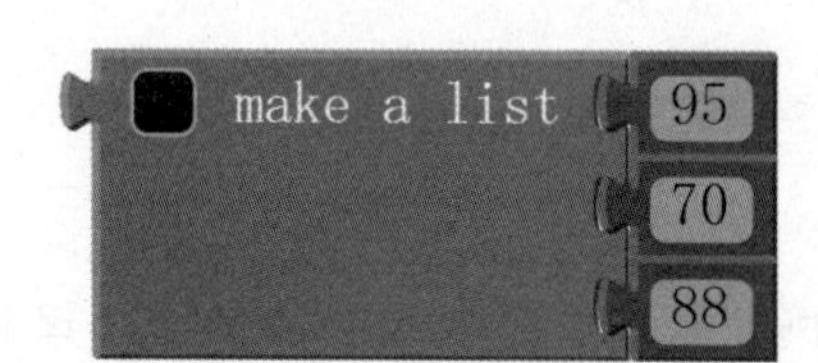

图 4.20 列表数据填充

图 4.21 make a list 模块的扩展结构

为了在后面可以调用创建的列表，一般要将列表保存在一个变量中。这里建立一个全局变量 scores，并将刚建立的列表拼接在全局变量 scores 上，如图 4.22 所示。

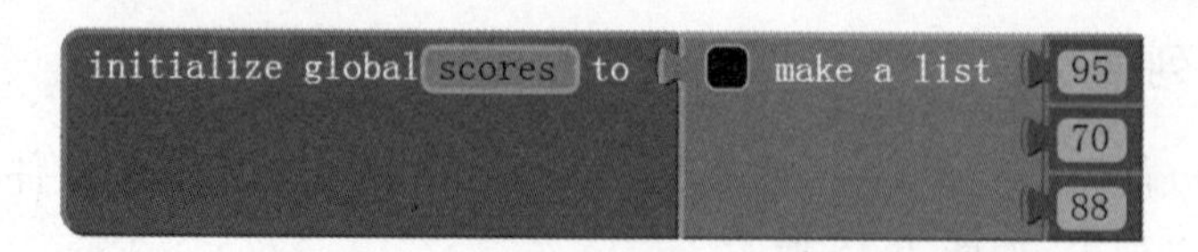

图 4.22 拼接在全局变量 scores 上

4.2.2 获取列表项

4.2.1 小节在列表 scores 中添加了 3 个数据，下面将介绍如何通过索引获取列表中的数据。

从列表中获取数据需要使用 select list item 模块，获取路径为 Blocks→Built-in→Lists→select list item，如图 4.23 所示。

select list item 模块中的参数槽有两个，分别是 list 和 index，如图 4.24 所示。槽 list 用来拼接需要获取数据的列表变量，槽 index 用来指定索引编号。

下面通过一个小示例来说明如何使用 select list item 模块。列表 scores 中目前有 3 个数据 96、70 和 88，这里将使用 select list item 模块获取索引为 2 的数据 70。

如图 4.25 所示，首先将列表变量 scores 拼接在槽 list 上，再将数字 2 拼接在槽 index 上，此时 select list item 模块将会获取到索引号为 2 的数据。

通过索引获取列表中的数据时，要注意的是索引编号不能够超过列表数据项的总数。

如果索引号大于列表的实际项目，将会引发“索引越界”错误。如图4.26所示，尝试在scores列表中获取索引号为4的数据，实际上scores列表只有3个数据，将引发一个“索引越界”错误。

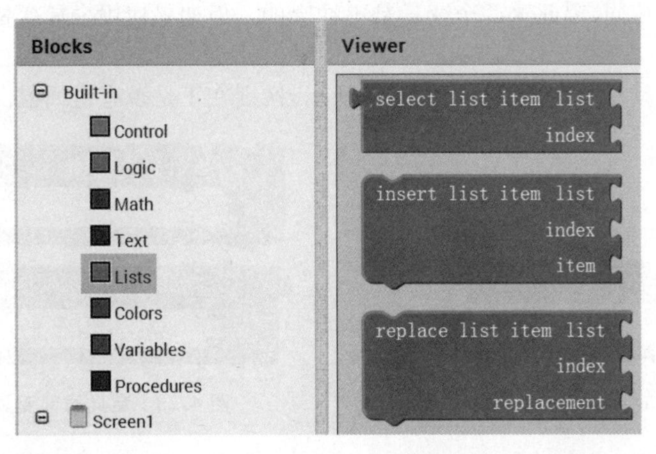

图4.23 select list item 模块

图4.24 select list item 模块

图4.25 获取scores列表中索引号为2的数据

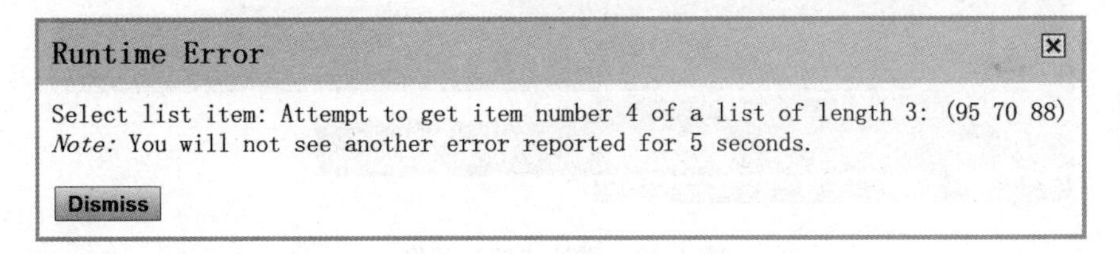

图4.26 “索引越界”错误

4.2.3 遍历列表

4.2.2小节介绍了根据索引号获取列表中某一元素的方法，但在实际使用过程中，经常会需要按照索引的顺序访问列表中的所有数据，例如显示列表中的所有数据、在列表中找到最小的数据、累加列表中所有的数据等。

遍历列表最简单的方法是使用Blocks→Built-in→Control控件中的for each in list模块，如图4.27所示。这是一种安全的遍历方法，在遍历过程中索引号不会超过列表所拥有数据项的最大值，避免了索引号越界导致的错误。

下面用一个累计成绩的示例说明如何使用for each in list模块。在介绍这个小示例前，先来介绍如何使用局部变量。局部变量和全局变量是AI2提供的两种变量定义方式，全局变量定义后在所有地方都可以直接使用；而局部变量在定义后，只有在特定的范围内可以使用。定义局部变量的好处是不会产生变量名冲突，比如在累加数学成绩时，可以定义一个局部变量 sum，用来表示数学成绩的总和；在累加英语成绩时，也可以定义一个同名的局部变量 sum，用来表示英语成绩的总和。这两个局部变量的名称虽然相同，但使用的空间却不相同，因此这两个变量是不冲突的。但如果使用全局变量，变量名称是绝对不能相同的。

定义局部变量有两个模块，如图 4.28 所示，区别在于是否有返回值。

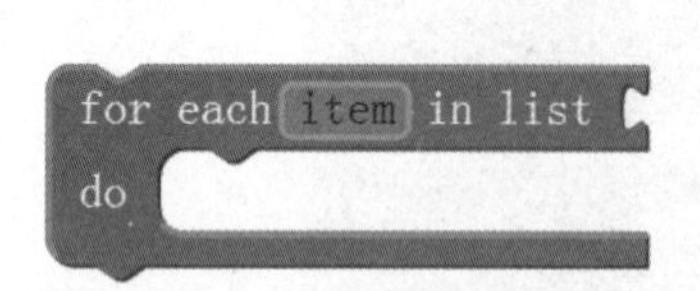

图 4.27　for each in list 模块

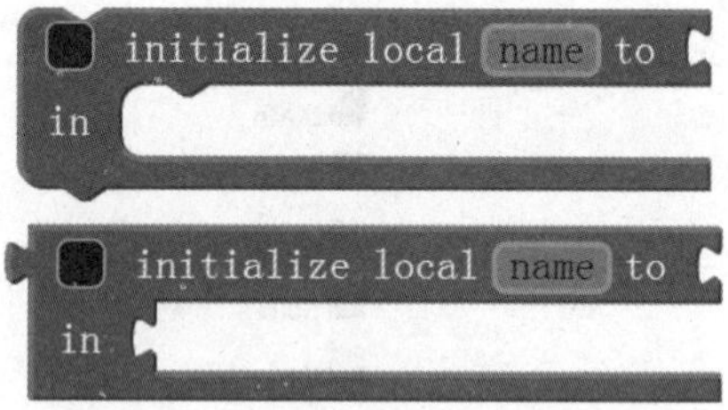

图 4.28　定义局部变量模块

累计成绩示例中，首先定义一个局部变量 sum，用于保存成绩的累加值。然后修改 for each in list 模块中表示每次遍历结果的局部变量 name 为 score，这个局部变量会在遍历过程中分别代表 scores 列表中第一项、第二项和第三项的值，从而实现对列表的遍历。最后，将要遍历的列表变量 scores 拼接在 for each in list 后面的槽上，如图 4.29 所示。

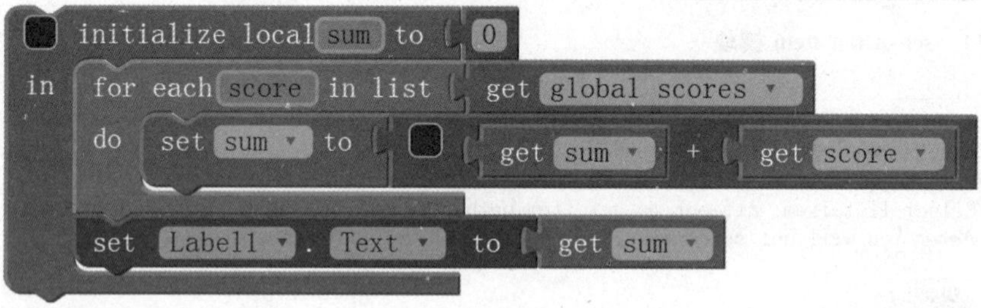

图 4.29　累计成绩的示例

4.2.4　添加删除列表项

列表中的数据在程序运行过程中是可以动态添加和删除的，下面分别介绍列表项添加模块 add items to list 和删除模块 remove list item，如图 4.30 所示，这两个模块的位置在 Built-In→Lists 模块中。

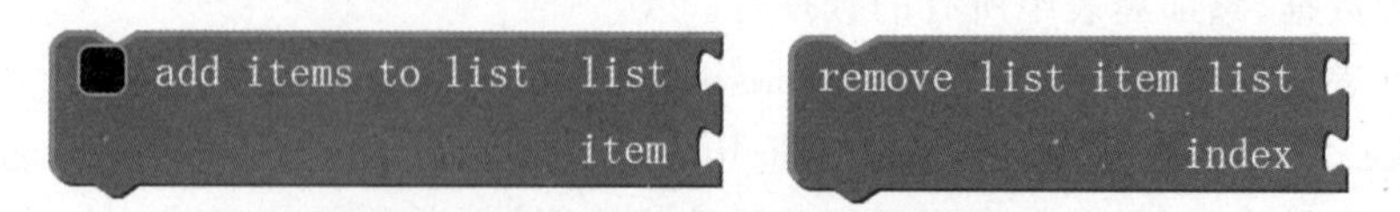

图 4.30　列表项添加模块和删除模块

add items to list 模块中有两个参数槽，槽 list 用来拼接目标列表，槽 item 用来拼接要添加到列表中的数据。神奇的"蓝色方块"可以让 add items to list 模块具有向列表中一次性添加多个数据的功能，如图 4.31 所示。

图 4.31 添加多个数据

若要将数据 60 和 50 添加到列表 scores 中，首先将列表 scores 拼接在 add items to list 模块的槽 list 上，然后将数据 60 和 50 拼接在槽 item 上即可，如图 4.32 所示。

从列表中删除数据要使用 remove list item 模块，槽 list 用来拼接要操作的列表变量，槽 index 拼接要删除数据的索引位置，如图 4.33 所示。remove list item 模块每次只能够删除 1 个列表中的一项数据。

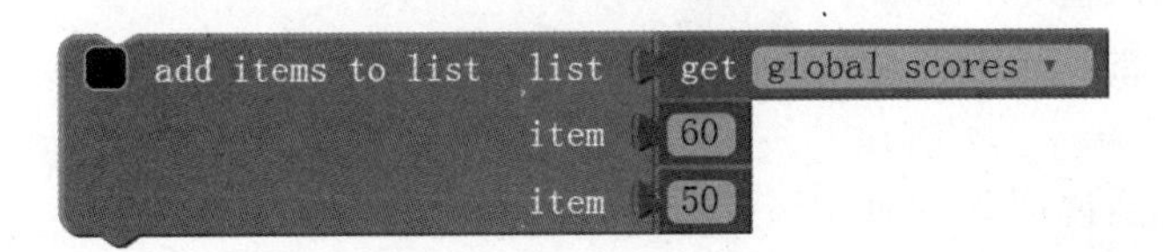

图 4.32 向动态列表中添加元素

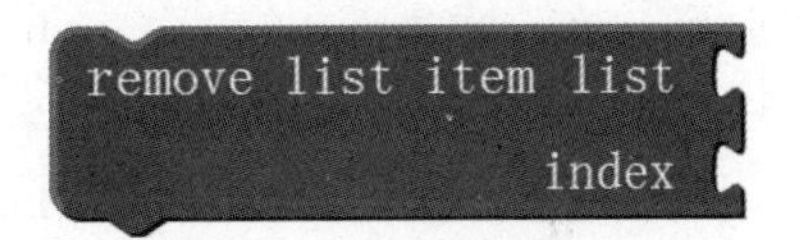

图 4.33 remove list item 模块

此时 scores 列表中目前有 5 个数据，分别是 95、70、88、60 和 50，如果要从 scores 列表中删除最后添加的数据"50"，则需将索引号 5 拼接在槽 index 上，如图 4.34 所示。remove list item 模块被调用后，scores 列表中则只有 4 个数据，分别是 95、70、88 和 60。

图 4.34 删除 scores 列表中的第 5 项

如果用户希望删除列表 scores 中的数据 60，但并不知道数据 60 的索引号，可以使用 index in list 模块，位置在 Blocks→Built-in→Lists 控件中。index in list 模块有两个参数槽，参数槽 thing 用来拼接数据，参数槽 list 拼接列表，该模块会返回数据在列表中的索引号，然后再通过调用 remove list item 模块删除需要删除的列表数据就可以了。图 4.35 所示即使用 index in list 模块和 remove list item 模块删除列表 scores 中的数据 60。

```
remove list item list  get global scores
                 index  index in list thing  60
                                        list  get global scores
```

图 4.35　删除列表 scores 中的数据 60

4.3　循环结构

在程序设计过程中，循环是一种经常使用到的结构，可以用来简化重复执行的动作。在 4.2.3 小节中介绍的 for each in list 模块就属于循环结构，本节将介绍具有通用意义的两种循环结构，即 for…each…from 模块和 while 模块。

4.3.1　for…each…from 模块

for…each…from 模块位置在 Blocks→Built-in→Control 控件中。for…each…from 模块中的局部变量 number 表示每次循环的值，槽 from 表示变量 number 在循环开始时的值，参数槽 to 表示循环结束时的值，参数槽 by 表示每次循环的递增量。在图 4.36 所示的 for…each…from 模块中，循环的开始值是 1，结束值是 5，递增量为 1，在 5 次循环中变量 number 的取值分别为 1、2、3、4、5。

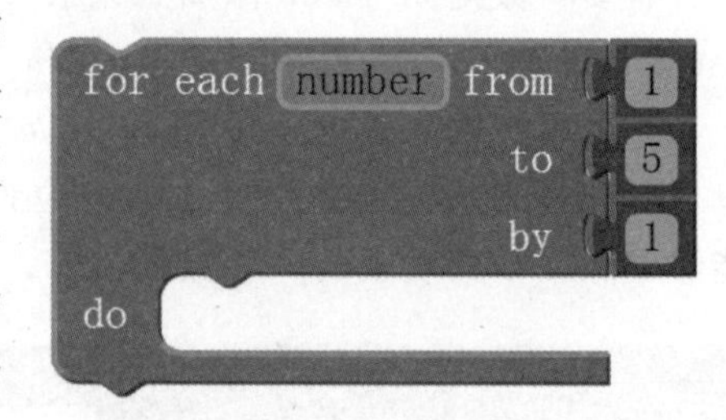

图 4.36　for…each…from 模块

这里用一个 10 数字累加的示例说明如何使用 for…each…from 模块。在这个示例中，定义一个全局变量 sum 作为累加结果，循环的开始值为 1，结束值为 10，递增量为 1，如图 4.37 所示。

```
initialize global sum to 0

for each number from 1
                  to 10
                  by 1
do  set global sum to  get global sum + get number
```

图 4.37　10 数字累加示例（for…each…from 模块）

4.3.2　while 模块

相对于 for…each…from 模块，while 模块更加常用一些。while 模块是一种有条件循环结构，在条件满足时，循环过程将持续进行；当条件无法满足时，则退出循环过程。

while 模块的结构如图 4.38 所示，参数槽 test 用来拼接判断循环是否继续执行的条件语句，参数槽 do 是循环执行的动作部分。while 模块的位置在 Blocks→Built-in→Control 控件中。

while 模块中的循环部分是否执行，要根据 test 中的条件进行判断，当 test 中的条件模块返回 true 时，程序执行槽 do 中的内容；若返回 false，则不执行槽 do 中的内容，而是继续执行 while 模块后面的程序模块。while 模块的执行流程如图 4.39 所示。

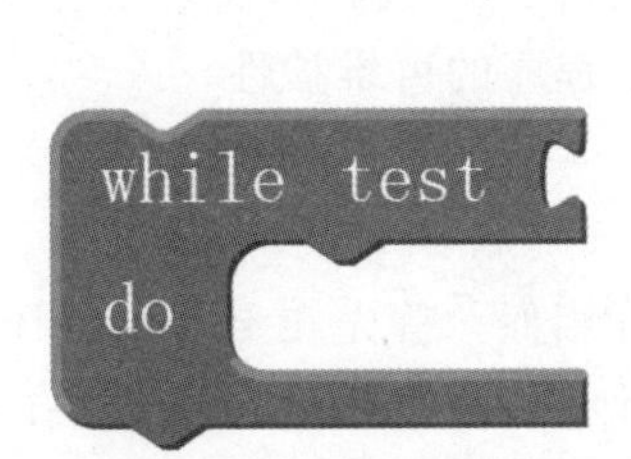

图 4.38 while 模块

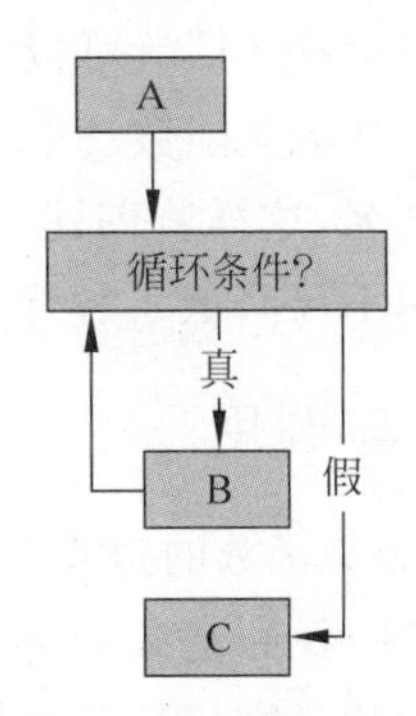

图 4.39 while 模块执行流程

这里还是以 10 数字累加为例说明如何使用 while 模块。这个例子仍是定义一个全局变量 sum 作为累加结果，定义一个全局变量 n 表示循环的当前值，循环的开始值为 1，结束值为 10，递增量为 1，如图 4.40 所示。

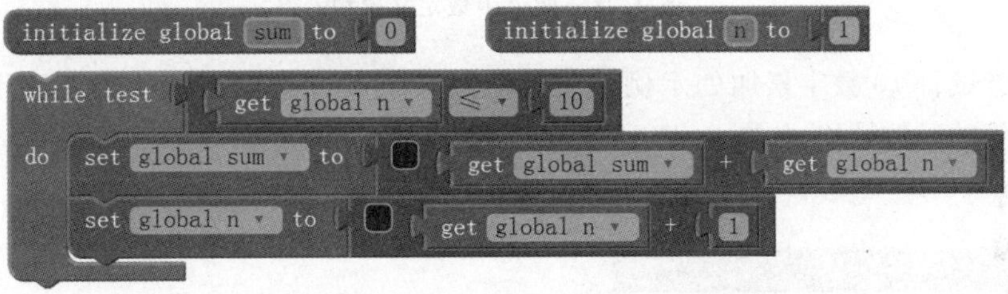

图 4.40 10 数字累加示例（while 模块）

在 while 模块循环过程中，每次循环前都要检测槽 test 的条件是否满足“$n \leqslant 10$”，如果满足条件，参数槽 do 的动作是将变量 n 累加到变量 sum 中，并在每次循环过程中将变量 n 增加 1。这样在 n 是 1～10 之间的值时，都满足条件“$n \leqslant 10$”，所以变量 sum 可以获取到 1～10 的累加值。当 n 等于 11 时，无法满足条件“$n \leqslant 10$”，while 模块结束循环。

4.4 函数

有一个经典的脑筋急转弯，可以用来说明什么是函数。还记得把大象放到冰箱里面要几个步骤吗？第一步是打开冰箱门，第二步是把大象放进冰箱，第三步是关上冰箱门。

那么，把一个李雷放到冰箱里面有几步呢？仍然是三步，第一步是“打开冰箱门”，第二步是把李雷“放进冰箱”，第三步是“关上冰箱门”。类似的，把韩梅梅放到冰箱里面的步骤也很容易就会想到了。

定义函数的好处就是可以避免重复编写代码工作。举个例子说明这个好处，如果要把李雷、韩梅梅、林涛和露西都放到冰箱里面，那么“打开冰箱门”的操作都是一样的，如果每次做这个操作都要使用一大堆同样的模块代码，是一件很麻烦、低效率的事情，使用函数可以解决这个问题。将“打开冰箱门”的操作定义成为函数，称之为“函数：打开冰箱门”，那么在每次需要“打开冰箱门”操作时，就不需要堆砌这些相同的模块代码了，只需要引用“函数：打开冰箱门”就可以实现相同的效果。

AI2 提供了自定义函数功能，允许用户将实现一定功能的模块进行封装，并为其封装后的模块进行命名，这样就创建了一个函数，并可以被其他模块调用，实现了基本的代码复用。代码复用不仅降低了程序的错误率，而且提高了程序的可维护性。

4.4.1 定义与调用

在 AI2 中，定义函数的过程与定义变量的过程十分相似。首先在 Blocks→Built-in→Procedures 控件中找到定义函数的模块，如图 4.41 所示。两个函数定义模块的区别在于，有参数槽 do 的函数模块没有返回值，有参数槽 result 的函数模块是有返回值的。

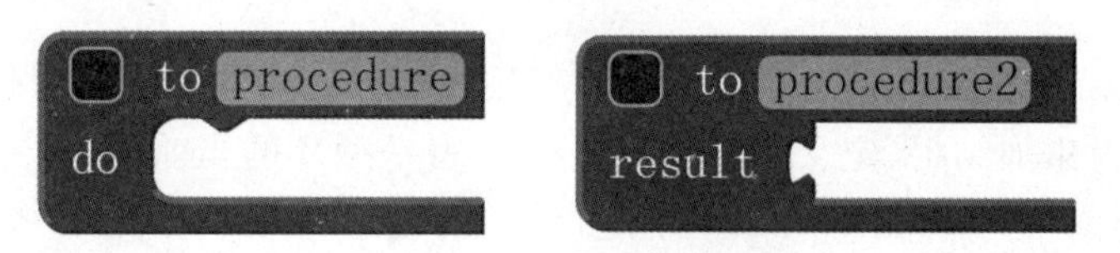

图 4.41 两个函数定义模块

下面尝试将 10 数字累加的示例封装成函数 SumNum1，供其他使用者调用，先使用没有返回值的函数模块，如图 4.42 所示，函数命名为 SumNum1，全局变量 sum 用来保存累加值。

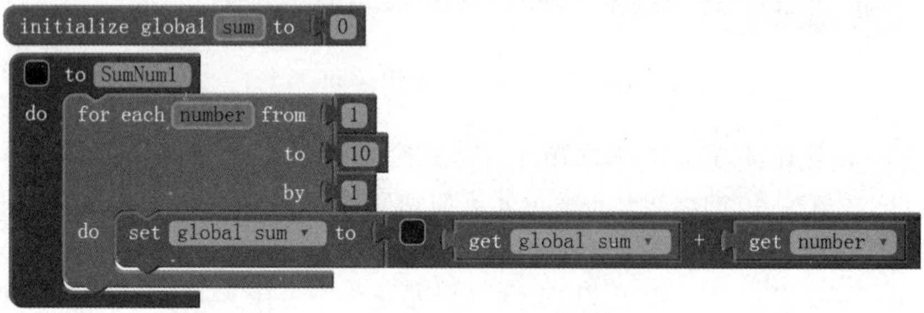

图 4.42 10 数字累加函数（无返回值）

这个设计函数并不完美，因为在函数中使用了全局变量，这样并不是一个良好的设计习惯，容易在出现错误时难以定位问题。改良函数 SumNum1，命名为 SumNum2，使用局部变量保存累加值，并将最终的结果通过函数返回给调用者，如图 4.43 所示。

函数定义完成后，怎样才能发挥它的作用呢？定义完成后的函数只是一个单独的功能模块，只有在程序执行的过程中调用了这个函数，该函数才能被执行并发挥自己的功能。

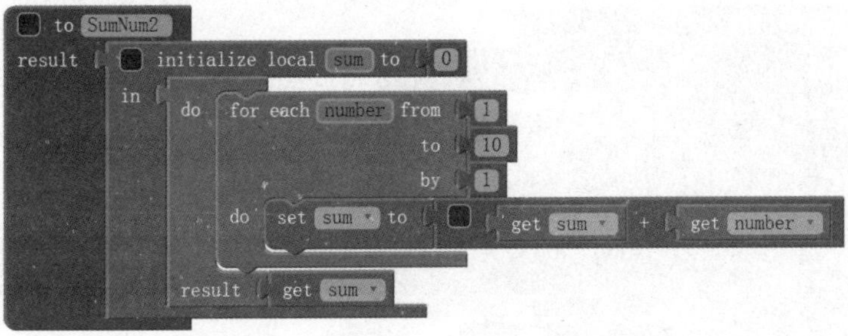

图 4.43　10 数字累加函数(有返回值)

所有定义过的函数都会出现在 Blocks→Built-in→Procedures 控件中。上面定义过的函数 SumNum1 和 SumNum2 也会出现在这里,如图 4.44 所示,左边的 SumNum1 函数调用模块是没有返回值的,右边的 SumNum2 函数调用模块是具有返回值的。

图 4.44　SumNum1 和 SumNum2 函数的调用模块

下面简单演示如何使用函数。定义一个全局变量 var,初始值为 0,然后修改 var 的值为调用 SumNum2 函数的返回值加上 10,如图 4.45 所示。

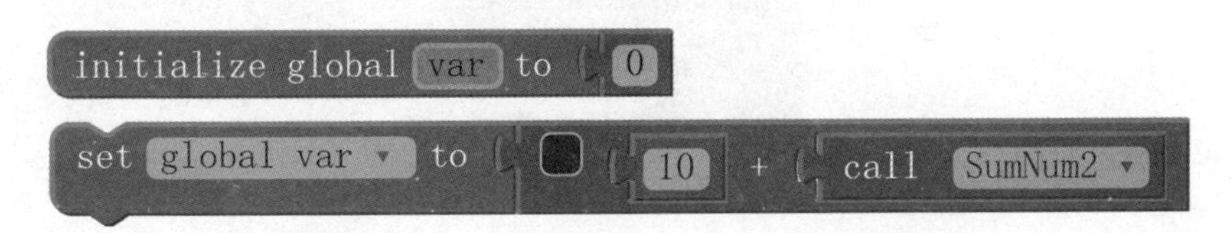

图 4.45　调用 SumNum 函数

从程序的执行顺序上来说,当程序运行到 SumNum2 函数时,会进入 SumNum2 函数体,执行完 SumNum2 函数体后,又会跳回到调用 SumNum2 函数的位置,继续执行下一个动作模块。

4.4.2　函数参数

像大部分模块一样,函数模块也有自己的参数,可以根据参数的不同,产生不同的调用结果。创建函数的目的是消除代码的冗余,提高代码的效率,最重要的是函数要尽量做到通用性好,这就需要给函数定义参数,使函数具有广泛性和普遍性。

下面继续修改"10 数字累加"示例,使函数可以自定义累加的起止值。如图 4.46 所示,函数 SumNum3 多了两个参数 start 和 end,分别表示累加的开始值和结束值,这两个参数是从函数的调用者传递过来的。函数体内部的 for each from 模块使用这两个参数作为循环的起止值,这样从函数外部传递过来的参数就作用到函数内部的模块上了,从而实现了函数调用者给出参数控制函数内部循环次数的效果。

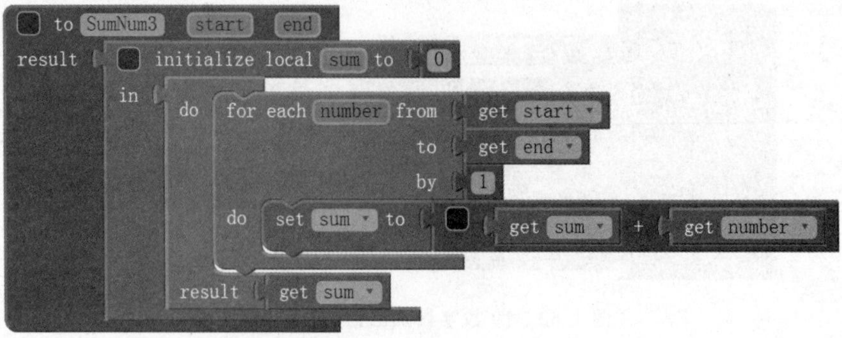

图 4.46　SumNum3 函数

在函数上添加参数同样是使用函数模块上的蓝色方块。如图 4.47 所示，只要将参数 input：x 拖曳到基础部分 inputs 中就可以了。

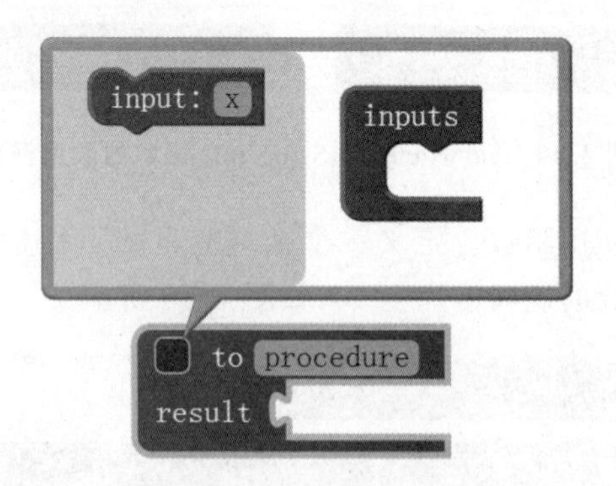

图 4.47　调用 SumNum 函数（参数 N 为 50）

通过上述内容不难发现，为函数增加参数可以增加函数的通用性。函数参数的设定对于函数的作用范围和适用性具有较大的影响，所以在函数的创建过程中要注意函数中参数的设置问题。

习题

1. 简述程序设计中的几种分支和循环模块的特点。
2. 简述如何实现列表的创建、添加和删除。
3. 设计一个可以计算 3 个整数的平均值的函数。

第5章

用户界面

用户界面是应用程序开发的重要组成部分，决定了应用程序是否美观、易用。AI2使用可视化的、所见即所得的方式来搭建应用程序的界面部分。通过本章的学习，读者可以熟悉界面设计中的布局方式和常用控件。

本章学习目标

- 掌握界面布局的使用方法
- 了解控件分类和基本用途
- 掌握常用控件的使用方法

5.1 控件概述

AI2的界面开发采用可视化的方法，通过将界面控件拖曳到界面编辑器内，在预览区中可以直接生成界面的效果图，这些可以被拖曳的界面元素就是控件。

AI2的控件库中有丰富的界面控件。控件细分为9个子类，共51个控件，控件的类别、说明和数量如表5.1所示。

表5.1 界面控件的类别和数量

类　别	说明	数量	类　别	说明	数量
User Interface	常用控件	11	Social	社交控件	6
Layout	屏幕布局	3	Storage	存储控件	3
Media	媒体控件	9	Connectivity	通信控件	4
Drawing and Animation	动画控件	3	LEGO MINIDSTORMS	乐高机器人控件	7
Sensors	传感器控件	5			

常用控件(User Interface)是界面开发过程中使用频率最高的控件，像按钮、标签和复选框等控件。屏幕布局(Layout)是用于设定屏幕中元素的排列方式的控件。媒体控件(Media)类中主要是用来播放声音、视频，以及进行录音、录像的控件。动画控件(Drawing and Animation)类是用来开发游戏和绘图程序的控件。传感器控件(Sensors)类中是与硬件设备相关的控件，包括加速度传感器、位置传感器、方向传感器和进场通信等控件。社交控件(Social)类中是一些用来与他人交互的控件，例如拨号控件、短信控件、选取联系人控件等。存储控件(Storage)类包含了与信息存储相关的控件，包括本地数据

库和网络数据库控件等。通信控件(Connectivity)类主要包含蓝牙、Web等用于信息交换的控件。乐高机器人控件(LEGO MINIDSTORMS)类是乐高NXT智慧型机器人的开发控件。

5.2 屏幕布局

在设计应用程序时，设计者往往需要仔细考虑不同控件在界面上的布局和构图效果，而不只是单纯把控件堆积在屏幕上。为了能够设计出相对美观的布局结构，AI2提供了Layout(屏幕布局)控件，支持水平布局、垂直布局和表格布局，如图5.1所示。

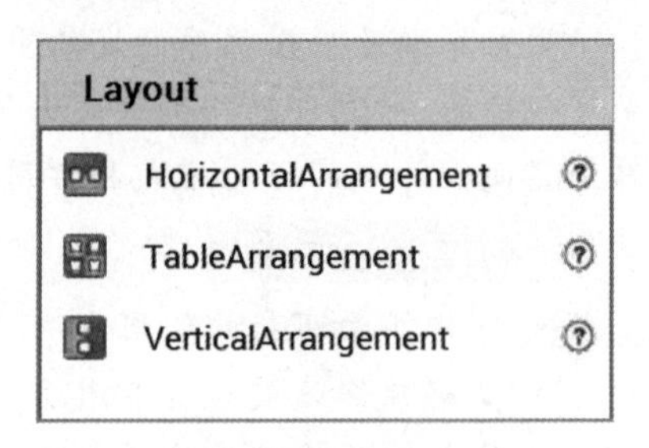

图5.1 可视化控件布局的3种方式

这些布局可以按照一定顺序或者相对关系，排列布局内部的控件。布局本身在界面上没有任何显示，也不具备事件响应功能，因此布局并不能响应单击或拖动等操作。即便如此，布局仍然是界面设计中不可缺少的组成部分，是提升应用程序视觉效果和美观程度的关键所在。

5.2.1 水平布局

Horizontal Arrangement(水平布局)是一种重要的界面布局，也是经常使用的界面布局。在水平布局中，所有界面控件都在水平方向上按照顺序进行排列，也就是说，每列仅包含一个控件。

如图5.2所示，上方是界面编辑器中预览区的效果图，下方是在手机上的运行结果图。在效果图中，可以很容易找到水平布局的位置，而在运行结果图中，水平布局的边框被隐藏了。

将水平布局拖曳到界面编辑器后，会在界面上形成一个正方形区域，如图5.3所示。

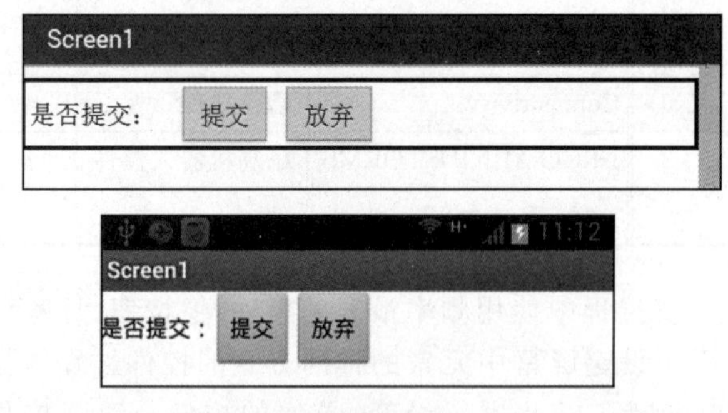

图5.2 水平布局在界面编辑器和手机运行时的不同效果

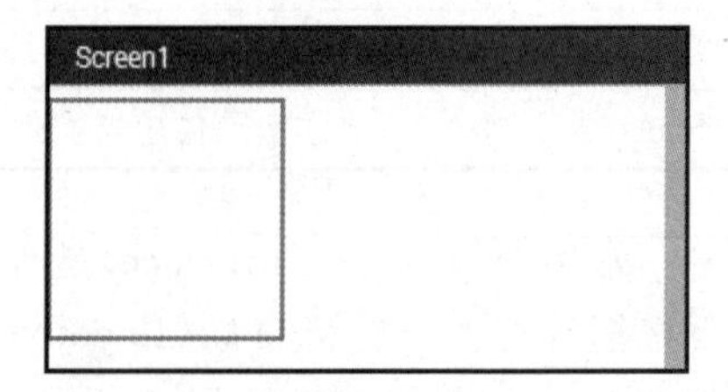

图5.3 空的水平布局

将第一个控件拖曳到这个正方形的区域中，这个正方形的区域会变成长方形，以后所有加入的控件都会按照水平方向排布，如图5.4所示。需要注意的是，不要让水平布局中控件的总尺寸超出屏幕的显示范围。

水平布局只有AlignHorizontal、AlignVertical、Visible、Width和Height五个属性，如图5.5所示。Visible属性设置水平布局中的所有控件是否可见，如果将其设置为false，则水平布局中的所有控件都不可见。AlignHorizontal和AlignVertical设置布局中控件的排布方式。

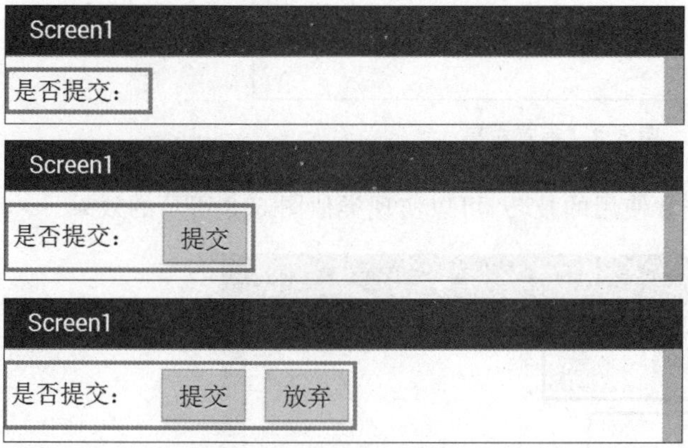

图5.4 向水平布局添加控件

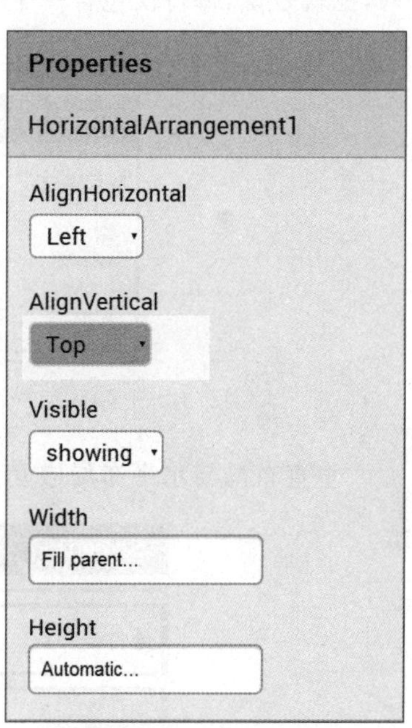

图5.5 水平布局的属性

尝试改变一下水平布局的AlignHorizontal属性，分别设置为Left、Center和Right，即水平布局内的控件排布方式分别为左对齐、居中和右对齐，效果如图5.6所示。

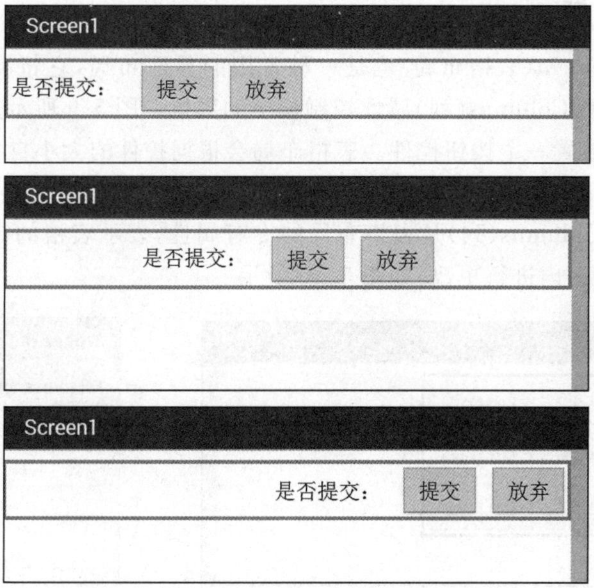

图5.6 水平布局的AlignHorizontal属性效果

5.2.2 垂直布局

VerticalArrangement（垂直布局）中，所有界面控件都在垂直方向按照顺序进行排列，也就是说，每行仅包含一个界面控件，如图5.7所示。垂直布局的属性与水平布局完全相同。

图 5.7 垂直布局

垂直布局与水平布局嵌套是经常使用的技巧，可以实现类似图5.8所示的效果。

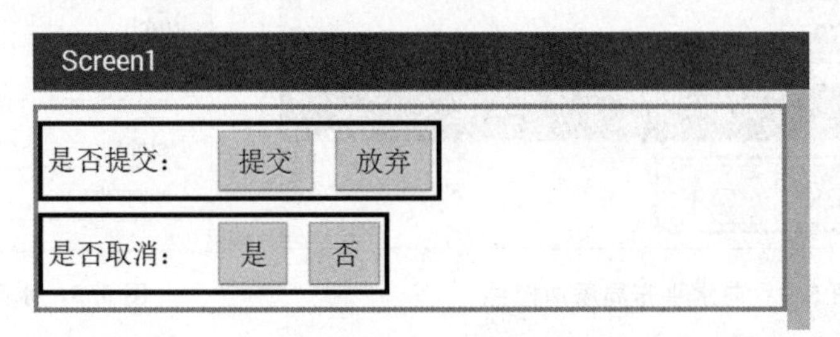

图 5.8 垂直布局嵌套水平布局

5.2.3 表格布局

TableArrangement（表格布局）也是一种常用的界面布局，它将屏幕划分为表格，通过指定Rows（行）和Columns（列）属性控制格子的数量。图5.9所示是一个3×3的表格布局，每个格子中放置一个按钮控件。表格布局会根据控件的大小自动修改表格的大小，这是一个方便、实用的功能。

Rows（行）和Columns（列）是表格布局的专有属性，表示表格的行数和列数，可以在界面编辑器的属性区内进行更改，如图5.10所示。

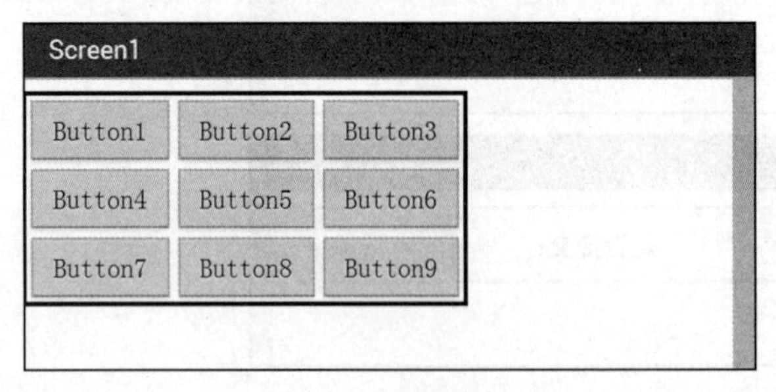

图 5.9 表格布局

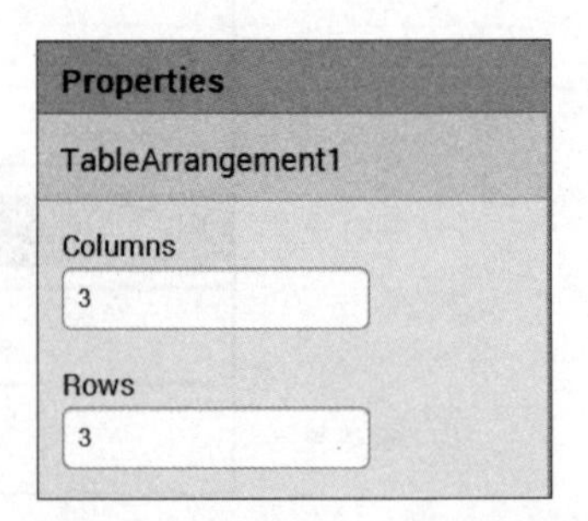

图 5.10 表格布局的属性

当然，在表格布局中也可以放置其他布局，像水平布局或垂直布局，实现布局的嵌套。图 5.11 即实现了一个 2×2 的表格布局，在左上和右下的格子中嵌套了垂直布局；在右上和左下的格子中嵌套了水平布局。

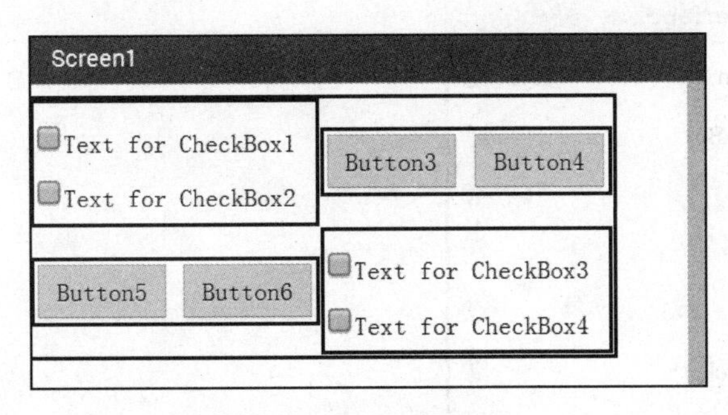

图 5.11 表格布局的嵌套

5.3 常用控件

常用控件是使用频率较高的一些控件的集合，这些控件包括 Button（按钮）、CheckBox（复选框）、Clock（时钟）、Image（图片）、Label（标签）、ListPiker（选项列表）、Notifier（通知）、PasswordTextBox（密码框）、TextBox（文本框）和 WebViewer（网页浏览器）。

5.3.1 按钮、标签和图像

1. 按钮

Button（按钮）是界面上最基本的组件，主要提供单击式的触发操作，如图 5.12 所示。通过设置按钮的事件和状态，可以实现基本的交互功能。

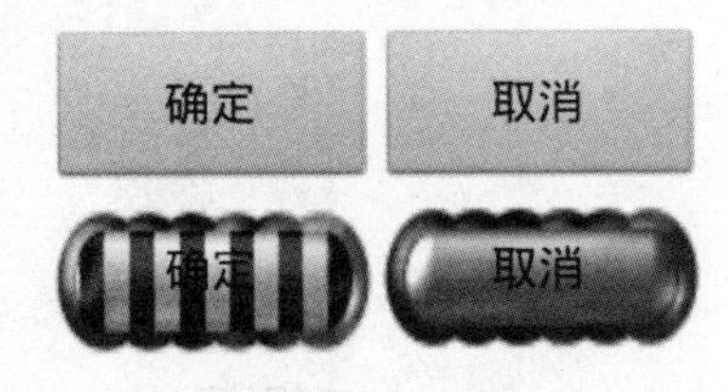

图 5.12 各种按钮

常用控件中第一项就是按钮，可见按钮在界面开发上的重要程度。如图 5.13 所示，所有控件的右侧都有一个问号，单击问号可以获取到控件的使用说明。

改变按钮的形状是通过修改按钮属性来实现的，按钮有大量属性供用户使用，通过修改这些属性，按钮将呈现不同的颜色和形状，显示不同的内容，拥有不同的字体、字号等。只要在预览区选中按钮，然后在属性区就可修改按钮的属性。图 5.14 所示是按钮属性的编辑栏，按钮属性的含义如表 5.2 所示。

在按钮的属性中，有些属性在其他界面控件中也经常出现，像 Enabled、TextAlignment、Width 和 Height 等。下面先对这些经常使用的属性进行介绍。

Enabled 属性标识控件是否可用。将控件的 Enabled 属性设置为不可用，界面上的控

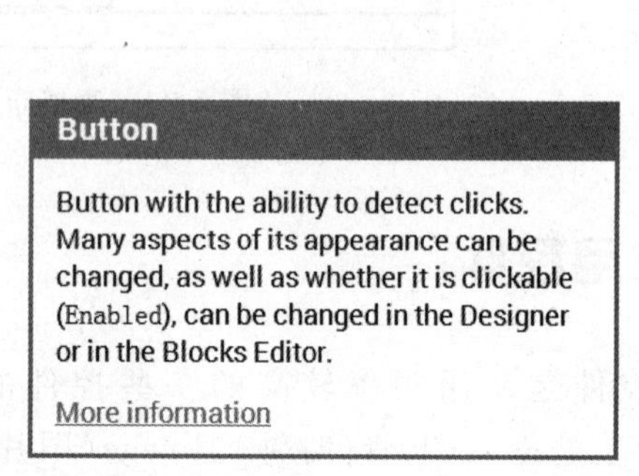

图 5.13 常用控件和按钮控件说明

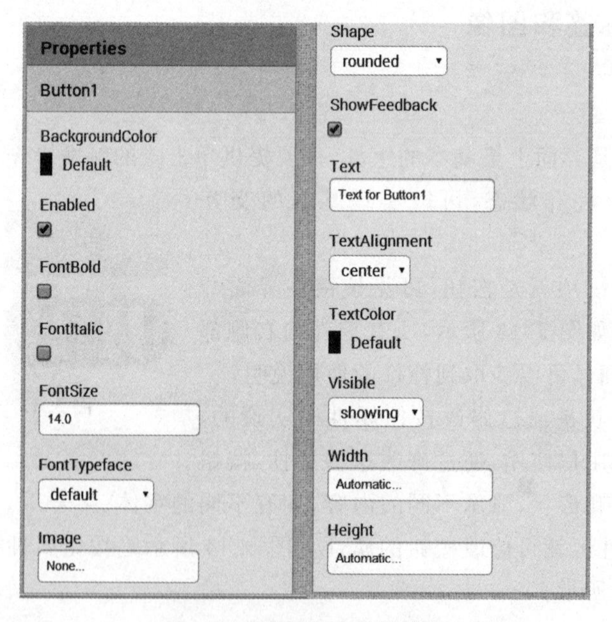

图 5.14 按钮属性的编辑栏

表 5.2 按钮属性

属 性	说 明
Background Color	设置按钮的背景色
Enabled	设置按钮是否可用
FontBold	设置字体加粗
FontItalic	设置字体倾斜
FontSize	设置字体大小
FontTypeface	设置字体类型
Image	设置按钮的背景图案
Shape	设置按钮的形状，如圆角按钮、矩形按钮等
ShowFeedback	为有背景图片的按钮提供视觉反馈
Text	设置按钮上显示的文字，如果清空，则不在按钮上显示任何文字
TextAlignment	设置按钮上文字的对齐方式
TextColor	设置文本的颜色
Visible	设置按钮是否可见
Width	设置按钮的宽度
Height	设置按钮的高度

件会变为灰色，且不接受任何用户操作。如图 5.15 所示，Button1 的 Enabled 属性为可用，而 Button2 的 Enabled 属性为不可用。

TextAlignment 属性可以设置文字的对齐方式，支持左对齐、右对齐和居中 3 种对齐方式。如图 5.16 所示，3 个按钮，从上到下分别是左对齐、居中和右对齐显示文字。

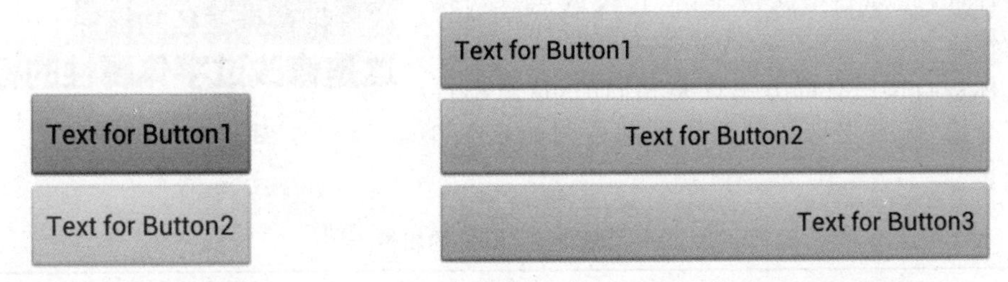

图 5.15 按钮的 Enabled 属性　　　　图 5.16 按钮的 TextAlignment 属性

Width（宽度）和 Height（高度）属性也是每个控件必有的属性，控制着控件在界面上显示的宽度和高度，支持 Automatic（自动）、Fill Parent（填充）和 pixels（固定尺寸）3 种选择。如图 5.17 所示，Button1 的宽度是自动模式，因此按钮的宽度刚好与文字匹配；Button2 的宽度是填充模式，因此按钮的宽度达到上一层控件（父控件）所允许的最大值；Button3 的宽度是固定尺寸模式，尺寸为 280 像素。

Shape 属性可以控制按钮的外部形状，目前支持圆角形、矩形和椭圆形，如图 5.18

所示。

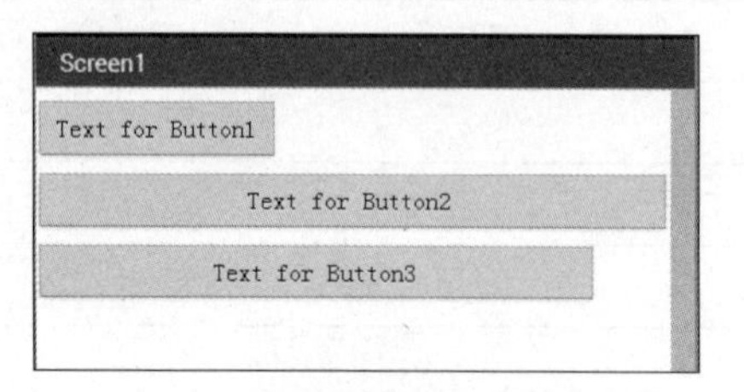

图 5.17　按钮的 Width(宽度)属性

图 5.18　按钮的 Shape 属性

按钮支持的事件有 Click(单击事件)、LongClick(长按事件)、GetFocus(获取焦点事件)和 LostFocus(失去焦点事件)，如图 5.19 所示。

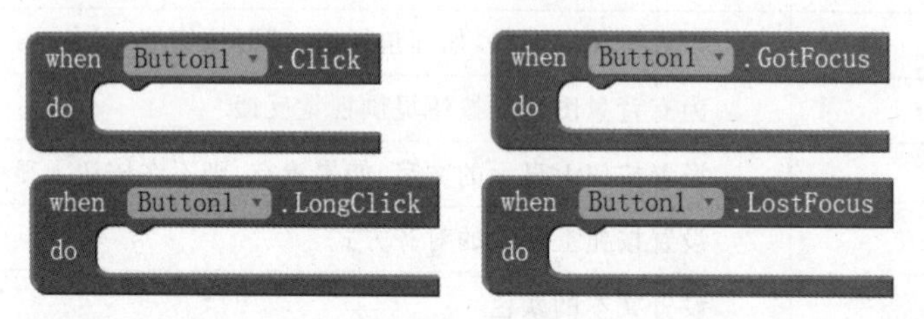

图 5.19　按钮支持的事件

手指按下后立即抬起才会产生单击事件，否则会产生长按事件。如果长时间按在按钮上，即使没有抬起手指，也会引发长按事件。获取焦点事件和失去焦点事件分别在按钮获取到焦点和失去焦点时产生。

2. 标签

Label(标签)主要起到文字显示的作用，但标签不允许用户进行输入操作，只能够显示文字信息，如图 5.20 所示。标签只有属性，没有事件，因此标签不支持单击、长按或焦点切换等操作。

这是默认字体的标签
这是带背景颜色的标签
这是修改过字体属性的标签

图 5.20　标签控件

标签与按钮有部分属性是相同的，这里不再重复介绍，标签支持的其他属性和说明如表 5.3 所示。

表 5.3　标签的属性

属　性	说　明	属　性	说　明
Background Color	设置标签背景色	TextAlignment	设置标签内文字的对齐方式
FontBold	设置字体加粗	TextColor	设置文本的颜色
FontItalic	设置字体倾斜	Visible	设置标签是否可见
FontSize	设置字体大小	Width	设置标签的宽度
FontTypeface	设置字体类型	Height	设置标签的高度
Text	设置标签栏内显示的文字		

3. 图像

Image(图像)控件用于在界面上显示各种图像文件,也不支持事件,所支持的属性如表 5.4 所示。图像控件虽然功能单一,但由于属性简单,易于使用,因此在应用开发过程中会经常会使用到。图 5.21 所示即是一个加载了图片的图像控件。

表 5.4 图像属性及说明

属性	说　明
Picture	选择显示的图像
Visible	设置图像是否可见
Width	设置图像的宽度
Height	设置图像的高度

图 5.21 图像控件示例

4. 综合示例

下述 FourSeasons 示例综合运用了按钮、标签和图像控件,应用的界面效果如图 5.22 所示。下面通过这个示例向读者展示如何综合使用这些控件设计一个简单的应用。

在 FourSeasons 示例中,通过单击下方标有“春天”、“夏天”、“秋天”和“冬天”4 个按钮,可以切换界面上方表示季节的图片和文字。

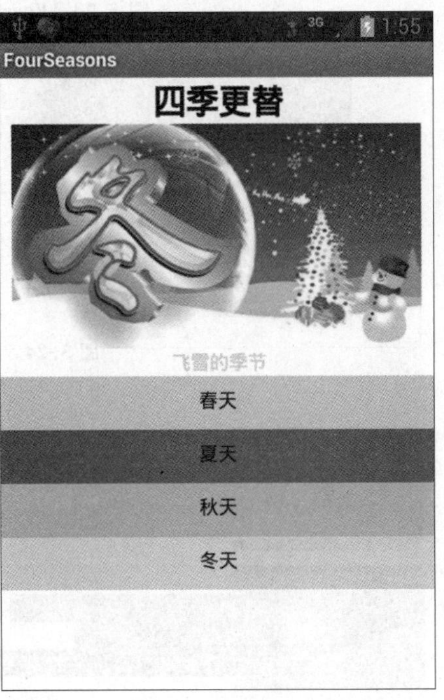

图 5.22 FourSeasons 示例运行界面

如图 5.23 所示,FourSeasons 示例的界面简单明了,最上方显示“四季更替”文本的是一个标签,标签的名称为 Title。下方是显示季节的图像控件,名称为 Picture。再下方是一个标签控件,名称为 Text,用来显示用户单击按钮后的提示信息。最下方是 4 个按钮控件,分别命名为春天、夏天、秋天和冬天。

图像控件使用的图片,要预先通过“Upload File”按钮加载到工程中,“Upload File”按钮在界面编辑器的资源区(Media)中,如图 5.24 所示。

FourSeasons 示例的逻辑非常简单:“按不同的按钮,显示不同的图片和不同颜色的文本信息”,这样需要为每个按钮添加一个单击事件,并在单击事件中修改显示的图片,以及显示文字的颜色。FourSeasons 示例的全部逻辑如图 5.25 所示。

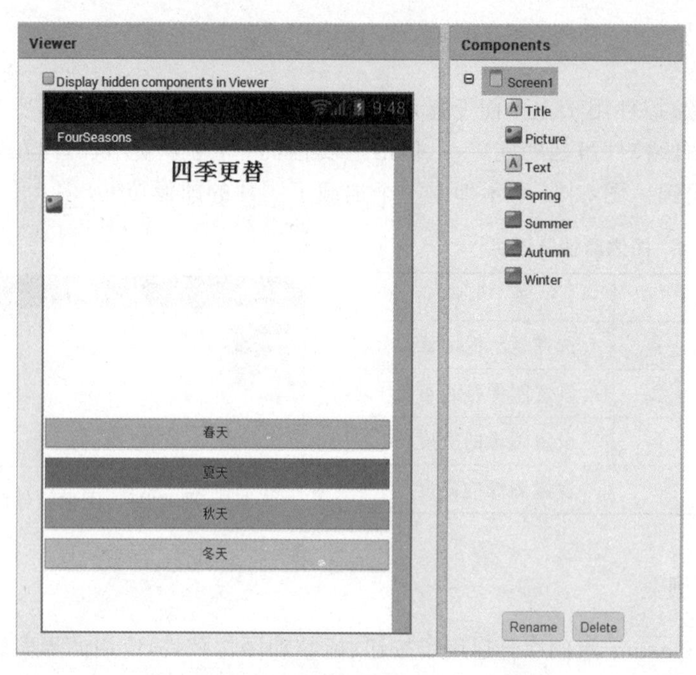

图 5.23　FourSeasons 示例的界面设计图

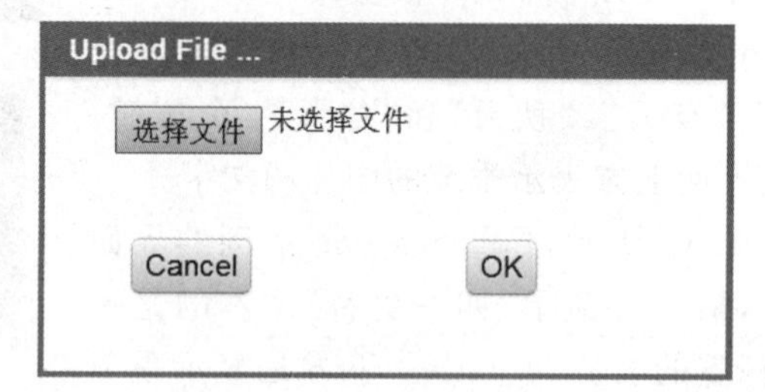

图 5.24　将图片加载到工程中

```
when Spring.Click
do  set Text.Text to "鲜花的季节"
    set Text.TextColor to
    set Picture.Picture to "spring.jpg"

when Autumn.Click
do  set Text.Text to "收获的季节"
    set Text.TextColor to
    set Picture.Picture to "autumn.jpg"

when Summer.Click
do  set Text.Text to "阳光的季节"
    set Text.TextColor to
    set Picture.Picture to "summer.jpg"

when Winter.Click
do  set Text.Text to "飞雪的季节"
    set Text.TextColor to
    set Picture.Picture to "winter.jpg"
```

图 5.25　FourSeasons 示例的全部逻辑

5.3.2 文本框、复选框和密码框

1. 文本框

TextBox(文本框)是一种供用户进行输入文字操作的控件。虽然文本框可以显示文字信息,但其主要功能还是为用户提供输入信息的区域,比如登录框、搜索栏或编辑文字的写字板等。文本框的使用范围非常广泛,是基本的信息输入控件之一,是很多应用程序中不可或缺的组成部分。

当文本框的内容为空时,会自动在文本框中以灰色文字显示提示信息(Hint)。提示信息可以在文本框的 Hint 属性中进行设置,如图 5.26(a)所示,文本框显示了“Hint for TextBox1”的提示信息。

Hint for TextBox1

(a) 单行文本框

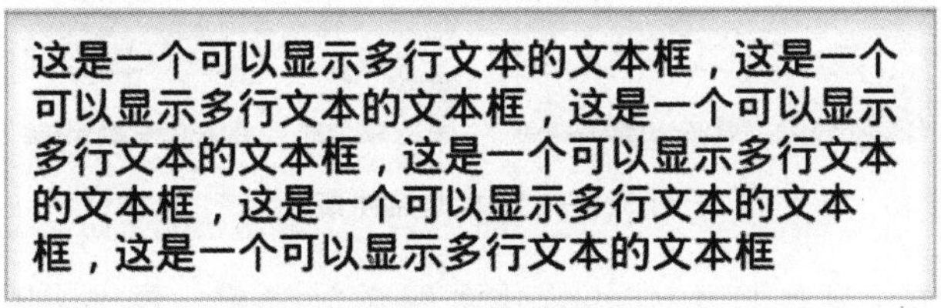

这是一个可以显示多行文本的文本框,这是一个可以显示多行文本的文本框,这是一个可以显示多行文本的文本框,这是一个可以显示多行文本的文本框,这是一个可以显示多行文本的文本框

(b) 多行文本框

图 5.26 文本框

MultiLine 属性可以控制文本框显示单行文本或多行文本,在图 5.26(a)中,文本框的 MultiLine 属性没有被设置,无论用户输入多少信息,文本框会一直保持单行的状态;在图 5.26(b)中,文本框的 MultiLine 属性已经被设置,因此在户输入较多信息时,文本框会自动变为多行显示模式。NumbersOnly 属性控制了文本框中可输入的信息的类型,如果该属性被设置为 true,文本框将只接受数字,不接受用户输入其他字符。

文本框控件的全部属性如表 5.5 所示。

表 5.5 文本框属性及说明

属 性	说 明
Background Color	设置文本框的背景色,默认为白色
Enabled	设置文本框是否可用
FontBold	设置字体加粗
FontItalic	设置字体倾斜
FontSize	设置字体大小
FontTypeface	设置字体类型
Hint	设置文本框的提示信息

续表

属　性	说　明
MultiLine	设置是否支持多行显示
NumbersOnly	设置是否只允许输入数字
Text	设置文本框上默认显示的文字内容
TextAlignment	设置按钮上文字的对齐方式
TextColor	设置文本的颜色
Visible	设置文本框是否可见
Width	设置文本框的宽度
Height	设置文本框的高度

文本框支持 GotFocus（获取焦点事件）和 LostFocus（失去焦点事件），如图 5.27 所示。

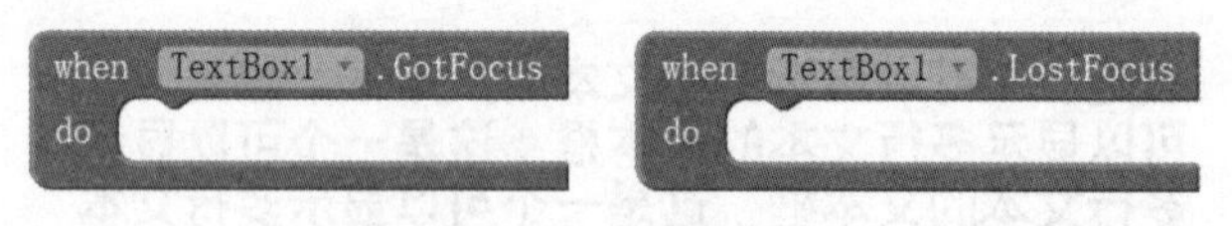

图 5.27　文本框控件事件

文本框支持的方法只有 HideKeyboard，如图 5.28 所示。该方法用来隐藏软键盘，主要用在设置了 MultiLine 属性的多行文本框，因为单行文本框只要按软键盘上的完成（Done）键或者手机上的回退键就会自动隐藏软键盘。

2. 复选框

CheckBox（复选框）是可以同时选中多项的选项框，供用户在不同选项间进行多项选择时使用，在程序当中起到条件识别的作用，如图 5.29 所示。

图 5.28　文本框的 HideKeyboard 方法

图 5.29　复选框

Checked 属性是复选框的标志性属性，表示复选框是否被选中。复选框的高度（Height）和宽度（Width）属性可以设置复选框文字所占用的空间。复选框一般多个联合起来使用，作为多个条件的组合判断依据，不过也可以单独使用。复选框的全部属性及说明如表 5.6 所示。

复选框除了支持 GotFocus（获取焦点事件）和 LostFocus（失去焦点事件）以外，还支持 Changed（选项更改）事件。更改事件在复选框的选择状态发生改变时触发，如图 5.30 所示。

表 5.6 复选框的属性及说明

属　　性	说　　明
Background Color	设置复选框的背景色
Checked	设置复选框默认状态是否被选中
Enabled	设置复选框是否可用
FontBold	设置复选框字体加粗
FontItalic	设置复选框字体倾斜
FontSize	设置复选框字体大小
FontTypeface	设置复选框字体类型
Text	设置复选框的文字注释
TextColor	设置文本的颜色
Visible	设置复选框是否可见
Width	设置复选框的宽度
Height	设置复选框的高度

3. 密码框

PasswordTextBox(密码框)是一种特殊的文本框,一般用于输入密码,可以自动屏蔽用户的输入内容。

如图 5.31 所示,上图的密码框是在输入内容为空时显示的提示信息,下图的密码框是用户输入了密码信息,屏蔽处理后显示为多个星号或圆点。密码框的属性如表 5.7 所示。

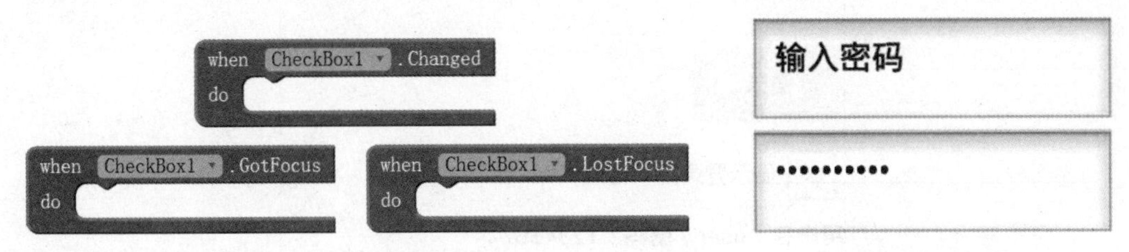

图 5.30 复选框控事件　　图 5.31 密码框

表 5.7 密码框的属性及说明

属　　性	说　　明	属　　性	说　　明
Background Color	设置密码框的背景色	Text	设置密码框里显示的文字
Enabled	设置密码框是否可用	TextAlignment	设置密码框上文字的对齐方式
FontBold	设置密码框字体加粗	TextColor	设置文本的颜色
FontItalic	设置密码框字体倾斜	Visible	设置密码框是否可见
FontSize	设置密码框字体大小	Width	设置密码框的宽度
FontTypeface	设置密码框字体类型	Height	设置密码框的高度
Hint	设置密码框的提示信息		

密码框也仅支持 GetFocus（获取焦点事件）和 LostFocus（失去焦点事件），如图 5.32 所示。

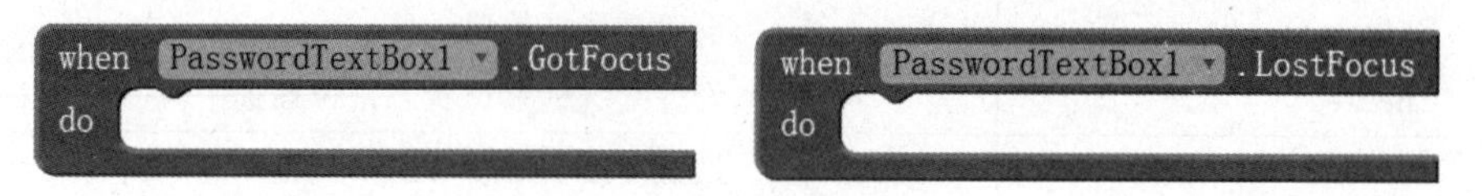

图 5.32 密码框的事件

4. 综合示例

密码框、文本框和复选框是制作登录界面的必备元素，下面以 Login 示例为例，介绍如何使用这些基本的界面控件。

Login 示例的运行界面如图 5.33 所示，用户在“输入用户名”文本框中输入用户名，在“输入密码”密码框中输入密码，单击“登录”按钮就可以完成登录。复选框用来控制是否显示提示信息。Login 示例中只有一组正确的用户名和密码，用户名是 user，密码是 123456。如果用户输入正确，并成功登录，屏幕上方的文本框将显示“用户登录成功”提示文本；如果没有输入正确的用户名和密码，屏幕上方的文本框将显示“用户登录失败”提示文本。

图 5.33 Login 示例运行界面

在 Login 示例的界面设计器上修改模块构件区（Components）中的控件名称，应尽量使控件名称具有一定的含义，这样便于在模块编辑器中找到需要目标模块的事件和属性，如图 5.34 所示。

Login 示例的逻辑部分主要响应两个事件，一个是“登录”按钮的单击事件，如图 5.35 所示；另一个是“显示登录提示信息”复选框的选项更改事件，如图 5.36 所示。

用户单击“登录”按钮后，首先判断文本框 IDTestBox 中的文本是否为“user”以及文本框 PassTextBox 中的文本是否为“123456”，这两个判断是用来确定用户名和密码是否与预设值相同。如果用户名和密码正确，会在 InfoDisplay 显示信息“用户登录成功”，否则显示信息“用户登录失败”。

Viewer
Display hidden components in Viewer
Login
请输入用户名和密码
登录
显示登录提示信息
用户名：user，密码：123456
Components
Screen1
InfoDisplay
IDTextBox
PassTextBox
LoginButton
LoginHint
HintInfo
Rename
Delete

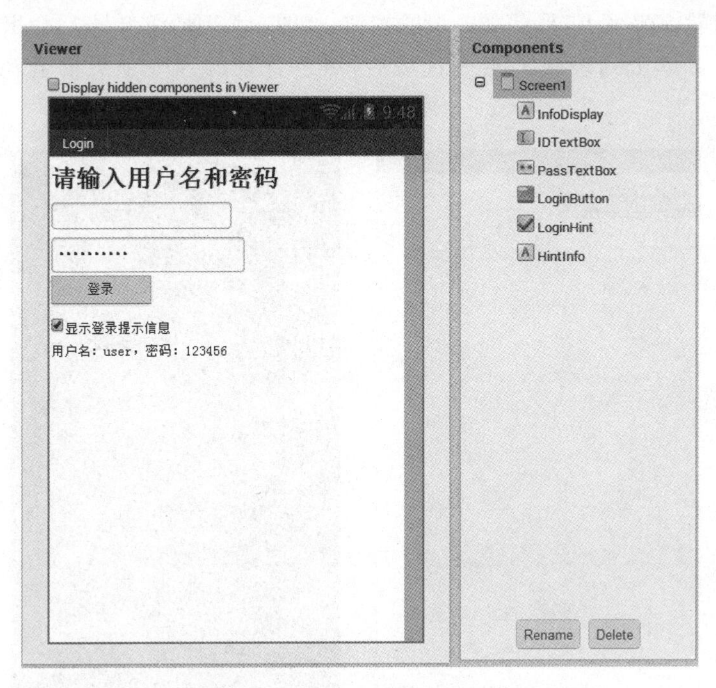

图 5.34 Login 示例的界面设计图

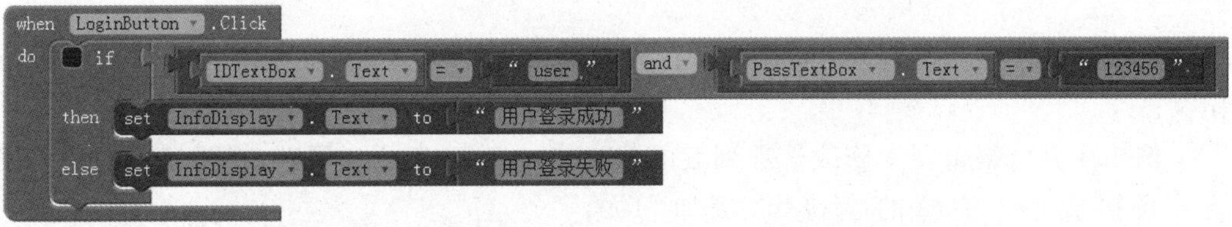

when LoginButton .Click
do if IDTextBox . Text = " user " and PassTextBox . Text = " 123456 "
then set InfoDisplay . Text to " 用户登录成功 "
else set InfoDisplay . Text to " 用户登录失败 "

图 5.35 “登录”按钮的单击事件

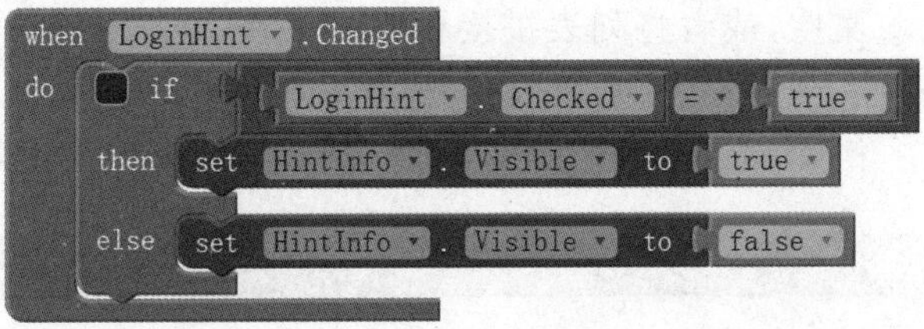

when LoginHint .Changed
do if LoginHint . Checked = true
then set HintInfo . Visible to true
else set HintInfo . Visible to false

图 5.36 “显示登录提示信息”复选框的选项更改事件

在复选框的选项更改事件中，首先判断复选框是否被选中，如果被选中，将 HintInfo 控件的可见(Visible)属性设为真，显示登录提示信息；反之将 HintInfo 控件的可见属性设为假，将登录提示信息隐藏起来。

5.3.3 选项列表

ListPicker(选项列表)是从列表的多个项中选取某一项的控件，适合多选一的情况。

列表选项被放置在界面上，形状如一般的按钮，如图 5.37 所示，单击后会出现黑色背景的列表项供选择。单击列表中的某一选项后，黑色背景的列表项界面会消失，返回按钮界面。

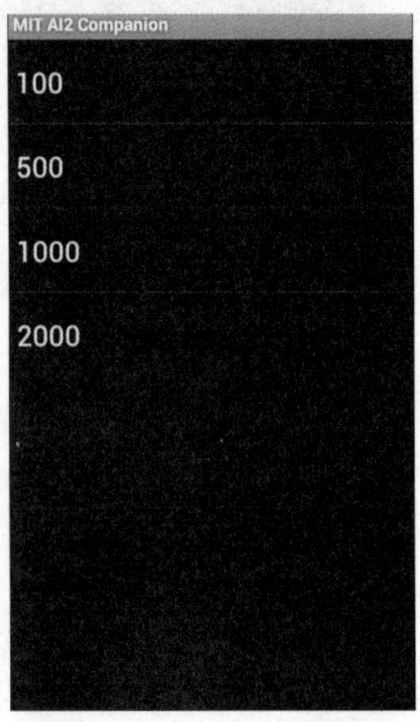

图 5.37　列表选项

选项列表中显示的列表项，既可以在界面编辑器中定义，也可在模块编辑器中进行定义。

例如在界面编辑器中修改选项列表的 ElementsFromString 属性，将要显示的列表用逗号拼接成一个完整的字符串，例如“100,500,1000,2000”，效果如图 5.38 所示。

在模块编辑器中，直接修改列表的 ElementsFromString 属性，或者将列表拼接在列表的 Elements 属性上，可以实现相同的效果，如图 5.39 所示。

ElementsFromString
100,500,1000,2000

图 5.38　选项列表的 ElementsFromString 属性

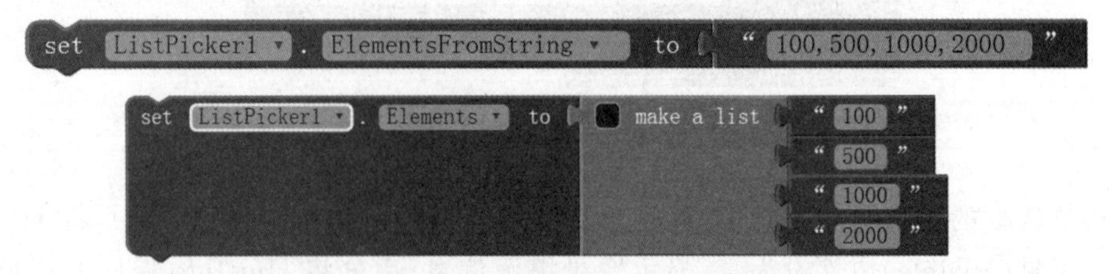

图 5.39　ElementsFromString 和 Elements 属性

列表选项的属性中，以往常见的一些属性这里不再赘述，只介绍列表选项的一些专有属性，如表 5.8 所示。

属性 ShowFilterBar 是用来显示列表项过滤文本框的，这个过滤文本框显示在列表项的上方,可以根据用户的输入动态修改所显示的列表项,使之符合用户的过滤要求。属性 Title 是列表的标题,显示在列表项的最上方。如图 5.40 所示,即属性 ShowFilterBar 被设置,属性 Title 被设置为“数字选择区”的效果。

表 5.8 列表选项的专有属性及说明

属　性	说　明
Selection	被选中的列表项
ElementsFromString	字符串方式的列表项
ShowFilterBar	显示过滤文本框
Title	列表标题

图 5.40 ShowFilterBar 和 Title 属性

选项列表支持的事件有 BeforePicking(选前操作事件)、AfterPicking(选后操作事件)、GetFocus(获取焦点事件)和 LostFocus(失去焦点事件)。其中,选前操作事件发生于单击选项列表的按钮后,列表项页面弹出之前,一般用于处理触发选项列表之后的连带操作。选后操作事件是在选中列表项后发生的事件,用于处理用户做出的选择,这是选项列表中最常用的事件。这两个事件如图 5.41 所示。

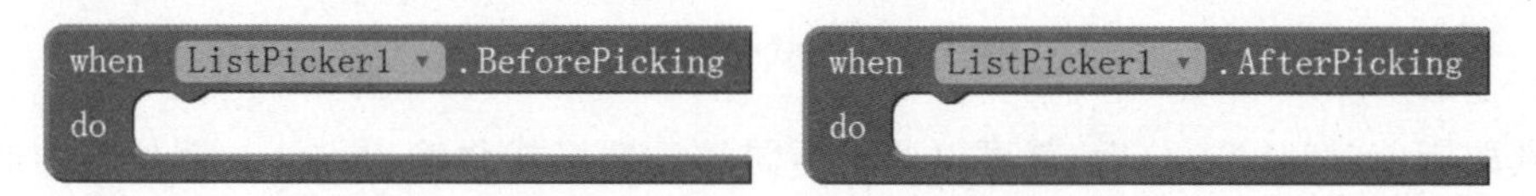

图 5.41 选项列表的 BeforePicking 和 AfterPicking 事件

选项列表支持 Open 方法,如图 5.42 所示。在该方法被调用时,选项列表的列表项被打开,效果等同于用户直接单击选项列表的按钮。

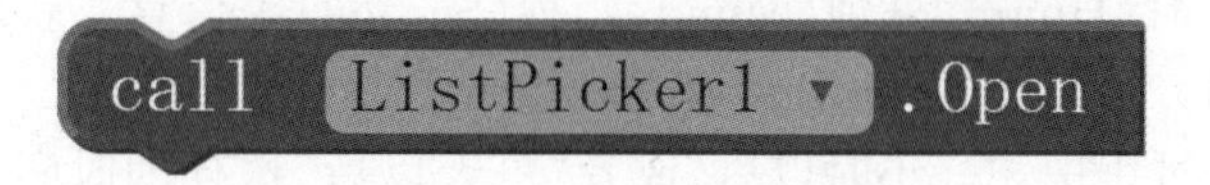

图 5.42 选项列表的 Open 方法

5.3.4 时钟控件

Clock(时钟)是非可视化组件,可以获取当前时间,格式化输出时间,对时间进行运算,还可以在固定的时间间隔触发事件。

获取当前时间可以使用时钟控件的 Now 方法,如图 5.43 所示,可以获取当前时间点的实例(Instant)。

如果将时钟的 Now 方法的返回结果直接拼接在 Label(标签)上进行显示，显示的结果将如图 5.44 所示。用户无法直接使用这样的显示结果，虽然包含了所有时间数据，但格式看起来让人匪夷所思，解决的方法就是使用时钟的格式化输出的方法。

图 5.43　当前时间点

Screen1

java.util.GregorianCalendar[time=1395753680222,areFieldsSet=true,lenient=true,zone=Asia/Shanghai,firstDayOfWeek=1,minimalDaysInFirstWeek=4,ERA=1,YEAR=2014,MONTH=2,WEEK_OF_YEAR=13,WEEK_OF_MONTH=5,DAY_OF_MONTH=25,DAY_OF_YEAR=84,DAY_OF_WEEK=3,DAY_OF_WEEK_IN_MONTH=4,AM_PM=1,HOUR=9,HOUR_OF_DAY=21,MINUTE=21,SECOND=20,MILLISECOND=222,ZONE_OFFSET=28800000,DST_OFFSET=0]

图 5.44　Now 方法的输出结果

时钟有 3 种日期的格式化输出方法为 FormatDate、FormatDateTime 和 FormatTime，如图 5.45 所示。

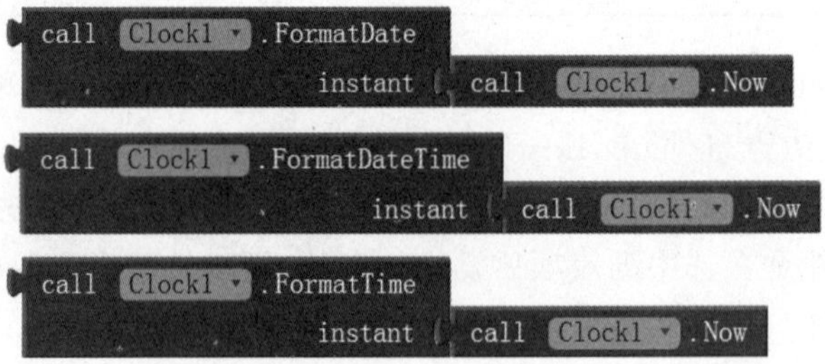

call Clock1 .FormatDate
instant call Clock1 .Now

call Clock1 .FormatDateTime
instant call Clock1 .Now

call Clock1 .FormatTime
instant call Clock1 .Now

图 5.45　格式化日期和时间

获取当前时间(Now)后，就可以调用不同的日期格式化输出方法。例如当前时间是 2014-3-25 18:00:00，调用时钟的 FormatDate 方法，将 Clock1.Now 拼接在槽 instant 中，将输出“日期”2014-3-25；调用 FormatDateTime 方法，将输出“日期＋时间”2014-3-25 下午 6:00:00；调用 FormatTime 方法，将只输出“时间”下午 6:00:00。

除了可以格式化输出当前时间外，还可以获取当前时间的年(Year)、月(Month)、日(DayOfMonth)、小时(Hour)、分钟(Minute)、秒(Second)等信息。获取这些信息都是通过调用时钟的不同方法实现的，如图 5.46 所示。

在实际的开发过程中，“一小时以后”或者“一天以后”这样的时间点经常用到。这样的时间点可以调用时钟的“时间增量”方法来实现。例如在图 5.47 中，通过时钟的 AddHours 方法，将 Clock1.Now 拼装在槽 instant 上，并将数字 1 拼装在槽 hours 上，就可以获取一个小时以后的时间点；同样，将 Clock1.Now 拼装在 AddDays 方法的槽 instant 上，并将数字 1 拼装在槽 days 上，就可以获取一天以后的时间点。

这些计算“时间增量”的方法都是以 Add 开头，除了上文介绍的 AddHours 和 AddDays 方法以外，还有 AddYears、AddMonths、AddMinutes、AddWeeks 和 AddSeconds 等方法，如图 5.48 所示。

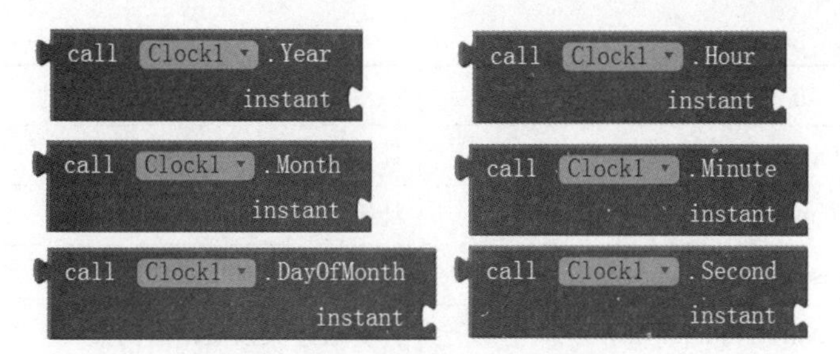

图 5.46 获取当前时间部分信息的方法

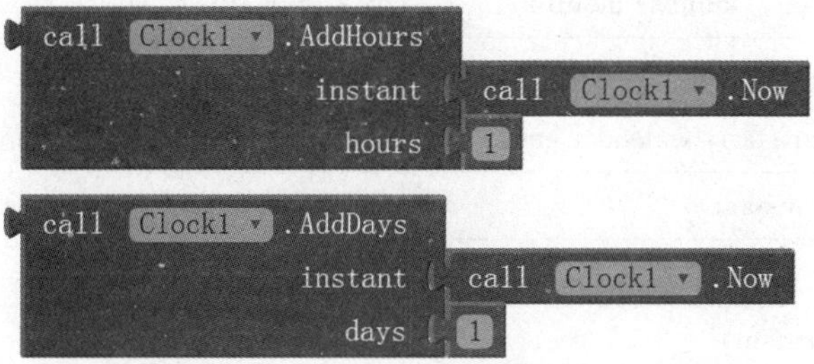

图 5.47 计算时间增量的方法

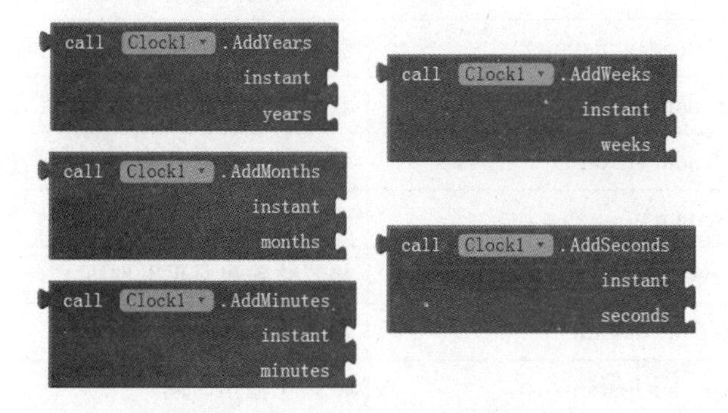

图 5.48 其他计算时间增量的方法

除上文所介绍的方法外，时钟还支持一些其他用途的方法，像 Duration、MakeInstantFromMillis 等，时钟所支持的全部方法如表 5.9 所示。

表 5.9 时钟所支持的方法

方法名称	说明
SystemTime	获取手机系统时间，单位为微秒
Now	获取当前时间点
MakeInstant	以“月/日/年 时:分:秒”、“月/日/年”、“时:分”的格式定义时间点
MakeInstantFromMillis(Number millis)	通过毫秒数定义时间点
GetMillis(instant)	从 1970 年到当前时间所经过的毫秒数量

续表

方法名称	说明
AddSeconds(instant，Number seconds)	计算若干秒以后的时间点
AddMinutes(instant，Number minutes)	计算若干分钟以后的时间点
AddHours(instant，Number hours)	计算若干小时以后的时间点
AddDays(instant，Number days)	计算若干天以后的时间点
AddWeeks(instant，Number weeks)	计算若干星期以后的时间点
AddMonths(instant，Number months)	计算若干月以后的时间点
AddYears(instant，Number years)	计算若干年以后的时间点
Duration(Calendar start，Calendar end)	获取两个时间点的时间差值，单位为毫秒
Second(Calendar instant)	获取时间点的秒
Minute(Calendar instant)	获取时间点的分钟
Hour(Calendar instant)	获取时间点的小时
DayOfMonth(Calendar instant)	获取时间点的日期，是1～31的数字
Weekday(Calendar instant)	获取时间点星期几，是1(周日)到7(周六)的数字
WeekdayName(Calendar instant)	获取时间点的星期几，用名称表述
Month(Calendar instant)	获取时间点的月份，用数字表示
MonthName(Calendar instant)	获取时间点的月份，用名称表述
Year(Calendar instant)	获取时间点的年份
FormatDateTime(Calendar instant)	格式化输出日期和时间
FormatDate(Calendar instant)	格式化输出日期
FormatTime(Calendar instant)	格式化输出时间

下面介绍SuperClock示例，将前文介绍过的时间计算、获取当前时间点等内容进行综合应用介绍。SuperClock示例运行界面如图5.49所示，用户单击不同按钮，将在“这里显示时间信息”的标签控件中显示时间信息。

在界面设计器上，可以找到Non-visible components(非可视化)模块的时钟控件，如图5.50所示。

SuperClock示例的全部逻辑模块如图5.51所示。

时钟的另一种用法是作为“定时器”，按照固定的时间间隔产生触发事件(Timer)。时钟有3个相关的属性，如表5.10所示。TimerInterval用来设定触发的时间间隔，单位为毫秒。TimerEnabled控制着时钟的运行，可以通过修改TimerEnabled属性停止和启动时钟。TimerAlwaysFires是多次触发开关，如果TimerAlwaysFires没有被选中，则产生一次触发事件后，不会继续产生触发事件；反之，则会按照时间间隔不断产生触发事件。

图 5.49 SuperClock 示例运行界面

图 5.50 SuperClock 示例的界面设计图

```
when ButtonNow .Click
do  set Label1 . Text to  call Clock1 .FormatDateTime
                                instant  call Clock1 .Now

when ButtonOneHour .Click
do  set Label1 . Text to  call Clock1 .FormatDateTime
                                instant  call Clock1 .AddHours
                                                  instant  call Clock1 .Now
                                                  hours  1

when ButtonOneDay .Click
do  set Label1 . Text to  call Clock1 .FormatDateTime
                                instant  call Clock1 .AddDays
                                                  instant  call Clock1 .Now
                                                  days  1

when ButtonDate .Click
do  set Label1 . Text to  call Clock1 .FormatDate
                                instant  call Clock1 .Now

when ButtonYear .Click
do  set Label1 . Text to  join  call Clock1 .Year
                                      instant  call Clock1 .Now
                                " 年 "

when ButtonMonth .Click
do  set Label1 . Text to  join  call Clock1 .Month
                                      instant  call Clock1 .Now
                                " 月 "

when ButtonDay .Click
do  set Label1 . Text to  join  call Clock1 .DayOfMonth
                                      instant  call Clock1 .Now
                                " 日 "
```

图 5.51　SuperClock 示例全部逻辑模块

表 5.10　时钟的属性

模式	说　明	模式	说　明
TimerInterval	时间间隔	TimerAlwaysFires	多次产生定时器事件开关
TimerEnabled	时钟启动开关		

时钟只有一个触发事件 Timer，如图 5.52 所示。时钟被启动后（TimerEnabled），经过预定的时间间隔（TimerInterval），将产生时钟的触发事件。

下面通过 TimerClock 示例介绍如何使用时钟的“定时器”功能，其中还用到了本章介绍过的选项列表控件。TimerClock 示例的运行界面如图 5.53 所示。

在用户单击“启动计数器”按钮后，时钟开始计时，并在界面上显示计时数字，如图 5.54 所示。按钮显示的文字由“启动计数器”变为“停止计数器”。这时如果再次单击按钮，时钟将停止计时。界面下方的“选择时间间隔（单位毫秒）”列表选项，可以控制时钟触发事件的时间间隔，在选择不同的数值后，计数器的触发时间间隔会立即被修改，反映在界面中间的数值变化速度上。选项列表可以选择的数字有 100（0.1 秒）、500（0.5 秒）、1000

(1 秒)和 2000(2 秒)。

```
when Clock1 ▾ .Timer
do
```

图 5.52　时钟的触发事件

图 5.53　TimerClock 示例运行界面

图 5.54　TimerClock 示例的界面设计图

TimerClock 示例的逻辑设计分为 4 个部分，分别是初始化选项列表、选后操作事件、时钟触发事件和按钮单击事件。

第一部分逻辑功能是初始化选项列表。一般的初始化工作都在软件启动时进行，在 AI2 中，屏幕页 Screen1 的 Initialize 方法是在加载屏幕页的时候被调用，因此可以认为是在软件初始化的时候被调用，所以 Initialize 方法通常用来完成列表、赋值等初始化工作。例如给选项列表 ListPicker1 的 Elements 属性赋值，用 make a list 模块将文本 100、500、1000 和 2000 生成列表，如图 5.55 所示。

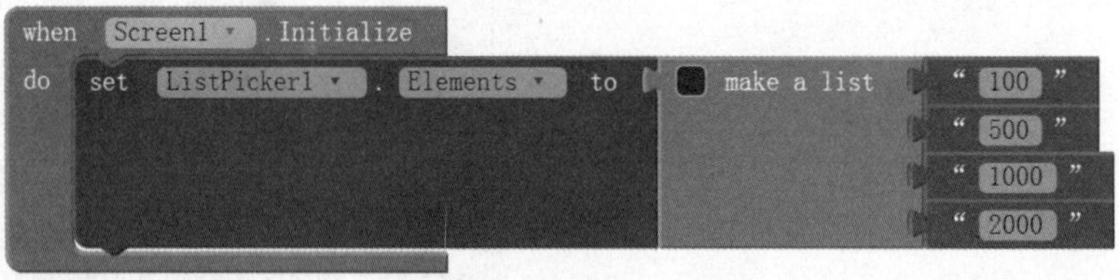

图 5.55　初始化列表

第二部分是列表的选后操作事件的逻辑功能。用户选择列表项后产生选后操作事件，此时需要完成的功能是将用户的选择结果赋值给时钟 Clock1 的 TimerInterval 属性，用来修改时钟的触发时间间隔。同时，将选择结果赋值给标签 LabelValue 的 Text 属性，如图 5.56 所示，把选择结果显示到用户界面上。

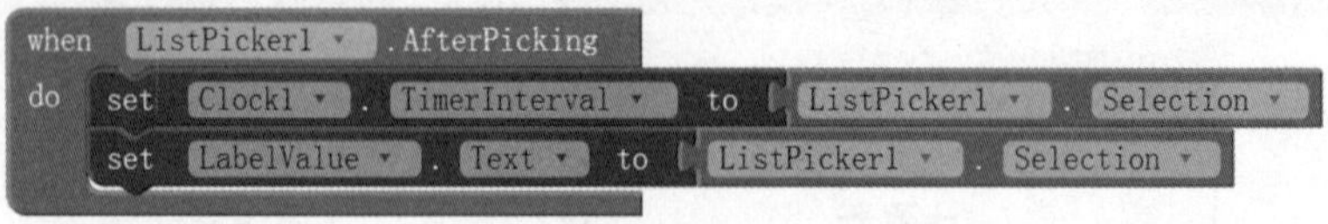

图 5.56　选后操作事件

第三部分是时钟触发事件的逻辑功能。每次时钟触发后，修改标签 LabelCount 的 Text 属性，将其数值增加 1，如图 5.57 所示，屏幕上会出现 1、2、3、4、5……的计数信息递增效果。

图 5.57　时钟触发事件

第四部分是按钮单击事件的逻辑功能，如图 5.58 所示。

首先定义一个全局变量 running，表示时钟是否开始计数，将其赋值为 false。在按钮 Button1 的单击事件 Click 中，判断全局变量 running 的值，决定所作的动作。

如果 running 为 false，表示时钟没有启动，进入 else 分支。先将 running 赋值为 true；再将按钮 Button1 的 Text 属性赋值为“停止计数器”；然后将标签 LabelCount 的属性 Text 赋值为 0，相当于清空计时器的内容；最后将时钟 Clock1 的 TimerEnabled 属性

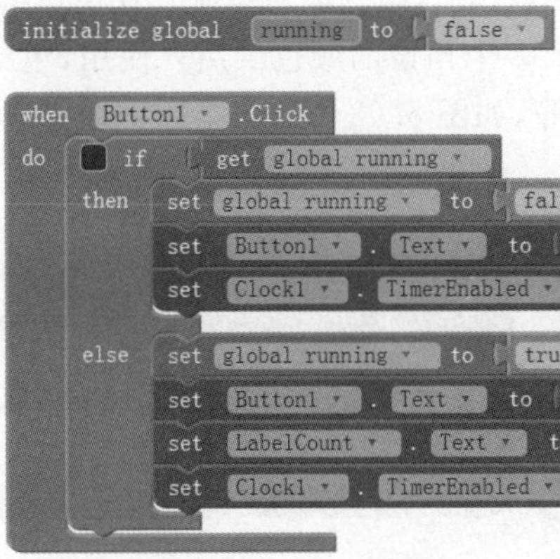

图 5.58 按钮单击事件

赋值为 true，则会立即启动时钟，开始计数过程。

如果 running 为 true，表示时钟已经启动，进入 then 分支，则先将 running 赋值为 false，然后将按钮 Button1 的 Text 属性赋值为“启动计数器”，最后将时钟 Clock1 的 TimerEnabled 属性赋值为 false，立即停止时钟。

TimerClock 示例的全部逻辑模块如图 5.59 所示。

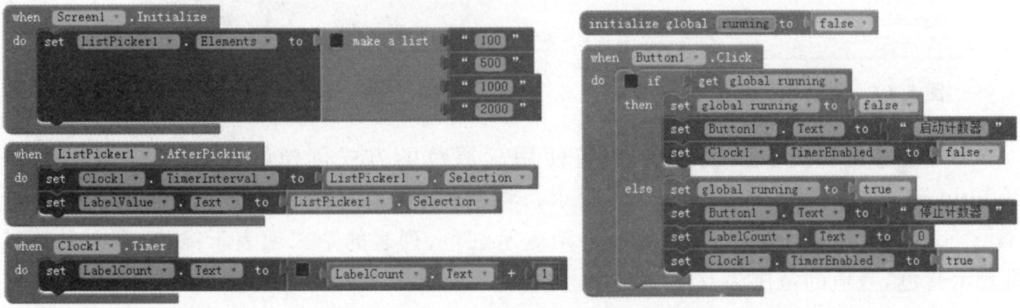

图 5.59 TimerClock 示例的全部逻辑模块

5.3.5 滑动条

Slider(滑动条)是一个可以拖动的进度条控件，如图 5.60 所示，用户可以通过拖动滑块修改滑动条的当前值(ThumbPosition)，经常用于通过可视化的方法持续修改数值。

图 5.60 滑动条

滑动条的属性如图 5.61 所示，其中，属性 ColorLeft 表示滑动条上滑块左侧的颜色；属性 ColorRight 表示滑块右侧的颜色；MaxValue 表示滑动条的最大值；MinValue 表示滑动条的最小值；ThumbPosition 表示滑块的当前值。

滑动条支持 PositionChanged(位置改变)事件，该事件在滑块滑动过程中将持续被触发，如图 5.62 所示。

在介绍下一个示例前，这里先介绍一下 AI2 的颜色系统。在模块编辑器中的 Blocks→Build-in→Colors 目录中，AI2 给出了多个预设的颜色供用户使用，包括经常使用的白色、黑色、黄色、蓝色、灰色、红色及粉色等，如图 5.63 所示。

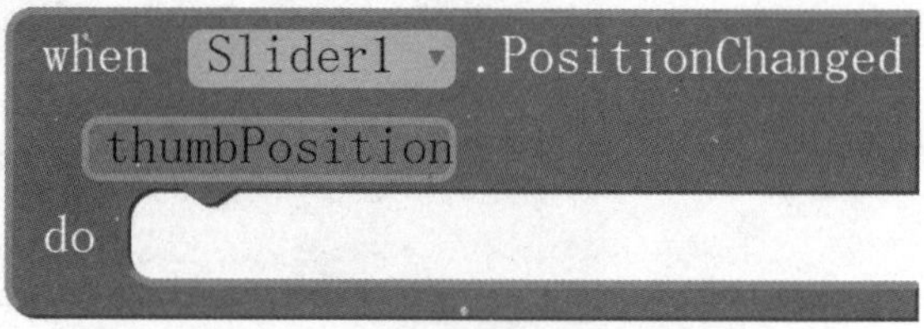

图 5.62　滑动条的 PositionChanged 事件

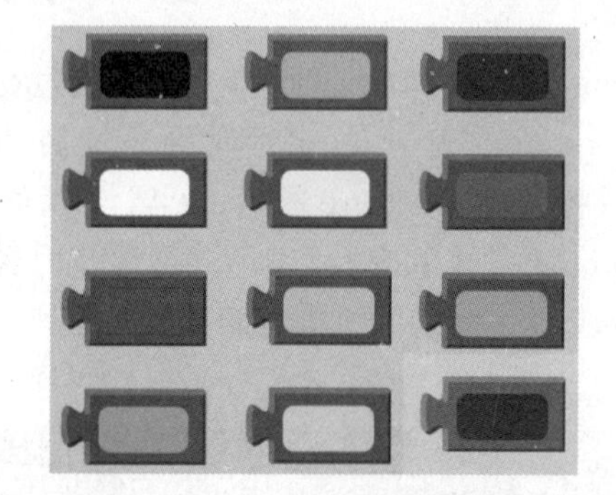

图 5.61　滑动条的属性

图 5.63　AI2 的预设颜色

为了能够呈现更多颜色，AI2 支持使用三原色的方式创建颜色，位置在 Blocks→Build-in→Colors 目录下，如图 5.64 所示。将三原色（红、绿、蓝）以列表的形式传递给 make color，在创建列表时，列表的第一项表示红色，列表的第二项表示绿色，列表的第三项表示蓝色，数值的范围为 0～255。

图 5.64　创建颜色

下面以 SliderColor 示例说明如何使用滑动条。SliderColor 示例中使用了 3 个滑动条来调节 3 种原色（红色、绿色和蓝色）的比例，从而改变界面上“显示颜色区”的颜色。SliderColor 示例的运行界面如图 5.65 所示。

在界面编辑器中，将 3 个滑动条的 MaxValue 属性设置为 255，MinValue 属性设置为 0。为了便于显示三原色的值，将这 3 个值以“红，绿，蓝”的形式显示在标签“颜色值”的后面。用标签 LabelArea，显示文字“颜色显示区”，将其宽度设置为 fill parent，高度设置为 100 像素，如图 5.66 所示。

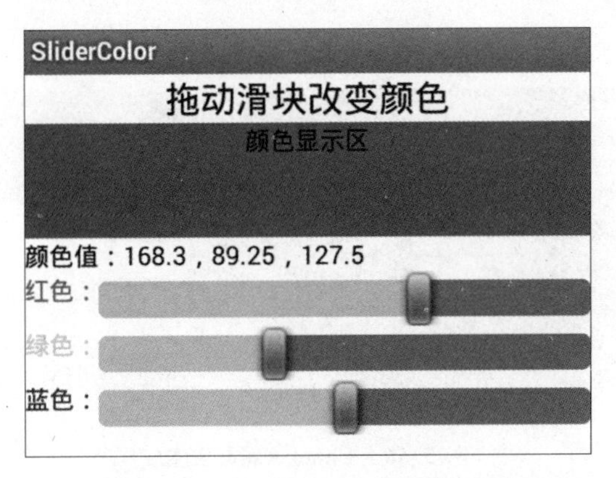

图 5.65 SliderColor 示例运行界面

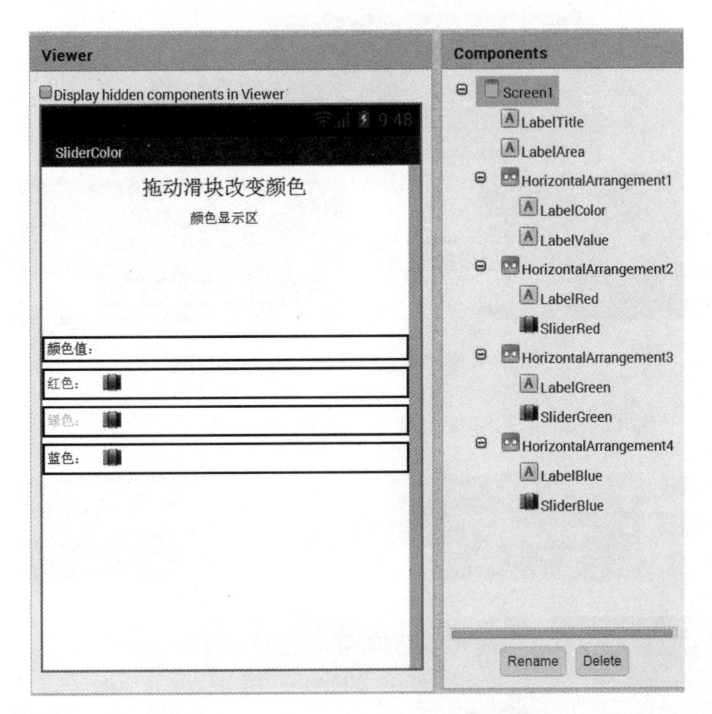

图 5.66 SliderColor 示例的界面设计图

在逻辑部分中首先定义 3 个全局变量 red、green 和 blue，用来代表三原色的值，如图 5.67 所示。

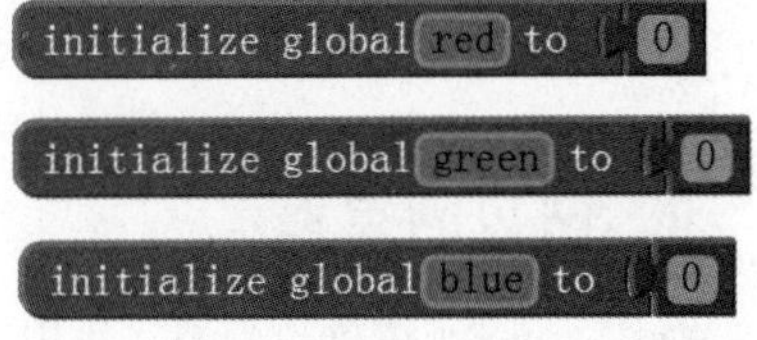

图 5.67 全局变量 red、green 和 blue

然后定义 ChangeColor 函数，用来根据全局变量 red、green 和 blue 的值改变“颜色显示区”的颜色，并将三原色的值显示在标签 LabelValue 中，如图 5.68 所示。

最后来处理滑动条的 PositionChanged 事件。在任意滑动条的滑块被拖动引发数值变化时，将这个数值直接赋值给全局变量，然后调用函数 ChangeColor 改变“颜色显示区”的颜色，如图 5.69 所示。

```
to ChangeColor
do  set LabelArea . BackgroundColor to  make color  make a list  get global red
                                                                 get global green
                                                                 get global blue
    set LabelValue . Text to  join  get global red
                                    " , "
                                    get global green
                                    " , "
                                    get global blue
```

图 5.68　ChangeColor 函数

```
when SliderRed .PositionChanged
  thumbPosition
do  set global red to  get thumbPosition
    call ChangeColor

when SliderGreen .PositionChanged
  thumbPosition
do  set global green to  get thumbPosition
    call ChangeColor

when SliderBlue .PositionChanged
  thumbPosition
do  set global blue to  get thumbPosition
    call ChangeColor
```

图 5.69　滑动条的 PositionChanged 事件

SliderColor 示例的全部逻辑模块如图 5.70 所示。

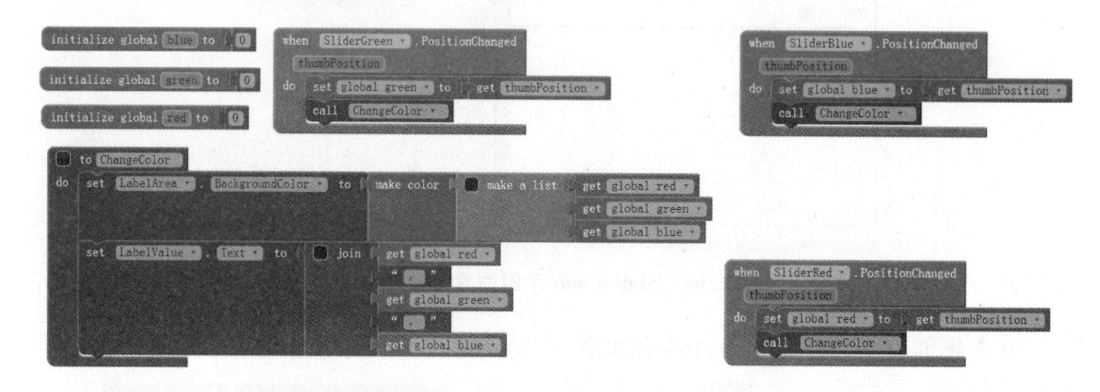

图 5.70　SliderColor 示例的全部逻辑模块

5.3.6　网页浏览器

WebViewer(网页浏览器)是用来显示网页的控件,用户可以设置主页(HomeUrl),也可以打开某个指定的页面,并支持在浏览记录中进行查看已打开过的页面,图标如图 5.71 所示。但需要注意的是,这并不是一个全功能的网页浏览器,因此如果用户按回退键,将直接退出网页浏览器所在的应用程序,而不是切换到上一个浏览过的页面。

图 5.71 网页浏览器图标

网页浏览器支持设置主页(HomeUrl),支持显示当前页面的标题(CurrentPageTitle)和URL(CurrentUrl),可以控制是否允许打开其他链接(FollowLinks)。网页浏览器所支持的全部属性如表 5.11 所示。

表 5.11 网页浏览器的属性及说明

属 性	说 明
CurrentPageTitle	当前页面的标题
CurrentUrl	当前页面的 URL
FollowLinks	设置是否允许用户通过单击页面的链接进入其他页面。如果允许,则可以使用 GoBack 或 GoForward 函数在浏览器的历史记录中进行导航
HomeUrl	用来设置主页,标识网页浏览器初始化打开时加载的页面
PromptforPermission	设置是否允许网页浏览器访问有关地理位置的 API
UsesLocation	设置是否允许应用使用 Javascript 的地理位置 API,仅在界面编辑器中有效
Visible	设置网页浏览器是否可见
Width	设置网页浏览器的宽度
Height	设置网页浏览器的高度

网页浏览器不支持任何事件,但支持多个方法,包括 GoToUrl(打开指定的 URL)、GoHome(打开主页)、ClearLocations(清除位置信息)、CanGoForward(检测是否可以在浏览历史记录中前进)或者 CanGoBack(后退)、GoForward(打开浏览历史记录中前一个页面)或者 GoBack(后一个页面)。网页浏览器支持的全部方法如图 5.72 所示。

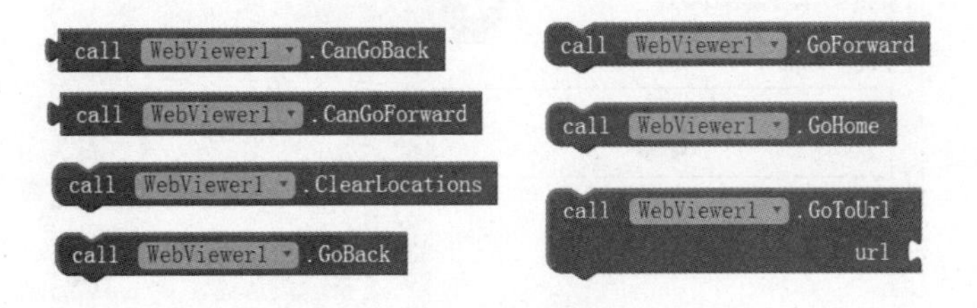

图 5.72 网页浏览器的事件

这里使用最简单的按钮、标签和网页浏览器控件,创建一个实用的浏览器示例 MiniWeb。示例的运行界面如图 5.73 所示,用户可以在文本框中输入希望浏览的网页地址,默认的地址是 http://www.google.com.hk。在用户单击"对号"按钮后,下方会打开链接地址的页面。单击界面上方的"回退"和"前进"按钮,可以在已经浏览过的页面之间进行切换。两个按钮之间显示的是当前页面的标题,填写链接地址的文本框下方显示的是当前页面的地址。

图 5.73　MiniWeb 示例运行界面

在界面编辑器中，将需要使用的 3 个图片文件上传到媒体区，并在按钮上使用这些图片，保持按钮的 ShowFeedback 属性被勾选，在按钮的图片被单击时呈现灰白色的视觉反馈。在 MiniWeb 示例中放置一个时钟控件，如图 5.74 所示，作用是使浏览器在指定的时间间隔内(1 秒)内持续更新界面所显示的当前页面标题和地址。

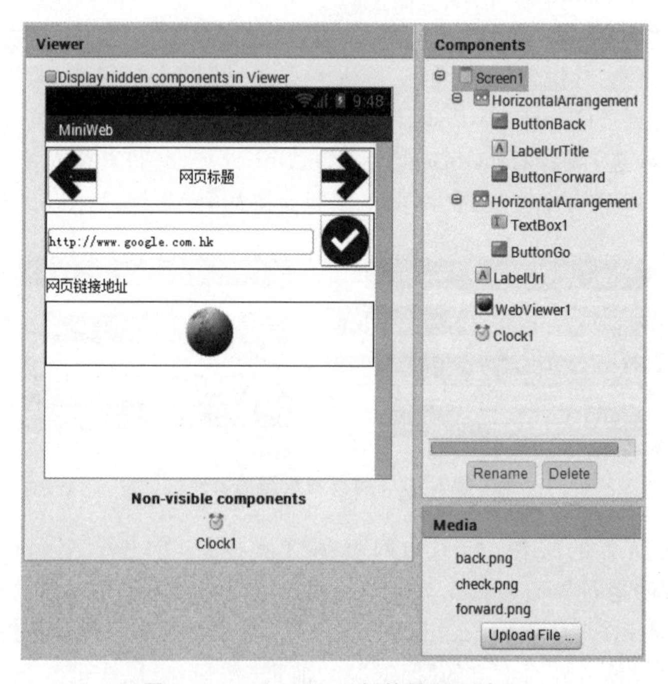

图 5.74　MiniWeb 示例的界面设计图

在模块编辑器中，首先设定“对号”按钮(ButtonGo)的单击事件。在按钮被单击后，调用WebView控件的GoToUrl方法，将文本框TextBox1的Text属性传递给GoToUrl方法，WebView控件会直接打开Text属性指定的网页。同时将时钟控件Clock1的TimeEnabled属性设置为真，用来启动时钟。ButtonGo的单击事件如图5.75所示。

```
when ButtonGo .Click
do  call WebViewer1 .GoToUrl
                      url  TextBox1 . Text
    set Clock1 . TimerEnabled to true
```

图5.75 ButtonGo的单击事件

在时钟被启动后，就会按照界面编辑器中时钟控件设定每间隔(1秒)引发Timer时间。Timer事件主要是用WebView1控件提供的CurrentUrl属性和CurrentPageTitle属性，更新显示当前页面的地址和标题，如图5.76所示。

```
when Clock1 .Timer
do  set LabelUrl . Text to WebViewer1 . CurrentUrl
    set LabelUrlTitle . Text to WebViewer1 . CurrentPageTitle
```

图5.76 Clock的Timer事件

最后来处理“回退”按钮(ButtonBack)和“前进”按钮(ButtonForward)的单击事件。在“回退”按钮的单击事件中，不能够直接调用WebView控件的回退方法(GoBack)，需要先调用CanGoBack方法做个判定，如果WebView控件可以进行“返回”操作，才可以调用GoBack方法进行回退。“前进”按钮的单击事件与之相似，如图5.77所示。

```
when ButtonBack .Click
do  if   call WebViewer1 .CanGoBack
    then call WebViewer1 .GoBack

when ButtonForward .Click
do  if   call WebViewer1 .CanGoForward
    then call WebViewer1 .GoForward
```

图5.77 ButtonBack和ButtonForward的单击事件

MiniWeb示例的全部逻辑模块如图5.78所示。

5.3.7 通知控件

Notifier(通知控件)主要用来显示对话框信息和浮动提示信息，并支持输出Android系统的Log日志，如图5.79所示。输出Android系统的Log日志并不能直接显示在用户界面上，但这种方法可以用于开发阶段的程序调试。

```
when ButtonBack .Click
do  if call WebViewer1 .CanGoBack
    then call WebViewer1 .GoBack

when ButtonForward .Click
do  if call WebViewer1 .CanGoForward
    then call WebViewer1 .GoForward

when Clock1 .Timer
do  set LabelUrl . Text to WebViewer1 . CurrentUrl
    set LabelUrlTitle . Text to WebViewer1 . CurrentPageTitle

when ButtonGo .Click
do  call WebViewer1 .GoToUrl
                       url TextBox1 . Text
    set Clock1 . TimerEnabled to true
```

图 5.78　MiniWeb 示例的全部逻辑模块

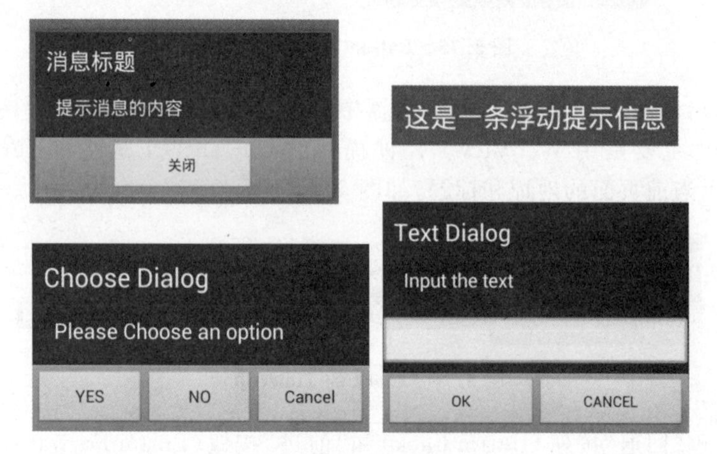

图 5.79　通知控件

通知控件提供了多种不同的方式与用户交互信息，包括弹出浮动消息以及弹出多种类型的对话框。这些交互方式是通过使用通知控件的 7 种方法实现的，包括 ShowMessageDialog（显示消息对话框）、ShowChooseDialog（选择对话框）和 ShowTextDialog（文本对话框）以及 ShowAlert（显示浮动消息），还有向 Android 系统的 Log 日志中写入 LogError（错误信息）、LogInfo（提示信息）和 LogWarning（警告信息）等，如表 5.12 所示。

表 5.12　通知控件的方法及说明

方　　法	说　　明
ShowMessageDialog	显示消息对话框，只有一个按钮，可设定按钮显示的文字
ShowChooseDialog	显示选择对话框，有两个或 3 个按钮，并可设定按钮显示的文字
ShowTextDialog	显示文本对话框，可在对话框中输入文字
ShowAlert	显示浮动信息
LogError	Log 日志的错误信息
LogInfo	Log 日志的提示信息
LogWarning	Log 日志的警告信息

如图 5.80 所示，通知控件支持的属性有 BackgroundColor（文本背景颜色）、TextColor

(文本颜色)和 NotifierLength(浮动消息显示时间),这 3 个属性只对浮动消息生效,对对话框是不产生任何效果的。

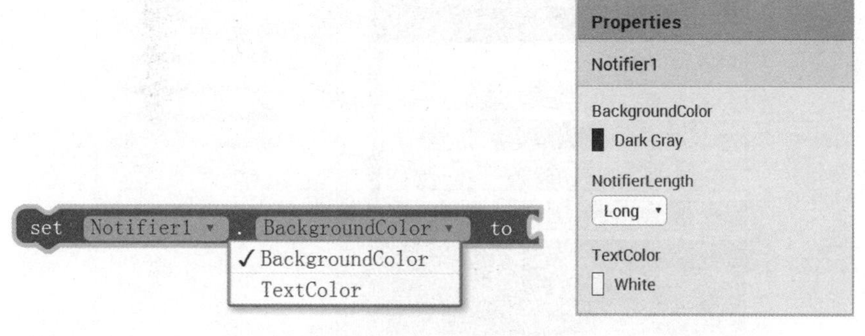

图 5.80 通知控件的属性

通知控件支持 AfterChoosing(选择后事件)和 AfterTextInput(输入后事件)。选择后事件在用户选择对话框中做出选择后产生,一般与 ShowChooseDialog 方法联合使用;输入后事件是用户在文本对话框中输入文本,在并关闭对话框时产生,一般与 ShowTextDialog 方法联合使用,如图 5.81 所示。

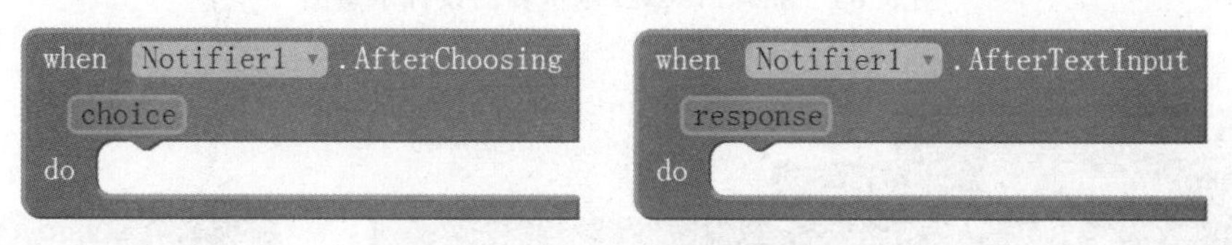

图 5.81 通知控件支持的事件

下面在 ShowMessage 示例中演示如何使用通知控件。ShowMessage 示例的运行界面如图 5.82 所示,上方有 4 个按钮,在用户单击这些按钮后,会对应产生浮动消息、选择对话框、消息对话框和文本对话框,并且在用户对对话框做出选择或者输入文字后,在"提示信息"区域会有相应的显示。

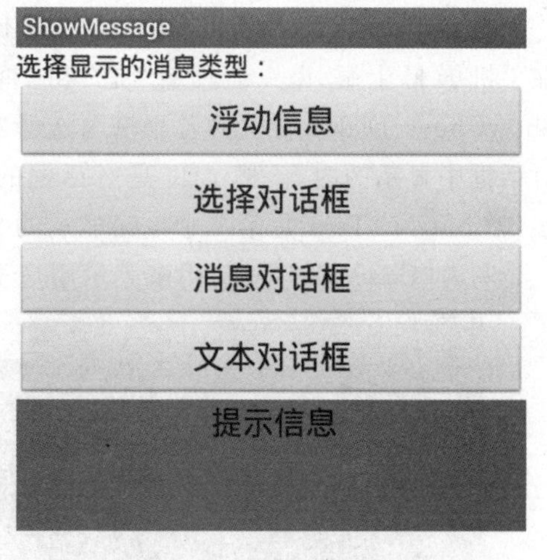

图 5.82 ShowMessage 示例

界面编辑器中的 ShowMessage 示例界面设计如图 5.83 所示,界面主要由按钮和标签组成,非可视化控件 Notifier1 的文字背景颜色选择黑色,文字颜色选择白色,通知的时间长度选择较长时间(Long)。

在 ButtonAlert 按钮的单击事件中,调用通知控件的 ShowAlert 方法,并将需要显示的文本消息拼接在 ShowAlert 方法的槽 notice 上,如图 5.84 所示。

当用户单击"浮动消息"按钮后,在手机屏幕上将显示如图 5.85 所示的文本信息。

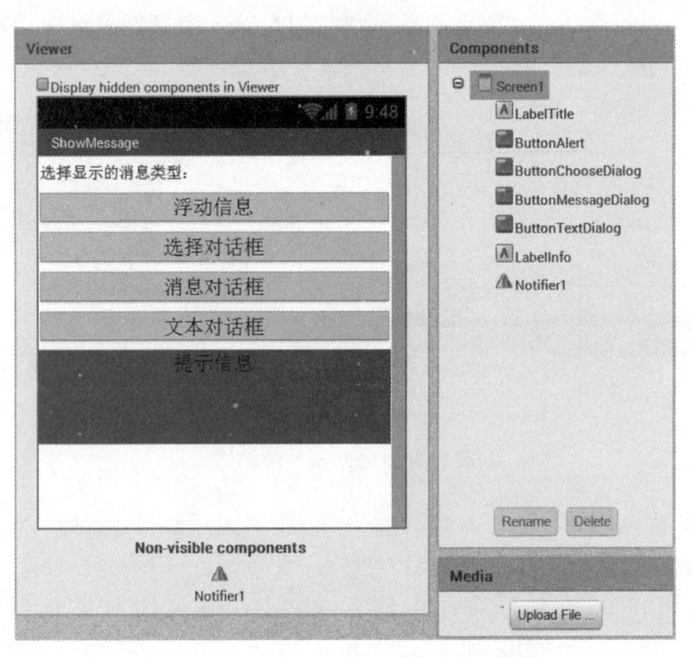

图 5.83　ShowMessage 示例界面设计示意图

when ButtonAlert .Click
do call Notifier1 .ShowAlert
notice "显示一条浮动信息"

图 5.84　ButtonAlert 按钮单击事件

显示一条浮动信息

图 5.85　浮动消息

在 ButtonChooseDialog 按钮的单击事件中，调用通知控件的 ShowChooseDialog 方法，会在手机屏幕上显示一个具有“是”和“否”两种选择的选择对话框，如图 5.86 所示。ShowChooseDialog 方法的各个槽与选择对话框中显示内容的对应关系为，槽 message 是对话框中显示的内容，槽 title 是对话框的标题，槽 button1Text 是第一个按钮显示的文字，槽 button2Text 是第二个按钮显示的文字，槽 cancelable 代表对话框中是否会出现第三个写着“Cancel”的按钮，用来表示用户不做出任何选择。

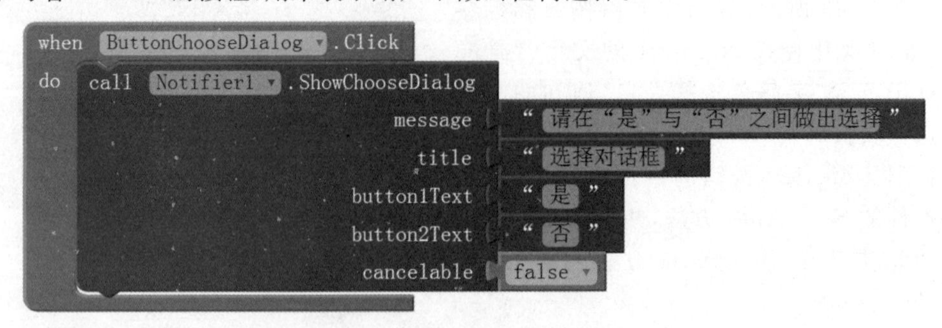

图 5.86　ButtonChooseDialog 按钮的单击事件

当用户单击“选择对话框”按钮后，手机屏幕上会出现选择对话框，用户做出选择后，ShowMessage 示例显示的选择结果如图 5.87 所示。

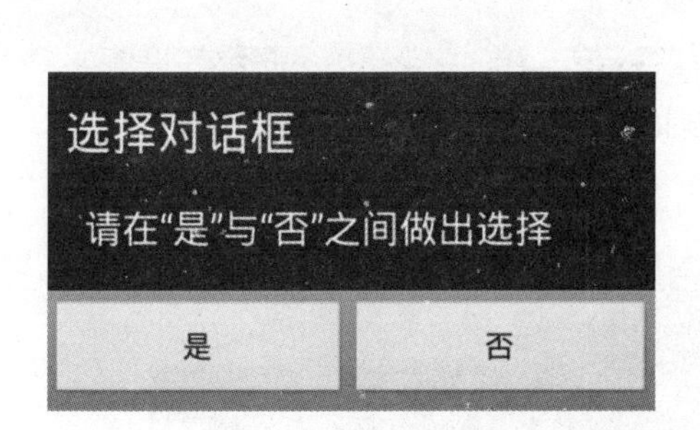

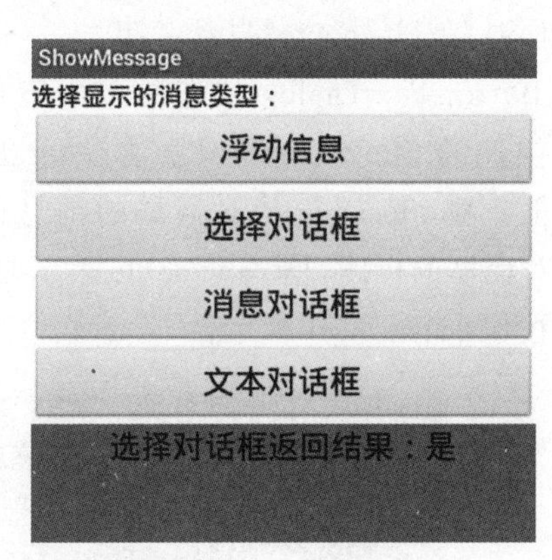

图 5.87 选择对话框和结果显示

选择结果的显示，是通过调用 AfterChoosing 事件实现的，参数 choice 代表用户的选择，实际上是用来进行选择的按钮上的文字。例如，如果用户选择单击“是”按钮，则参数 choice 是字符串“是”；如果用户单击“否”按钮，则参数 choice 是字符串“否”。在 AfterChoosing 事件中，只是将用户的选择信息显示在标签 LabelInfo 中，如图 5.88 所示。

```
when Notifier1 .AfterChoosing
  choice
do  set LabelInfo . Text to  join  " 选择对话框返回结果: "
                                   get choice
```

图 5.88 AfterChoosing 事件

在 ButtonMessageDialog 按钮的单击事件中，使用通知控件的 ShowMessageDialog 方法可以显示消息对话框。槽 message 是消息对话框的消息内容，槽 title 是消息对话框的标题，槽 buttonText 是消息对话框按钮的文字，如图 5.89 所示。

```
when ButtonMessageDialog .Click
do  call Notifier1 .ShowMessageDialog
                        message  " 这里显示消息的具体内容 "
                          title  " 消息对话框 "
                     buttonText  " 退出 "
```

图 5.89 ButtonMessageDialog 事件

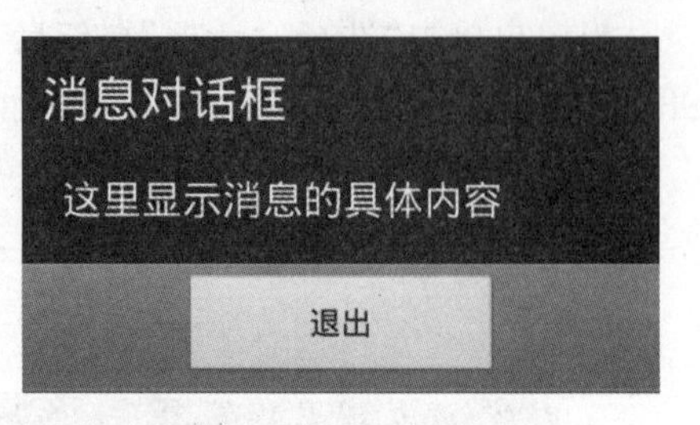

图 5.90　消息对话框

当用户单击“消息对话框”按钮后，手机屏幕上会出现如图 5.90 所示的消息对话框，单击“退出”按钮，消息对话框会被自动关闭。

在 ButtonTextDialog 按钮的单击事件中，使用通知控件的 ShowTextDialog 方法可以显示文字对话框。槽 message 是对话框的消息内容，槽 title 是对话框的标题，槽 cancelable 表示是否显示 Cancel 按钮，如图 5.91 所示。

```
when ButtonTextDialog .Click
do  call Notifier1 .ShowTextDialog
                        message  “ 请输入文本信息 ”
                          title  “ 文本对话框 ”
                     cancelable  true
```

图 5.91　ButtonTextDialog 按钮单击事件

当用户单击“文本对话框”按钮后，手机屏幕上会出现文本对话框。用户在文本框输入内容后单击 OK 按钮，可以返回给文本对话框的调用者。图 5.92 所示是 ShowMessage 示例显示的文本框，并将文本框中输入的内容显示在主界面上。

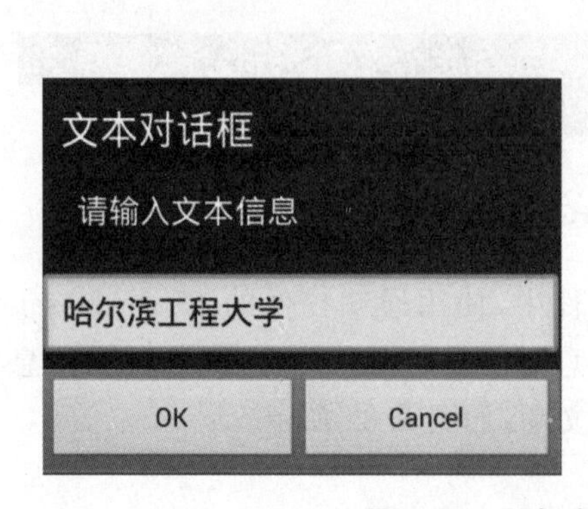

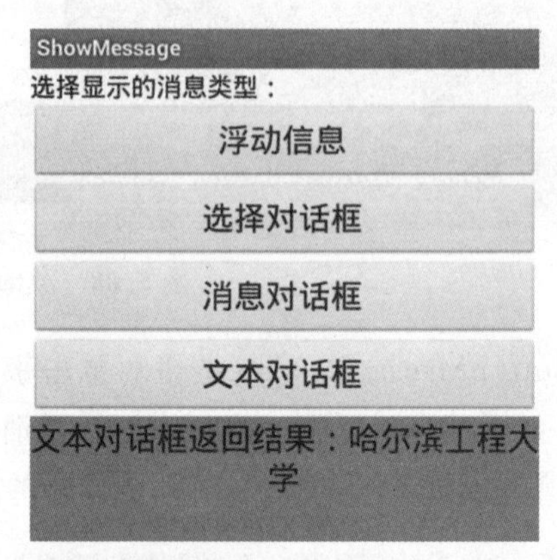

图 5.92　文本对话框和结果显示

之所以可以捕获用户在文本对话框中的输入内容，是因为示例中使用了 AfterTextInput 事件。用户单击 OK 按钮会触发 AfterTextInput 事件，输入文本对话框的信息会被传递到参数 response 中；但如果用户单击 Cancel 按钮，参数 response 获取到的字符串则为 Cancel。AfterTextInput 事件只是将 response 返回的信息显示在标签 LabelInfo 中，如图 5.93 所示。

ShowMessage 示例的全部逻辑模块如图 5.94 所示。

```
when Notifier1 .AfterTextInput
  response
do set LabelInfo . Text to join "文本对话框返回结果："
                               get response
```

图 5.93 AfterTextInput 事件

```
when Notifier1 .AfterTextInput
  response
do set LabelInfo . Text to join "文本对话框返回结果："
                               get response

when ButtonMessageDialog .Click
do call Notifier1 .ShowMessageDialog
        message "这里显示消息的具体内容"
        title "消息对话框"
        buttonText "退出"

when ButtonTextDialog .Click
do call Notifier1 .ShowTextDialog
        message "请输入文本信息"
        title "文本对话框"
        cancelable true

when ButtonAlert .Click
do call Notifier1 .ShowAlert
        notice "显示一条浮动信息"

when ButtonChooseDialog .Click
do call Notifier1 .ShowChooseDialog
        message "请在"是"与"否"之间做出选择"
        title "选择对话框"
        button1Text "是"
        button2Text "否"
        cancelable false

when Notifier1 .AfterChoosing
  choice
do set LabelInfo . Text to join "选择对话框返回结果："
                               get choice
```

图 5.94 ShowMessage 示例的全部逻辑模块

习 题

1. 水平布局控件和垂直布局控件能否被表格布局控件代替？为什么？

2. 控件的属性和方法在使用上有什么区别？

3. 用常用控件完成一个“动态相册”应用程序，用户可以通过选项列表调整动态相册中照片的更换速度，并可以通过单击“开始”、“暂停”和“停止”按钮进行控制，如图 5.95 所示。

图 5.95 动态相册

第6章

游戏开发

游戏开发是在AI2中最有趣的部分，用户只要使用画布和精灵，就可以完成简单的游戏开发；再辅以一些高级的游戏功能，如边缘检测、碰撞处理和精灵操纵等，就会使游戏会变得精彩、耐玩。

本章学习目标

- 掌握画布的使用方法
- 理解画布的坐标系统
- 掌握精灵的使用方法
- 掌握球(Ball)的使用方法
- 了解边缘检测和碰撞处理的原理

6.1 画布

6.1.1 画布坐标系

画布(Canvas)是一种可在其上绘制图像的控件，初始的画布像一张空白的幻灯片，没有任何内容，用户可以在画布上绘制各种图形，例如线条、点、矩形或圆形；也可以在画布上加载图片作为画布的背景，或在画布上显示文字。画布除了作为绘制图形的承载体以外，在游戏开发中也是重要的组成部分，用来承载图像精灵和显示游戏背景画面。

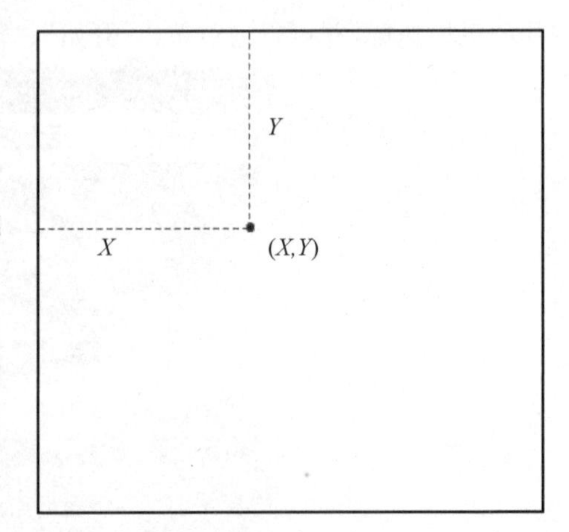

图6.1 画布的二维坐标系

画布是一个具有触控感应的二维平面图板，采用经典的二维坐标系，坐标的原点在画布的左上角。例如图6.1中的坐标点(X,Y)，X表示坐标点距离左侧边缘的距离，Y表示坐标点距离上边缘的距离，且X和Y都取正值。

6.1.2 画布使用

在绘图和动画控件(Drawing and Animation)库中可以找到画布(Canvas)控件。将画布拖曳到界面设计区后，画布仅仅显示为一个小图标，如图6.2所示。要让画布填充满整个屏幕，只需手动设置画布的宽度(Width)和高度(Height)即可。

除了使用宽度和高度属性可以控制画布的大小以外，画布还支持更改背景颜色(BackgroundColor)、更改背景图片(BackgroundImage)、设置画笔的颜色(PaintColor)和宽度(Linewidth)以及画布是否可见(Visible)等属性。画布的全部属性如图 6.3 所示。属性说明如表 6.1 所示。

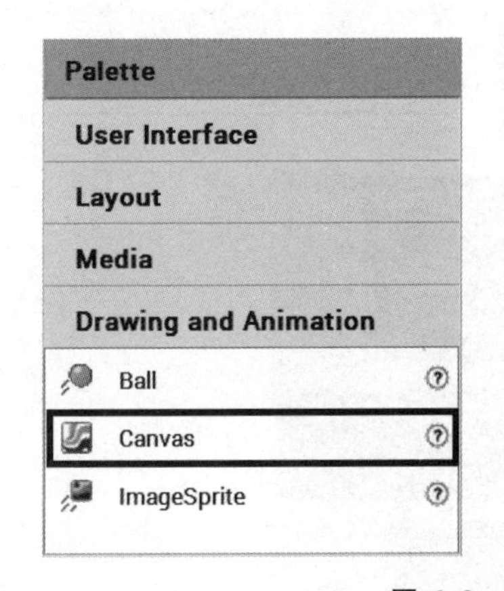

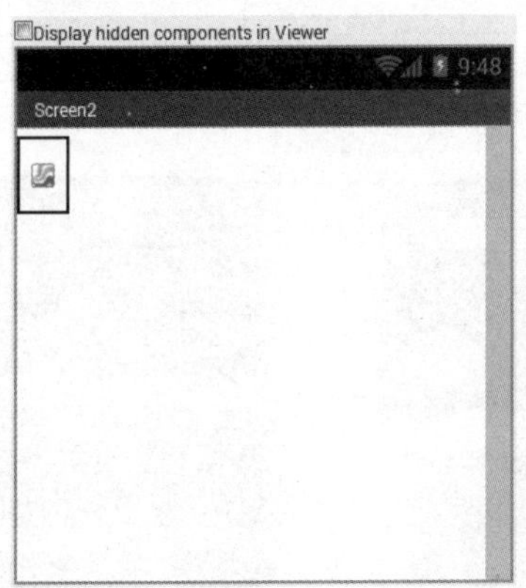

图 6.2 画布控件

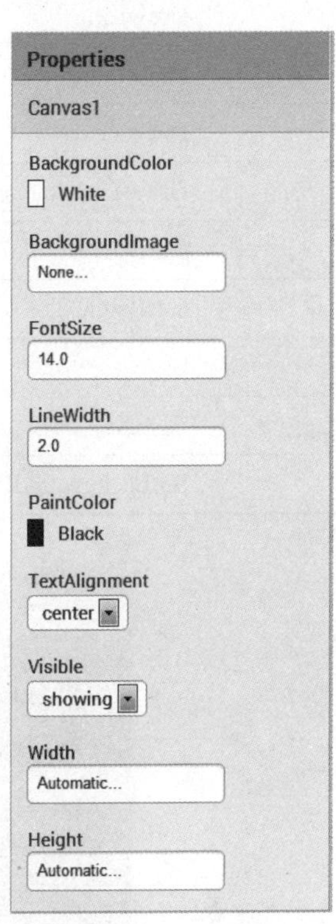

图 6.3 画布属性

表 6.1 画布的属性及说明

属　性	说　明	属　性	说　明
BackgroundColor	背景颜色	TextAlignment	文字排列方式
BackgroundImage	背景图片	Visible	画布控件是否可见
FondSize	字体大小	Width	画布宽度
Linewidth	画笔宽度	Height	画布高度
PaintColor	画笔颜色		

画布支持画布清空(Clear)、绘制直线(DrawLine)、绘制圆点(DrawPoint)、绘制文字(DrawText)和画布保存(Save)等方法，如表 6.2 所示。

画布所支持的方法中，像 Clear 和 Save 是不需要用户提供任何参数的，但绝大多数方法都需要用户提供坐标作为基本参数，如 DrawPoint 和 GetPixelColor。画布所支持的方法以及需要用户提供的参数如图 6.4 所示。

表 6.2　画布控件方法说明

方　法	说　明
Clear	画布清空
DrawCircle	绘制圆形图形
DrawLine	绘制线条
DrawPoint	绘制圆点
DrawText	绘制文字
DrawTextAtAngle	以一定角度绘制文字
GetBackgroundPixelColor	获取背景图片指定像素的颜色
GetPixelColor	获取图片指定像素的颜色
Save	画布保存
SaveAs	画布另存为
SetBackgroundPixelColor	设置背景图片特定像素的颜色

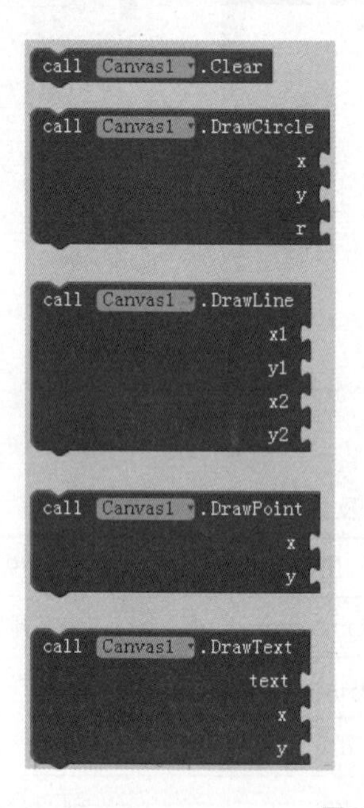

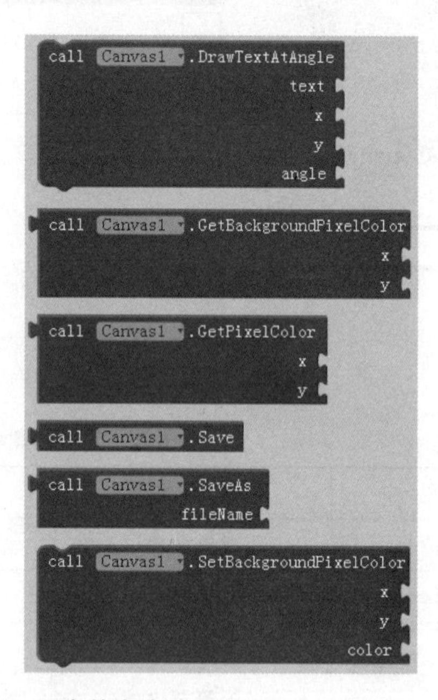

图 6.4　画布的方法

Clear 方法可以清空画布元素，如果画布上已设置图片，设置的图片会被清空。DrawCircle 方法可以在画布上的(x,y)点绘制一个半径为 r 的圆形。DrawLine 方法会在画布上从$(x1,y1)$点到$(x2,y2)$点绘制一条直线。DrawPoint 方法会在画布(x,y)点上绘制一个圆点。DrawText 方法会在(x,y)点绘制文字 Text。DrawTextAtAngle 方法会在(x,y)点以角度 angle 绘制文字 Text。GetBackgroundPixelColor 方法会获取背景图片上(x,y)点的颜色。GetPixelColor 方法会获取前景上(x,y)点的颜色。SetBackgroundPixelColor 方法会设置背景图片上(x,y)点的颜色为 color。

Save 方法可将画布图像存储到外部存储器的默认路径中,并返回存储的路径和文件名;若存储发生错误,则会返回错误信息。SaveAs 方法可以将画布图像存储到外部存储器中,并指定文件名 filename,文件名的后缀必须为 jpeg、jpg 或 png。

画布支持的事件有拖曳事件(Dragged)、触碰事件(Touched)、划动事件(Flung)、按下事件(TouchDown)和抬起事件(TouchUp),如表 6.3 和图 6.5 所示。

表 6.3 画布事件及说明

事　件	说　明
Dragged	拖曳事件
Flung	划动事件
TouchDown	按下事件
TouchUp	抬起事件
Touched	触碰事件,由触碰按下动作和触碰抬起动作组成

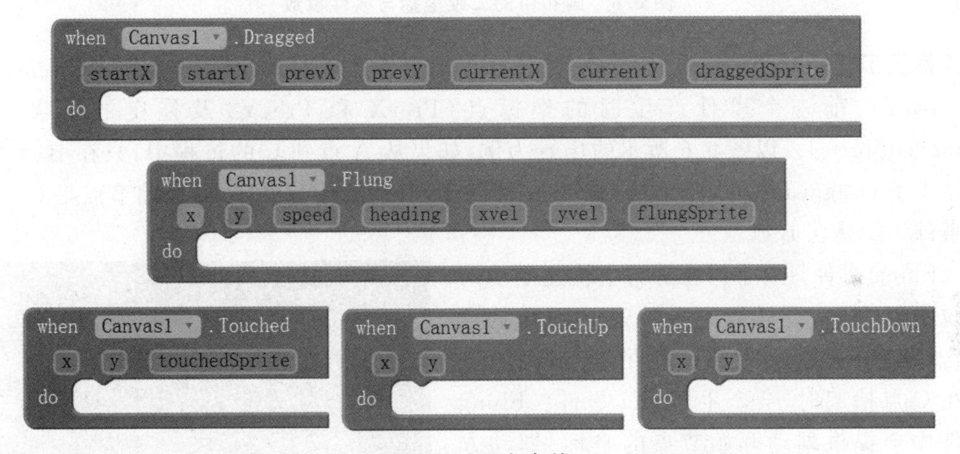

图 6.5 画布事件

下面介绍画布事件的响应规律。如图 6.6 所示,手指首先在 A 点按下,此时将产生 TouchDown 事件;手指从 A 点抬起,将产生 TouchUp 事件和 Touched 事件。

如果手指从 A 点按下,缓慢沿弧线从 B 点滑动到 C 点,然后抬起手指,当手指接触到 A 点时,将产生 TouchDown 事件;在手指从 A 到 B 再到 C 的移动过程中,将多次产生 Dragged 事件;在手指离开 C 点时,将产生 TouchUp 事件。可见,无论手指在屏幕上如何移动,TouchDown 和 TouchUp 事件只在手指触碰到屏幕和离开屏幕时产生。如果手指的触碰点和抬起点是同一点,将引发 Touched 事件;而如果手指在屏幕上移动了,就不会引发 Touched 事件。TouchDown 事件、TouchUp 事件和 Touched 事件可以为用户提供触碰点的坐标,有一个需要注意的事情,TouchUp 提供的坐标点是手指按下时的坐标,而不是手指抬起时的坐标。

Dragged 事件在手指移动过程中持续产生,主要用来跟踪手指的移动轨迹。Dragged

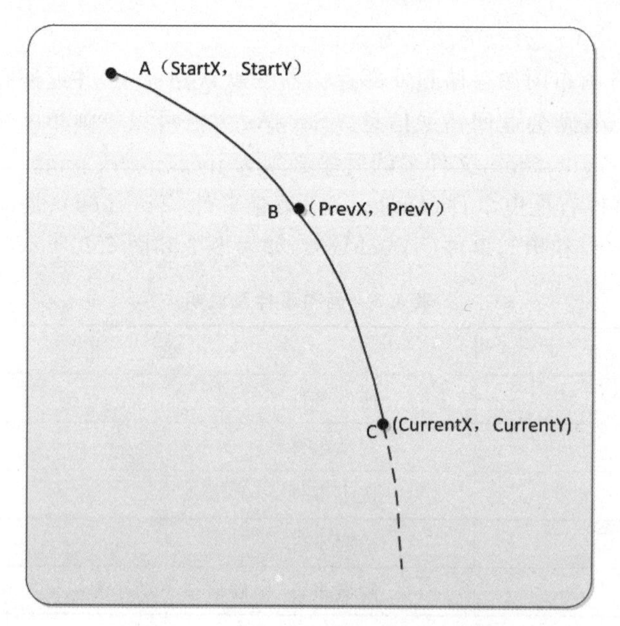

图 6.6　画布中的二维坐标与事件参数

事件提供了移动开始坐标点（StartX 和 StartY）、事件产生时的当前坐标点（CurrentX 和 CurrentY）、前一个事件产生时的坐标点（PrevX 和 PrevY）及拖曳的精灵控件（draggedSprite）。以图 6.6 所示的场景为例，如果从 A 点到 C 的过程中，只在 B 点和 C 点产生了 Dragged 事件，则在 C 点产生的事件中，移动开始节点是 A，当前节点是 C，前一个事件产生是在 B 点。

Flung 事件只有手指在屏幕上快速划动的时候才会产生。同样是从 A 经过 B 到 C 的过程，如果手指在屏幕上移动得足够快，则当手指在 C 点抬起时，会产生 Flung 事件。Flung 事件中会提供划动开始节点的坐标、划动方向、速度、速度在 X 轴和 Y 轴的分量及快速滑动的精灵控件（flungSprite）。

下面设计一个名为 CanvasEvent 的示例，将画布支持的所有事件都集中在一起展示。CanvasEvent 示例的运行界面如图 6.7 所示，上方空白的区域是画布控件，可以在画布上进行触碰、拖曳和划动等操作，这些操作所引发的画布事件的数据将显示在下方的区域中。

图 6.7　CanvasEvent 示例运行界面

将画布的高度设置为 200 个像素，显示拖曳事件和划动事件的标签高度设置为 60 个像素，显示其他 3 个事件的标签高度设置为 40 个像素，如图 6.8 所示。

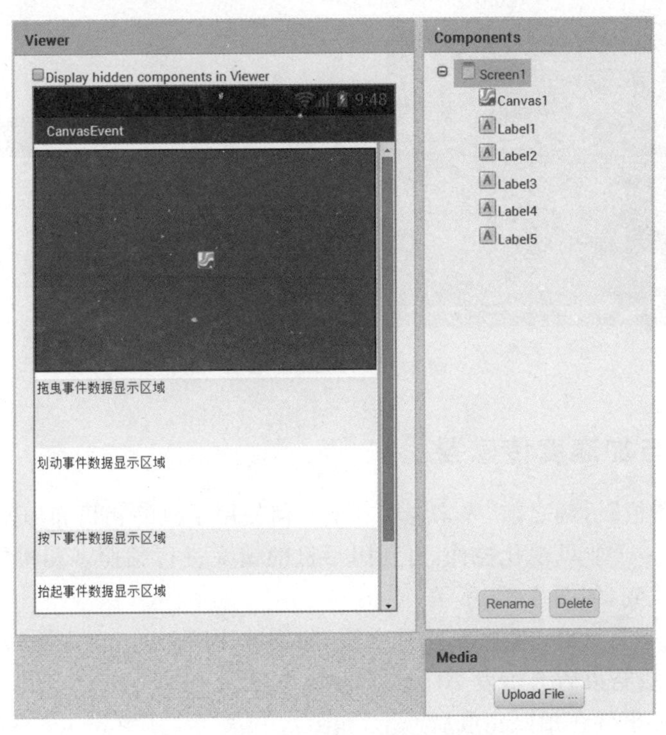

图 6.8 CanvasEvent 示例界面设计

CanvasEvent 示例的逻辑部分也较为简单，就是在每个事件的响应函数中，将事件提供的数据格式化为一个字符串显示在界面中的固定位置上，如图 6.9～图 6.11 所示。

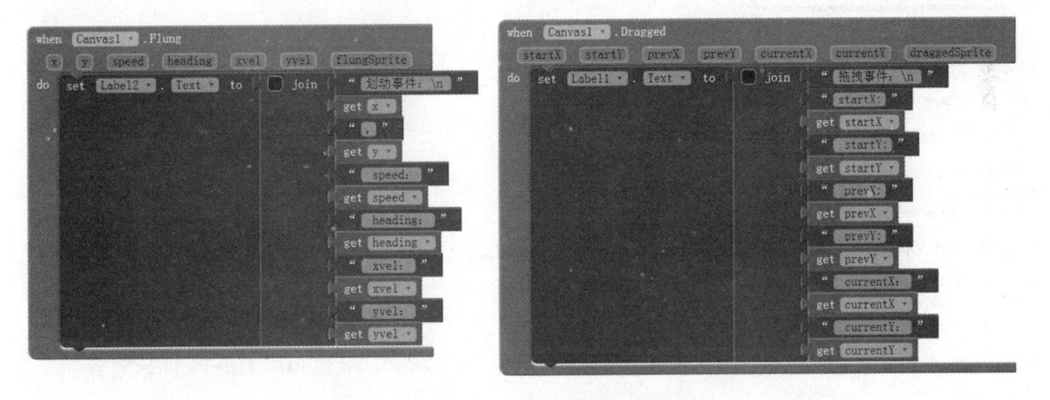

图 6.9 Flung 事件和 Dragged 事件

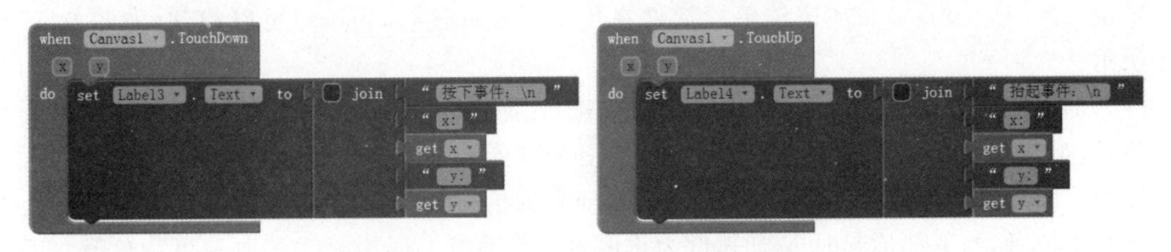

图 6.10 TouchDown 事件和 TouchUp 事件

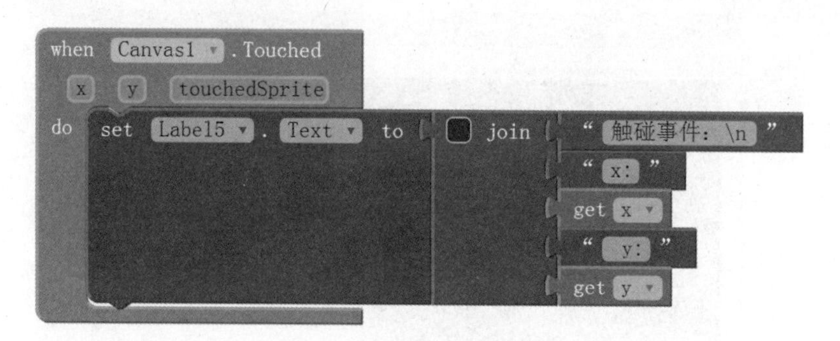

图 6.11　Touched 事件

6.1.3　相机与加速度传感器

在介绍"画图板"示例之前,先来说明一下如何使用手机的相机和加速度传感器。

相机控件是一个非可视化控件,可利用手机的镜头进行拍照。相机控件在媒体控件区(Media)可以找到,如图 6.12 所示。

相机控件只支持 TakePicture 一种方法,如图 6.13 所示。此方法被调用时,手机将进行拍照。该方法结束后会引发 AfterPictures 事件。

AfterPicture 事件在拍照完成后产生,如图 6.14 所示,其中 image 是手机中存放拍摄的照片的路径信息。

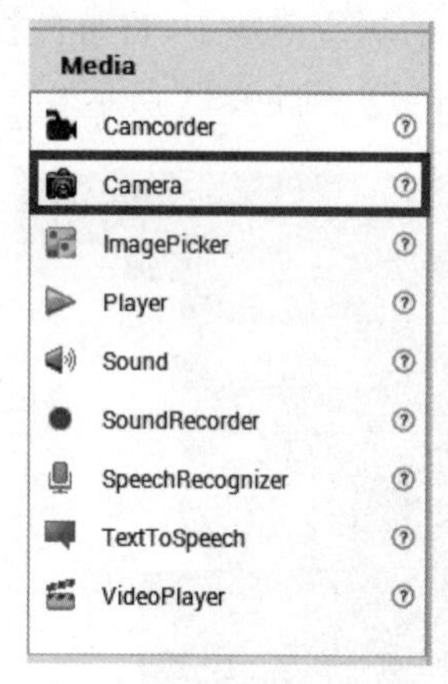

图 6.12　相机控件

call Camera1 . TakePicture

图 6.13　TakePicture 方法

when Camera1 . AfterPicture
image
do

图 6.14　AfterPictures 事件

加速传感器控件用来检测手机加速度,可在 3 个方向测量手机晃动时的加速度,测量单位为米/秒^2(m/s^2)。加速传感器控件在传感器控件区(Sensors)可以找到,如图 6.15 所示。

加速传感器控件支持 X 加速度、Y 加速度、Z 加速度,每个加速度数值都有正值和负值,这类似于坐标系中数轴上的数值。设备处于水平位置向右倾斜,即设备左侧抬高时,X 加速度数值为正值;反之,设备向左倾斜,即右侧抬高时,X 加速度数值为负值。手机处于水平位置,当下部抬起时 Y 加速度为正值;反之,手机上部抬起时 Y 加速度为负值。手

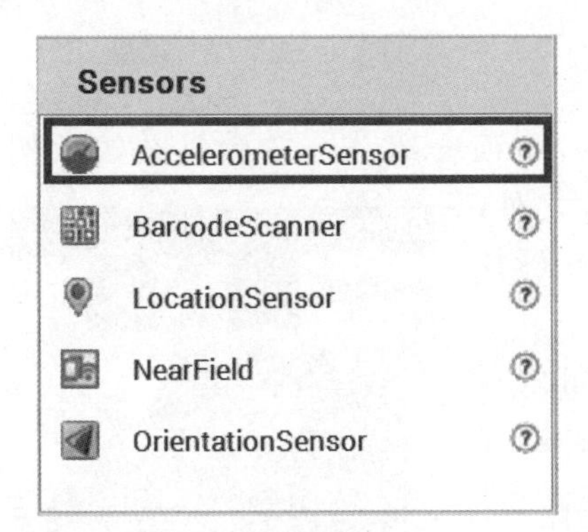

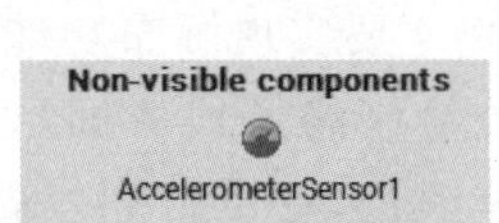

图 6.15 加速传感器控件

机处于水平位置，当屏幕朝上时 Z 加速度为正值；屏幕朝下时 Z 加速度为负值。此外，当手机屏幕朝上且水平放置时，Z 加速度约为 9.8m/s^2。

加速传感器控件还支持 MinimumInterval、Available 和 Enabled 属性，属性的具体含义如表 6.4 所示。

表 6.4 加速传感器控件的属性及说明

属　　性	说　　明
Available	手机是否具有加速感应器件
Enabled	加速感应器控件是否可用
MinimumInterval	手机晃动的最小间隔
Sensitivity	用数字表示加速器敏感程度，其中，1 表示弱，2 表示中度，3 表示强
XAccel	水平加速度
YAccel	垂直加速度
ZAccel	竖直方向

加速传感器控件支持的事件有 AccelerationChanged 和 Shaking，如图 6.16 所示。AccelerationChanged 事件在加速传感器的加速度改变时调用，并根据加速传感器的变化返回 X、Y、Z 加速度值，可以在 3 个方向上确定手机晃动时的加速度大小。Shaking 事件在手机摇晃时会被多次调用。

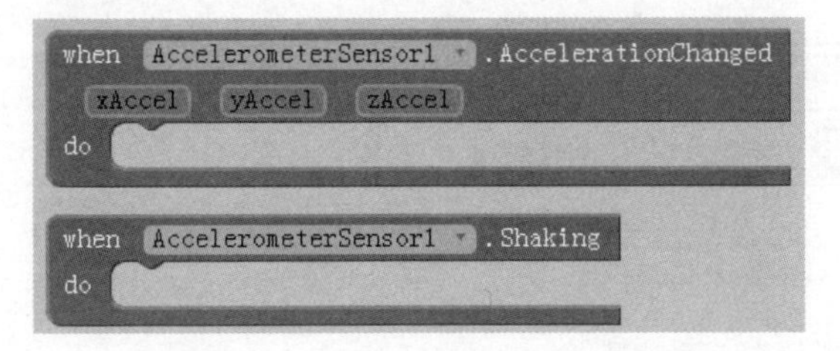

图 6.16 加速传感器控件的事件

6.1.4　画图板示例

前文详细介绍了画布的使用方法，下面介绍一个较为复杂的示例PaintPic。在PaintPic示例中，除了要用到画布控件之外，还要使用相机控件(Cemera)和加速传感器控件(AccelerometerSensor)。

PaintPic示例主要实现画布功能，可以利用画笔在画布上绘制线条或者圆形图案，并可选不同的画笔颜色，可以使用“清空画布”按钮或者摇晃手机的方式清空画布，可以调用手机照相功能将所拍摄的图片作为画布的背景，并可以将画布的背景和绘制的图像保存成文件。PaintPic示例的运行界面如图6.17所示。

图6.17　PaintPic示例运行界面

PaintPic示例中大量使用了按钮和水平布局，并且使用了相机和加速传感器两个非可视化控件。这两个控件在界面设计器中可以找到，如图6.18中编辑区最下方的Cameral1和AccelerometerSensor1分别是相机和加速传感器。

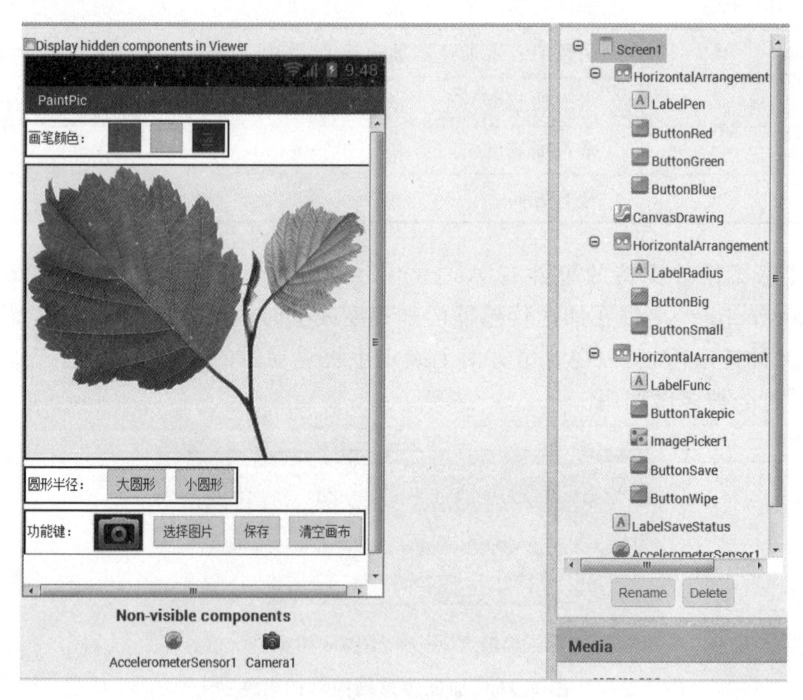

图6.18　PaintPic示例界面设计图

完成 PaintPic 示例的界面设计后，下面进行逻辑功能的设计。

逻辑功能设计的第一步是定义一个全局变量 paintsize，用来表示绘制圆形图案的半径。在 Built-in→Variable 目录中获取全局变量模块，将其拖曳到编辑区后会自动命名为 name，如图 6.19 所示。

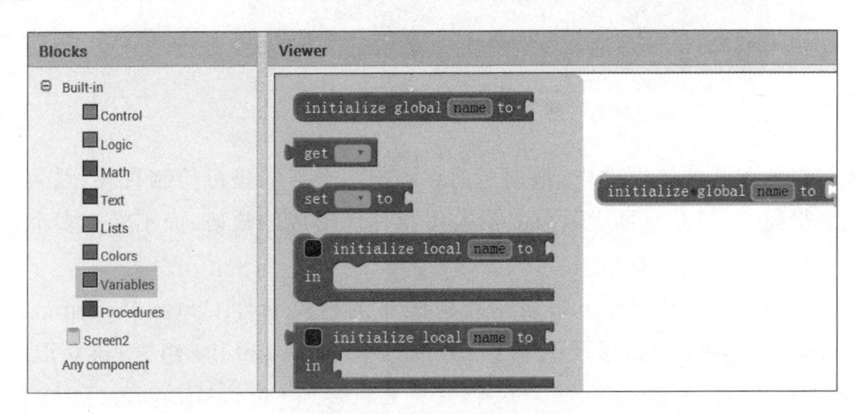

图 6.19 获取全局变量

单击全局变量的名称部分 name，将其更改为 paintsize。再通过 Built-in→Math 目录添加数值默认值为 0 的数值模块，然后将数值更改为 4。将 paintsize 变量和数值模块组合，便可将全局变量 paintsize 赋值为 4，如图 6.20 所示。paintsize 变量的值为 4，表示绘制圆形图案的半径为 4 个像素。

图 6.20 paintsize 全局变量赋值

逻辑功能设计的第二步是响应“大圆形”按钮和“小圆形”按钮的单击事件。这两个按钮可以控制绘制圆形图案的半径大小，“大圆形”按钮半径设置为 10(即 paintsize = 10)，“小圆形”按钮半径设置为 4(即 paintsize=4)，如图 6.21 所示。

图 6.21 “大圆形”按钮和“小圆形”按钮的单击事件

逻辑功能设计的第三步是响应画布的触碰事件，也就是在画布上以 paintsize 变量作为半径、以触碰点(x,y)作为中心点绘制圆形图案。

在 Blocks→CanvasDrawing 目录中获取画布的触碰事件 CanvasDrawing. Touched，与 Blocks→CanvasDrawing 目录中的 CanvasDrawing. DrawCircle 组合。在 Touched 事件上部的局部变量 x 或 y 上将鼠标略作停留，就可以获取到局部变量 x 和 y，再与 paintsize 全局变量组合到 CanvasDrawing. DrawCircle 模块上，这样就完成了画布触碰事件的处理，如图 6.22 所示。

逻辑功能设计的第四步是响应画布的拖曳事件，也就是画布上按照手指移动的轨迹

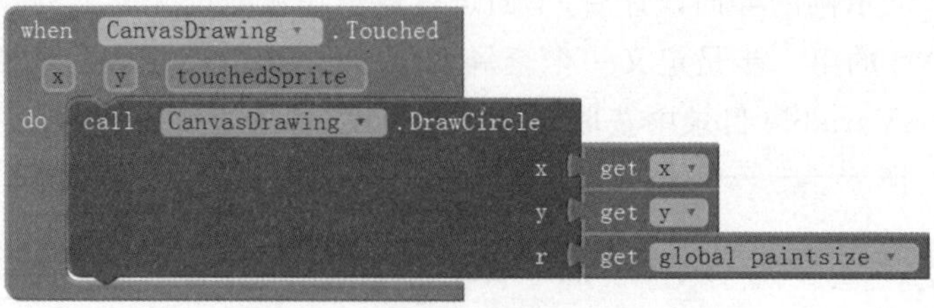

图 6.22　画布的触碰事件

绘制线条。在画布的拖曳事件中,根据当前点和前一个点的坐标绘制直线,因为拖曳事件的响应频率很高,这样在画面上看就是沿着手指移动形成的轨迹,而不是由多个点形成的折线。

在 Blocks→CanvasDrawing 目录中获取画布的拖曳事件 CanvasDrawing. Dragged,与 Blocks→CanvasDrawing 目录中的 CanvasDrawing. DrawLine 组合;再获取 4 个局部变量 prevX、prevY、currentX 和 currentY,并将其组合到 CanvasDrawing. DrawLine 模块上,这样就完成了画布拖曳事件的处理,如图 6.23 所示。

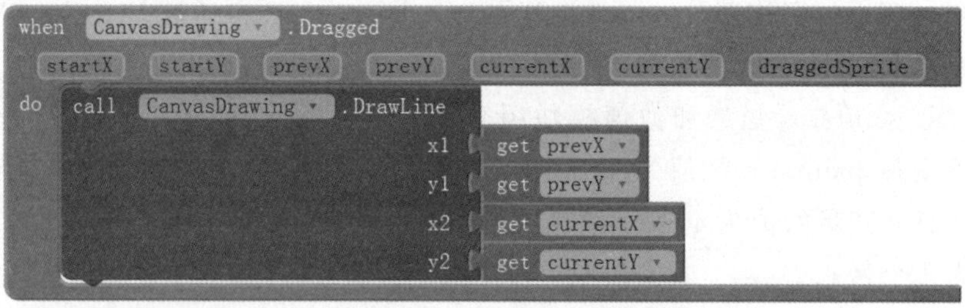

图 6.23　画布的拖拽事件

逻辑功能设计的第五步是响应 3 个修改画笔颜色按钮的事件,而且要在初始化的时候设置画笔的颜色。

先从 Blocks→CanvasDrawing 目录中获取到控制画笔颜色模块 CanvasDrawing. PaintColor,再在 Built-in→Colors 目录中分别获取表示红色、绿色和蓝色的模块,然后将颜色模块与 CanvasDrawing. PaintColor 属性组合在一起,就可以实现修改画笔的颜色。然后再将这些组合模块分别与 ButtonRed. Click、ButtonGreen. Click 和 ButtonBlue. Click 组合,即可完成响应画笔颜色修改按钮的事件,如图 6.24 所示。

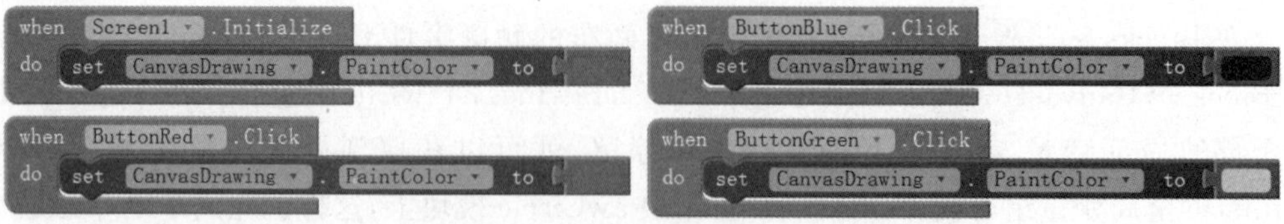

图 6.24　画笔颜色修改按钮的事件

画笔的默认颜色为黑色，PaintPic 示例中画笔只有红色、绿色和蓝色可选，这样需要在屏幕页初始化的时候修改画笔颜色，将画笔颜色修改为红色。

屏幕页初始化模块在 Blocks→Screen1 目录中的 Screen1. Initialize 事件模块中，该模块会在屏幕页启动时被调用，一般用来实现初始化控件的属性等操作。

逻辑功能设计的第六步是实现两种清空画布的方法，一种是单击“清空画布”按钮实现，另一种是通过晃动手机实现。

Blocks→CanvasDrawing 目录中的 CanvasDrawing. Clear 模块会将画布上所有画笔所绘制的内容全部清空，但画布背景内容不会有变化。

加速度传感器的晃动事件 AccelerometerSensor1. Shaking 在 Blocks → AccelerometerSensor1 目录中，该事件在晃动手机时被调用，将 CanvasDrawing. Clear 模块与其组合，就可以在晃动手机时清空画布内容，如图 6.25 所示。

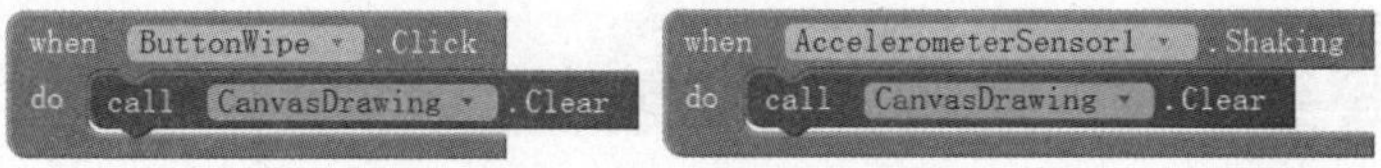

图 6.25 画布清空逻辑

逻辑功能设计的第七步是实现画布背景更换功能，同样支持两种更换方法，一种是单击“选中图片”按钮，在手机的图片库里面选择画布背景；另一种是通过手机拍照，将拍摄的图片更换为画布背景。

更换画布背景图片是通过修改 Blocks→CanvasDrawing 目录中的 CanvasDrawing. BackgroundImage 属性实现的，将指定的图像(image)赋值给 BackgroundImage 属性，就完成了画布背景的修改，如图 6.26 所示。

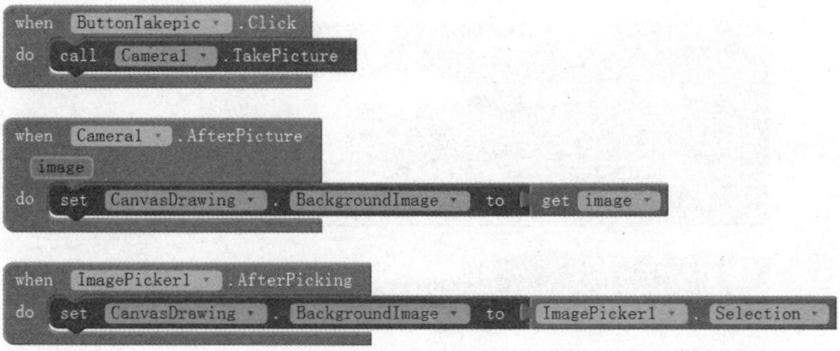

图 6.26 画布背景更换逻辑

除了从相机获取图像以外，还可以从 ImagePicker 获取背景图片。ImagePicker 的 AfterPicking 方法在用户选择图片后被调用，该方法与修改画布背景的模块组合在一起，并将 ImangePicker. Selection 作为图像参数传递给 BackgroundImage 属性，就可以实现画布背景的更改。

相机控件在用户单击 ButtonTakepic 按钮时调用 TakePicture 方法拍照，在获取到照片后，会立即调用 AfterPicture 方法获取照片并替换原画布背景。

逻辑功能设计的第八步，也是最后一步，就是将画布内容保存为文件。通过调用CanvasDrawing. Save方法，可以直接将画布内容保存到手机的SD卡中，并将该方法返回的文件路径传递给LabelSaveStatus. Text属性，如图6.27所示，将其显示在界面的最下方。

```
when ButtonSave .Click
do set LabelSaveStatus . Text to call CanvasDrawing .Save
```

图 6.27　画布内容保存为文件

将上述逻辑模块添加完成后，模块编辑器中的全部逻辑功能如图6.28所示。

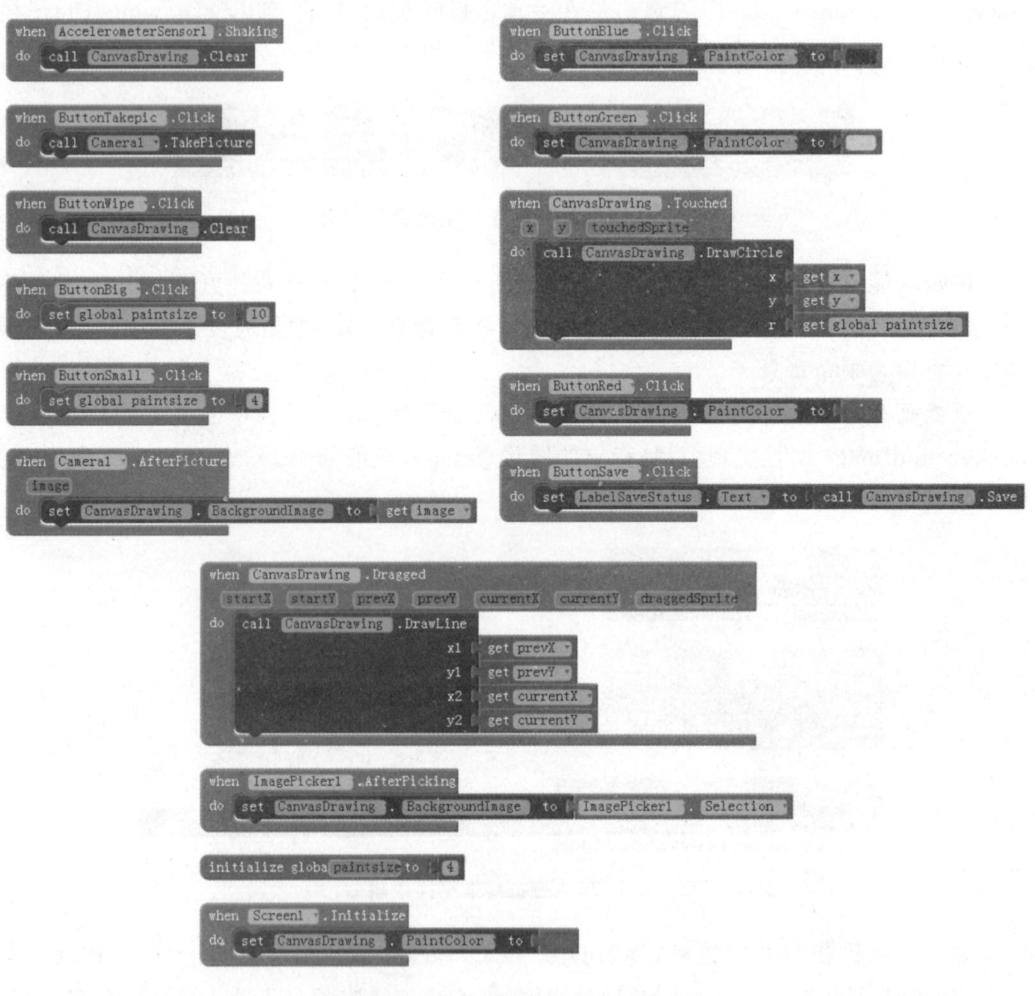

图 6.28　PaintPic示例的全部逻辑模块

PaintPic示例在手机上的运行结果如图6.29所示。在模拟器上运行该示例，不能够实现使用手机拍照和通过晃动手机清空画布功能。

图 6.29 PaintPic 示例在手机上的运行效果图

6.2 图像精灵

6.2.1 精灵使用

ImageSprite(图像精灵)是一种可在画布中自由移动的图像,并可与球体(Ball)、其他图像精灵和画布边缘产生碰撞效果,因此经常用于游戏开发,如图 6.30 所示。

图 6.30 游戏中的精灵

图像精灵是 AI2 在游戏制作中经常使用的控件,放置在绘图和动画子类中,如图 6.31 所示。

画布上的图像精灵可以响应触摸、划动或拖曳等操作,如果设置精灵自身关于运动的一些属性,精灵则可以按照预定的方式移动。例如,为实现一个图像精灵每隔 1000ms 向左侧移动 10 像素,则可以设置其 Speed(速度)属性值为 10 像素,Interval(时间间隔)属性为 1000ms,Heading(方向)属性设置为 180,Enabled(激活)属性设置为 True。勾选精灵的旋转属性(Rotates)时,图片会根据精灵的朝向变化进行转动,设置好的参数如图 6.32 所示。

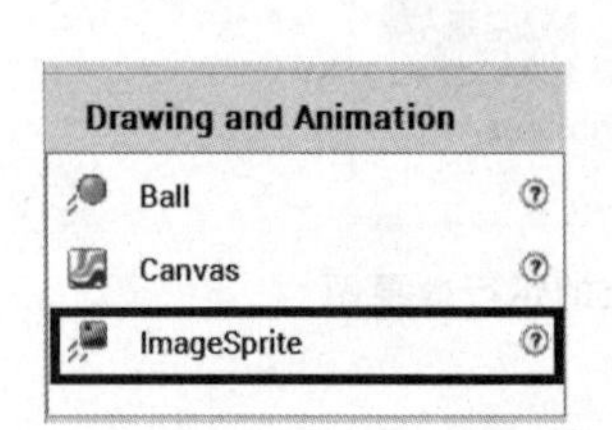

图 6.31 绘图和动画子类中的图像精灵

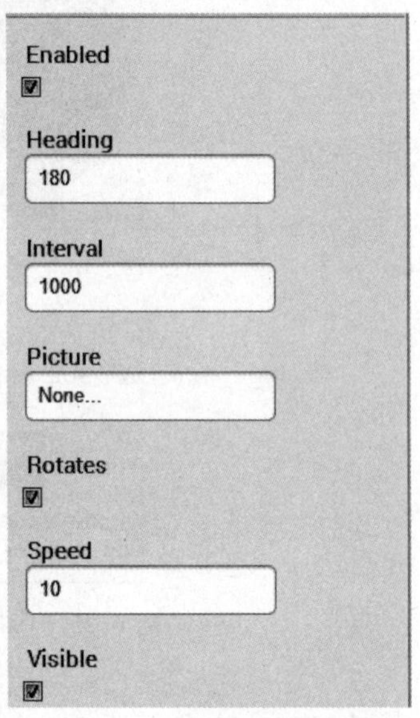

图 6.32 精灵控件属性设置

图像精灵支持的属性如表 6.5 所示。其中,属性 Picture 需要指定一个图片,是精灵显示在画布上的图像。属性 Rotates 表示是否允许精灵旋转,如果允许,图像精灵在改变移动方向(Heading)时,图片会自动旋转以匹配新的移动方向。

表 6.5 图像精灵的属性及说明

属性	说明
Enabled	是否激活
Heading	移动方向
Height	图片高度
Interval	移动频率
Picture	精灵图片
Rotates	是否允许精灵旋转
Speed	移动速度
Visible	是否可见
Width	图片宽度
X	所在位置横坐标
Y	所在位置纵坐标
Z	图层较高的精灵控件所在层数与图层较低的精灵控件所在层数之差

X 和 Y 是图像精灵在画布上的坐标，X 为 0 时，表示图像精灵已经到达画布的左侧边界；Y 为 0 时，则表示图像精灵已经到达画布的上边界。Enabled 属性表示图像精灵是否会被激活，如果精灵与移动相关的属性被设置，同时 Enabled 为 true，则图像精灵会在画布上移动。Visible 属性决定了图像精灵在画布上是否可见。

属性 Heading 是图像精灵的移动方向，取值范围是 0～360，其中，0 表示水平向右，90 代表垂直向上，180 代表水平向左，270 表示垂直向下，如图 6.33 所示。

图像精灵支持的事件包括碰撞事件（CollidedWith）、拖曳事件（Dragged）、触壁事件（EdgeReached）、不再碰撞事件（NoLongerCollidingWith）和触碰事件（Touched）等，说明如表 6.6 所示。

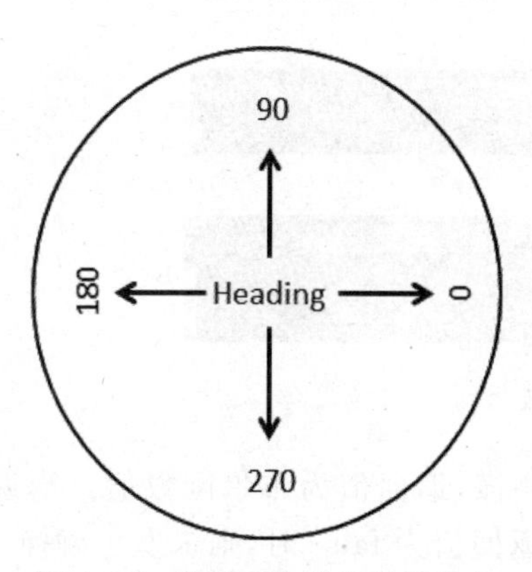

图 6.33 精灵朝向数值代表含义

表 6.6 图像精灵的事件及说明

事件	说　　明
CollidedWith	碰撞事件
EdgeReached	触壁事件
NoLongerCollidingWith	不再碰撞事件
Touched	触碰事件
Dragged	拖曳事件
Flung	划动事件
TouchUp	抬起事件
TouchDown	按下事件

图像精灵的事件模块如图 6.34 所示。碰撞事件、不再碰撞事件和触壁事件属于碰撞检测事件，这部分内容将在“高级动画功能”小节内容中介绍。

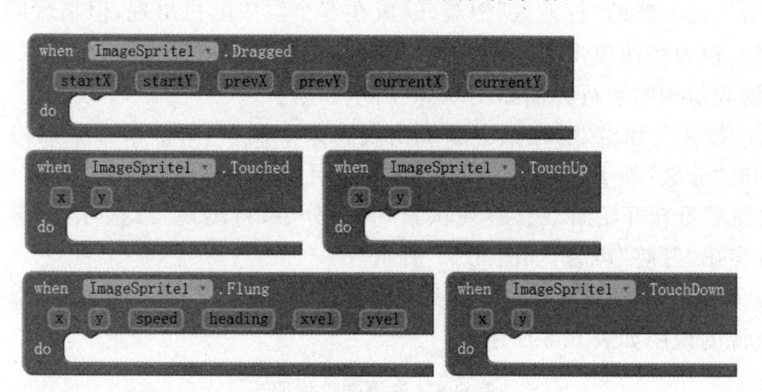

图 6.34 图像精灵的事件

图像精灵支持精灵的移动、反弹和碰撞检测方法，如表 6.7 和图 6.35 所示。

Bounce 方法调用后，图像精灵会根据参数 edge 计算碰撞后下一步的运动方向。这个方法经常在图像像精灵与墙壁碰撞的时候使用。

表 6.7 图像精灵的方法及说明

方　法	说　明
Bounce	精灵从边缘反弹
ColldingWith	检测精灵是否碰撞
MoveIntoBounds	精灵超出边界时将精灵移至边界内
MoveTo	将精灵移动到指定坐标点
PointTowards	将移动方向朝向另一个精灵
PointInDirection	将移动方向朝向指定坐标点

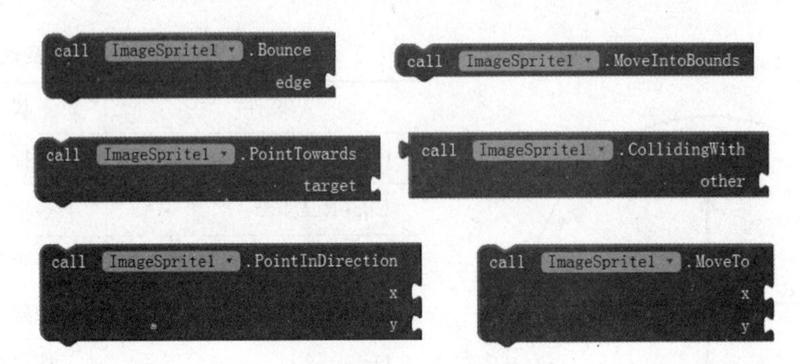

图 6.35 精灵的方法

ColldingWith 方法用来检测图像精灵是否发生碰撞，返回值为布尔函数值。当返回值为 true 时，说明与指定精灵或画布边缘发生碰撞；返回值为 false 时，则未发生碰撞。

MoveIntoBounds 方法是将超出边缘的控件重新移动至画布边缘范围内。

6.2.2 打地鼠示例

该游戏示例是经典的"打地鼠"游戏，鼹鼠在 5 个洞中随机出现，但出现的时间非常短暂，因此要集中精力快速单击洞口的鼹鼠，每次成功单击鼹鼠即得 1 分，积累到 10 分则游戏胜利。该游戏示例的运行界面如图 6.36 所示。

单击 Play 按钮开始游戏，鼹鼠会随机出现在某个洞口，每次击中鼹鼠将会产生一次震动反馈，同时"分数"加 1。在游戏进行中，如果用户单击 Reset 按钮，分数将清零，重新单击 Play 按钮后重新开始游戏。游戏积累到 10 分后，将出现"恭喜你，你赢了！"的游戏胜利提示，并发出"叮咚"声音，如图 6.37 所示。

在 Mole 示例的资源中共有 5 个图片文件和一个声音文件，这些资源都是游戏中不可缺少的，资源的说明如表 6.8 所示。

表 6.8 资源文件说明

文　件	说　明	文　件	说　明
PlayButton. png	"Play"按钮图片	hole. png	洞口精灵的图片
ResetButton. png	"Reset"按钮图片	mole. png	鼹鼠精灵的图片
grass. jpg	Canvas1 画布的背景图片	DingDong. mp3	游戏获胜的"叮咚"声音

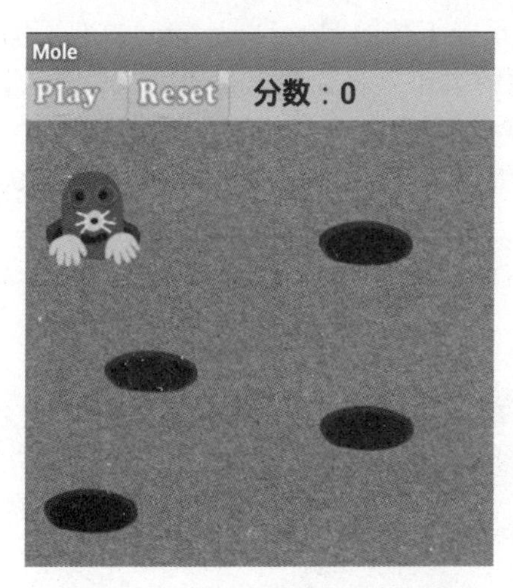

图 6.36　Mole 示例的运行界面

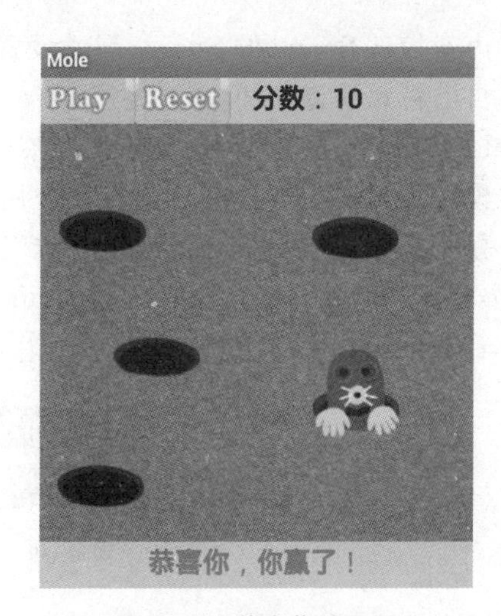

图 6.37　游戏获胜画面

Mole 示例的界面设计如图 6.38 所示。时钟 ClockMole 控制着鼹鼠精灵的周期性移动，因此设置 ClockMole 时钟的 Enable 属性为 false，控制时钟在用户单击 Play 按钮后再启动。设置时间间隔(TimerInterval)为 10000ms(10s)，TimeAlwaysFires 设置为 true。

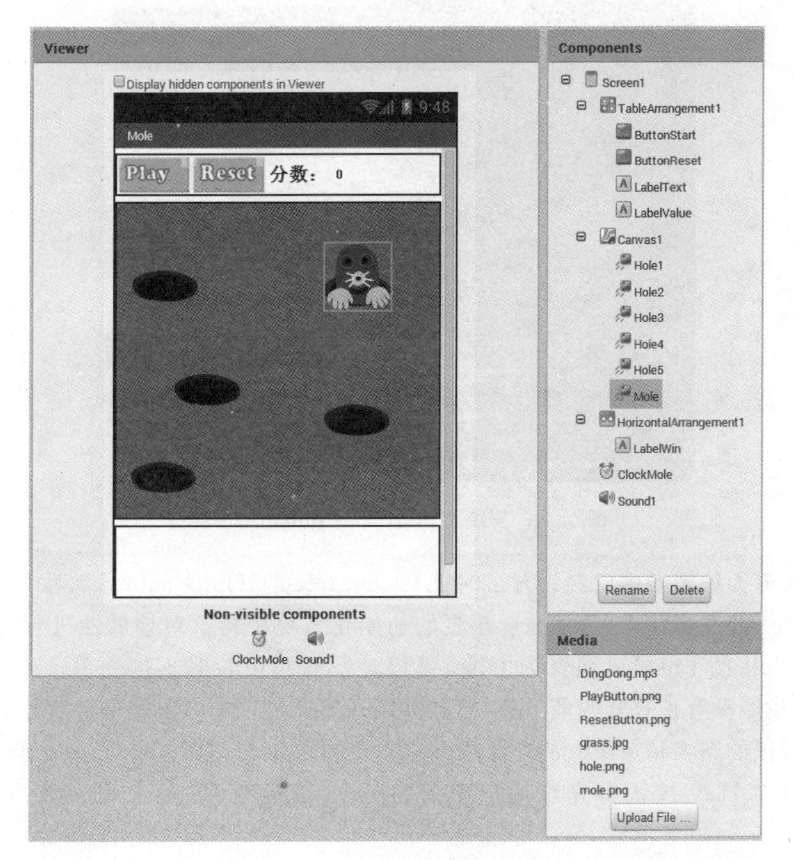

图 6.38　Mole 示例的界面设计图

将声音控件Sound的Source属性设置为已经上传的DingDong.mp3文件，用户也可以选择自己喜欢的音频，但需要控制上传文件的大小。将标签LabelWin的Enable属性设为false，在用户游戏胜利时显示该标签内容。

在模块编辑器中，首先定义两个全局变量holes和currentHole，如图6.39所示。Holes是表示洞口图像精灵的列表，在定义时先调用create empty list方法获得一个空列表，在屏幕页初始化时动态添加元素。currentHole表示当前洞口的图像精灵，在自定义的MoveMole函数中使用。

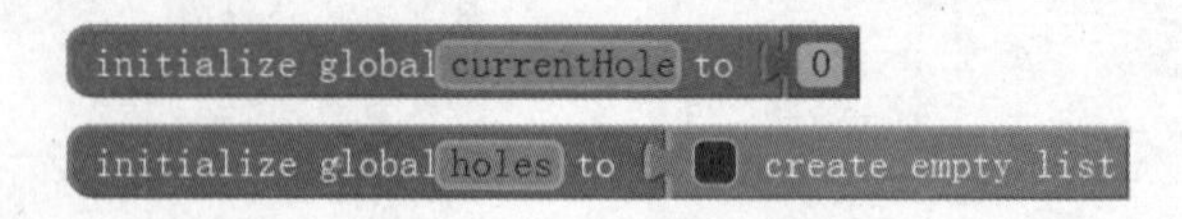

图6.39　定义全局变量

如图6.40所示，屏幕页的初始化事件完成了三项工作，一是初始化5个表示洞口的图像精灵的Picture属性；二是设置时钟ClockMole的TimeEnabled属性为false；三是设置图像精灵Mole的Enabled属性为false。

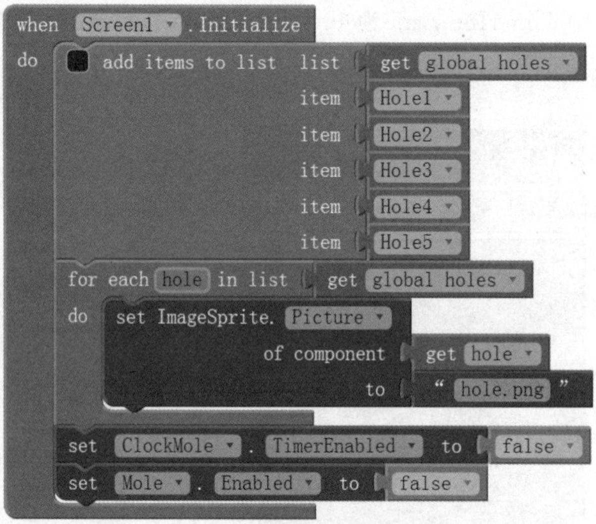

图6.40　屏幕页Screen1的Initialize事件

虽然在界面编辑器中已经设置了时钟ClockMole的TimeEnabled属性为false，为了避免误操作引起逻辑错误，仍然在屏幕页的初始化事件中再次对该属性进行设置。设置图像精灵Mole的Enabled属性为false，可以让图像精灵暂时不接受单击（Touched）事件，避免游戏还没有正式开始前，用户已经可以开始通过单击鼹鼠获得游戏分数。

表示鼹鼠的图像精灵Mole的属性Enabled的逻辑与时钟ClockMole是一样的，也是在用户单击Play按钮后允许用户单击（true），在单击Reset按钮后变为不可单击（false）。

初始化图像精灵Hole1到Hole5有两种方法，一是在界面编辑器中设置其Picture

属性为上传文件 hole. png；二是在屏幕页初始化函数中动态修改 Hole1 到 Hole5 的 Picture 属性。本示例使用的是第二种方法，此方法略显烦琐，但却演示了一种动态的批量修改图像精灵属性的方法。

这里用到了 Block→Any component→Any ImangeSprite 目录中的 ImageSprite. Picture 模块，如图 6.41 所示。Any component 区的模块可以对所有同类型的控件进行操作，比如修改所有标签的文字、修改所有按钮的颜色等。

ImageSprite. Picture 模块如图 6.42 所示，槽 component 用来拼接图像精灵(ImageSprite)模块，槽 to 用来拼接图片(Picture)属性。Advanced 区的其他模块有着与 ImageSprite. Picture 模块相似的结构和槽，可以分别拼接各自支持的控件类型和属性。

全局变量 holes 的初始化是通过调用 Built-in→Lists 目录中 add items to list 方法实现的，其将所有表示洞口的图像精灵控件加载到全局变量 holes 中，如图 6.43 所示。

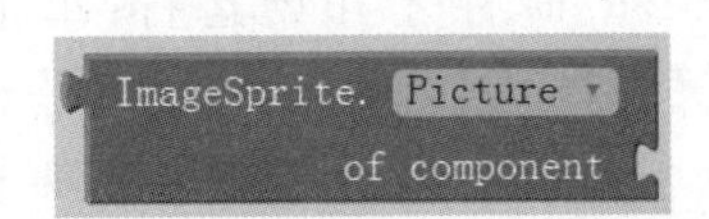

图 6.42 ImageSprite. Picture 模块

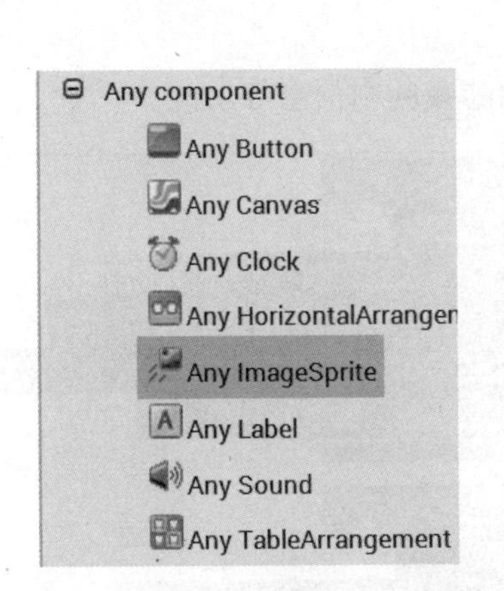

图 6.41 Any component 区的模块

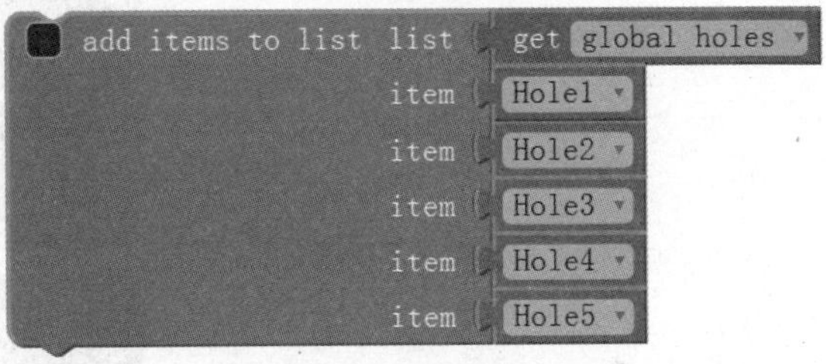

图 6.43 初始化 holes 列表

在 foreach 循环中，调用 ImageSprite. Picture 模块，将每个表示洞口图像精灵的 Picture 属性都赋值为 hone. png，如图 6.44 所示。

图 6.44 循环调用 ImageSprite. Picture 模块

为了重复利用已有代码，可以将鼹鼠的移动做成函数 MoveMole，这个函数将鼹鼠的图像精灵随机出现在五个洞口中的任意一个，逻辑模块如图 6.45 所示。在 MoveMole 函数中，首先调用 pick a random itemlist 方法在 hones 列表中随机选取一个图像精灵赋值给全局变量 currentHole，然后调用鼹鼠图像精灵 Mole 的 MoveTo 方法将 currentHole 中图像精灵的坐标 X 和坐标 Y 作为参数传递给 MoveTo 方法，这样就可以将鼹鼠图像精灵移动到全局变量 currentHole 所代表的洞上面。

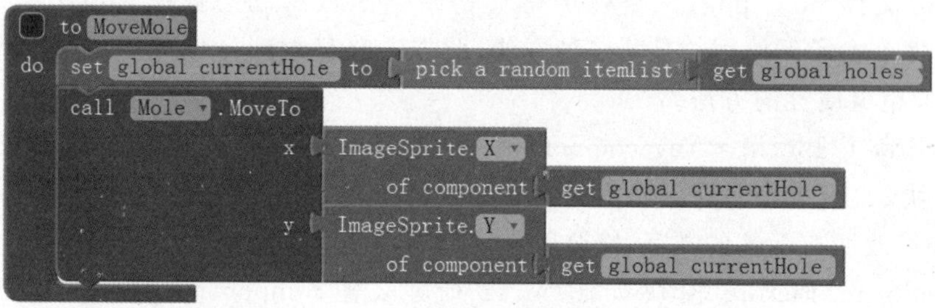

图 6.45 MoveMole 函数

在时钟 ClockMole 的触发事件中只调用 MoveMole 函数移动表示鼹鼠的图像精灵，如图 6.46 所示。在游戏初始化阶段，ClockMole 时钟是不运行的，只有用户单击 Play 按钮后，ClockMole 时钟才开始运行；单击 Reset 按钮，或者用户游戏胜利后，时钟 ClockMole 又变为不运行状态。

图 6.47 所示的两个按钮事件还实现了分数归零和隐藏胜利信息等功能。

图 6.46 MoveClock 时钟的 Timer 方法

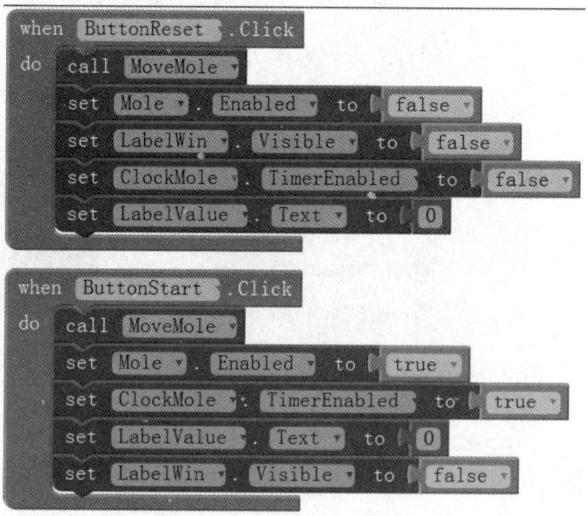

图 6.47 两个按钮单击事件

游戏启动后，时钟 ClockMole 要在一个周期以后才会触发，在触发事件中鼹鼠才会移动。为了在游戏启动后立即产生鼹鼠移动的效果，要在 ButtonStart 按钮的单击事件中主动调用 MoveMole 函数，完成鼹鼠的一次移动，如图 6.48 所示。

在图像精灵 Mole 的 Touched 事件中，用户每次触碰精灵，都要调用一次 MoveMole 函数，移动一次鼹鼠，并发出震动反馈（Sound. Vibrate）。如果游戏分数（LabelValue. Text）小于 10，则每次触碰都会将游戏分数增加 1。如果游戏分数已经大于等于 10，则游戏结束，发出游戏胜利的音效（Sound. Play），停止时钟（ClockMole），使鼹鼠图像精灵失效（Enabled 为 false），并显示游戏胜利的消息（LableWin. Visible 为 true）。

Mole 示例的全部逻辑模块如图 6.49 所示。

```
when Mole .Touched
  x  y
do  set LabelValue . Text to ( LabelValue . Text + 1 )
    if  LabelValue . Text < 10
    then  call MoveMole
          call Sound1 .Vibrate
                    millisecs 100
    else  call Sound1 .Play
          set ClockMole . TimerEnabled to false
          set Mole . Enabled to false
          set LabelWin . Visible to true
```

图 6.48 图像精灵 Mole 的 Touched 事件

```
initialize global holes to create empty list

when ClockMole .Timer
do  call MoveMole

when ButtonReset .Click
do  call MoveMole
    set Mole . Enabled to false
    set LabelWin . Visible to false
    set ClockMole . TimerEnabled to false
    set LabelValue . Text to 0

initialize global currentHole to 0

when Screen1 .Initialize
do  add items to list  list get global holes
                       item Hole1
                       item Hole2
                       item Hole3
                       item Hole4
                       item Hole5
    for each hole in list get global holes
    do  set ImageSprite. Picture
            of component get hole
            to " hole.png "
    set ClockMole . TimerEnabled to false
    set Mole . Enabled to false

when Mole .Touched
  x  y
do  set LabelValue . Text to ( LabelValue . Text + 1 )
    if  LabelValue . Text < 10
    then  call MoveMole
          call Sound1 .Vibrate
                    millisecs 100
    else  call Sound1 .Play
          set ClockMole . TimerEnabled to false
          set Mole . Enabled to false
          set LabelWin . Visible to true

when ButtonStart .Click
do  call MoveMole
    set Mole . Enabled to true
    set ClockMole . TimerEnabled to true
    set LabelValue . Text to 0
    set LabelWin . Visible to false

to MoveMole
do  set global currentHole to pick a random item list get global holes
    call Mole .MoveTo
              x ImageSprite.X
                  of component get global currentHole
              y ImageSprite.Y
                  of component get global currentHole
```

图 6.49 Mole 示例的全部逻辑模块

6.3 高级动画功能

6.3.1 碰撞检测

碰撞检测是在精灵的运动过程中,检测到精灵自身边缘与其他精灵或画布边缘接触的技术,在开发游戏过程中经常用到。

图 6.50 所示是愤怒的小鸟的游戏截图,这其中就大量使用了碰撞检测技术。例如小鸟在飞行过程中碰撞到石块时,小鸟和石块都要有相应的反应,小鸟会弹回去,石块会裂开。再例如两个落在一起的小猪,上方的小猪和下方的小猪只可以边界互相接触,而不能够重合。

图 6.50 愤怒的小鸟游戏画面

碰撞检测技术的实现要运用数学和物理知识,在不同的情况下采用不同的碰撞检测方式,本节主要介绍碰撞检测的基本原则和使用方式。

一般情况下,只有游戏中的物体发生移动后才有必要进行碰撞检测,所以碰撞检测的流程分为更新物体位置、进行碰撞检测、碰撞处理三步。

实现碰撞检测通常包括 3 个方面的内容。首先,确定检测对象。游戏在运行中会有很多实体对象,在进行碰撞检测时并不需要对所有实体对象都检测一遍,如静止的宝箱没有必要去检测和另外的宝箱是否发生了碰撞。所以在开始碰撞检测之前,首先要确定碰撞检测的对象是什么。其次,检测是否碰撞,这是检测的核心环节。在这个环节需要综合考虑游戏本身的需求,以及运行平台的性能等问题,合理选择碰撞检测的算法。最后是处理碰撞。当检测到碰撞发生的时候,就需要根据碰撞的类型进行相应的处理,例如炮弹会在碰到目标后爆炸,并给目标带来伤害。

6.3.2 球体的使用

球体(Ball)是特殊的图像精灵,具有与图像精灵相似的属性及完全相同的事件和方法,如图 6.51 所示。不同之处在于球体不能够有自定义的外观,但可以改变球体的大小和颜色。

球体的属性包括球体大小、颜色、移动频率、移动方向和移动速度等,所有属性如表 6.9 所示。

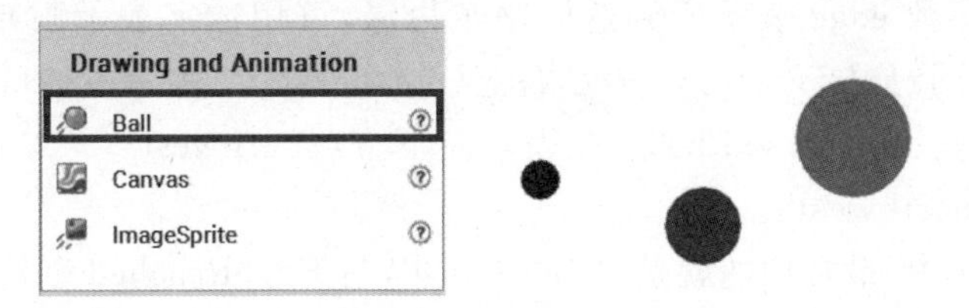

图 6.51 球体控件

表 6.9 球体的属性及说明

属 性	说 明
Radius	球的半径
PaintColor	球体颜色
Enabled	是否启动球体
Interval	球体移动频率
Visible	球体是否可见
Heading	球体移动方向
Speed	球体移动速度
X	球体控件最左侧边界的坐标,向右运动,数值增加
Y	球体控件最上方边界的坐标,向下运动,数值增加
Z	图层较高的球体控件相对于其他图层较低的球体控件的层数

球体与图像精灵具有相同的事件和方法,下面的内容主要介绍与碰撞检测相关的事件和方法。球体中与碰撞检测相关的事件有碰撞事件(CollidedWith)、不再碰撞事件(NoLongerCollidingWith)和触壁事件(EdgeReached)。

碰撞事件是当前图像精灵与其他精灵或画布边缘发生碰撞时产生的事件,该事件的参数 other 是被碰撞的精灵,如图 6.52 所示。

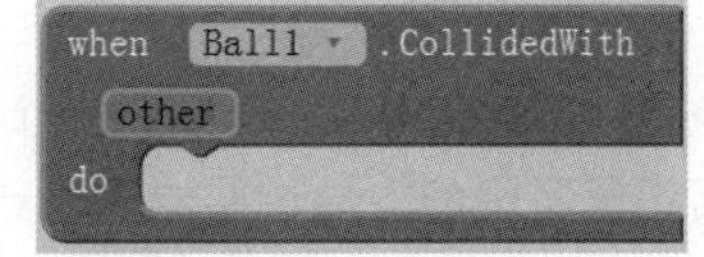

图 6.52 球体的碰撞事件

不再碰撞事件是当前精灵与已经产生碰撞的精灵分开时产生的事件,是碰撞事件的对立事件。当两个精灵产生碰撞时,先发生的是碰撞事件,如果两个精灵被弹开,随即便会产生不再碰撞事件。该事件的参数 other 是被碰撞的精灵,如图 6.53 所示。

触壁事件在图像精灵移动到画布边缘时发生。当一个精灵运动到画布边缘时,则会产生触壁事件,如果不对此事件做任何处理,精灵则会移动出画布边界;相反,如果在触壁事件中将精灵的运动方向逆转,则精灵又会重新回到画布中,如图 6.54 所示。

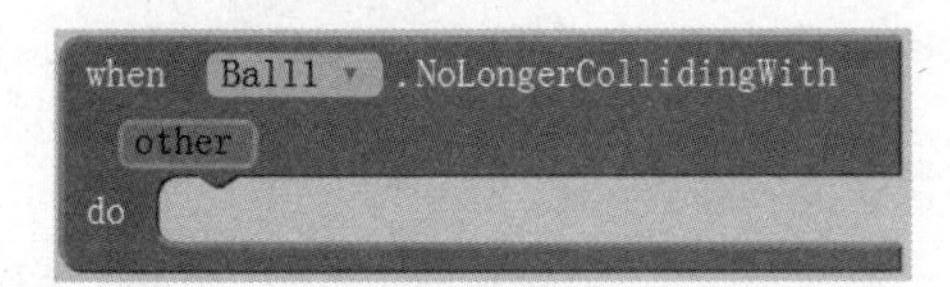

图 6.53 球体的不再碰撞事件

图 6.54 球体的触壁事件

触壁事件的参数 edge 表示所到达的画布边缘，可用数字表示画布不同的边缘，如图 6.55 所示，1 表示上方(north)，2 表示右上(northeast)，3 表示右侧(east)，4 表示右下(southeast)，－1 表示下方(south)，－2 表示左下方(southwest)，－3 表示左侧(west)，－4 表示左上方(northwest)。

在球体的方法中，最常用的就是 Bounce 方法，与 EdgeReached 事件配合使用可将球体从画布边缘反弹回画布中。当 EdgeReached 事件检测到碰撞后，调用 Bounce 方法，并将 EdgeReached 事件检测到的碰撞边缘 Edge 参数传递给 Bounce 方法，精灵可以根据此参数进行边缘反弹，如图 6.56 所示。

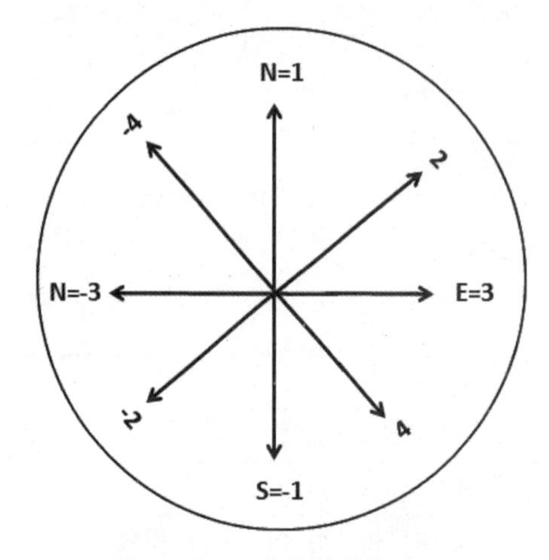

图 6.55　画布边缘信息含义

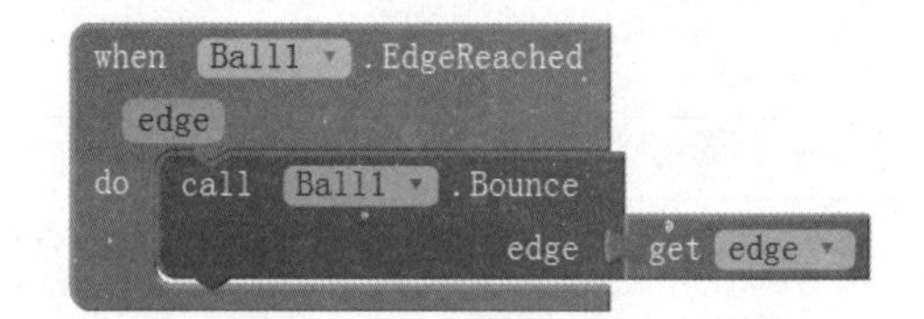

图 6.56　边缘检测事件逻辑模块

6.3.3　方向传感器

在介绍“乒乓球”示例之前，先来说明一下如何使用手机的方向传感器。方向传感器控件(OrientationSensor)是一个非可视化控件，可用来测定手机的三轴角度的变化。界面编辑器中的方向传感器控件如图 6.57 所示。

将手机正面向上放置在水平桌面上，沿手机屏幕水平方向(左右)定义为 X 轴，水平方向(后前)定义为 Y 轴，垂直于手机屏幕的方向(上下)定义为 Z 轴，如图 6.58 所示。

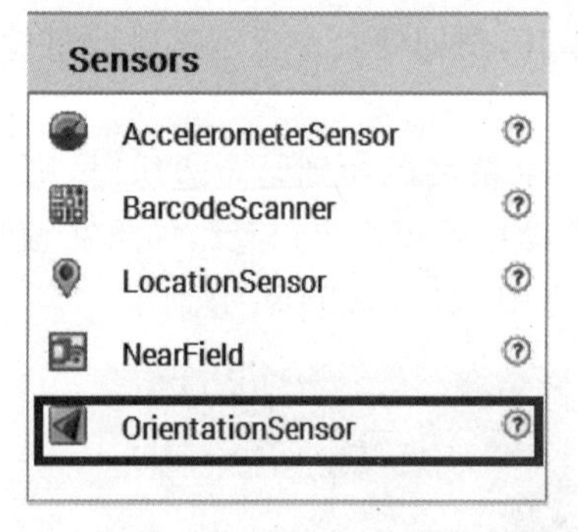

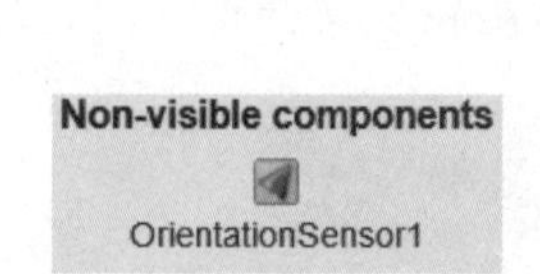

图 6.57　方向传感器

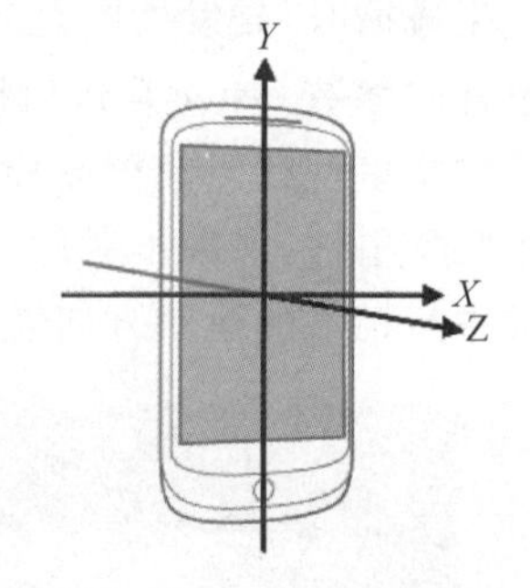

图 6.58　手机 3 个维度示意图

方向传感器可以反馈 Roll、Pitch 和 Azimuth 共 3 个数据，数据单位是度，且有正负之分。

Roll 表示手机 x 轴与水平面的夹角，范围为－90～90，手机处于水平放置时数值为 0，向左侧倾斜时数值由 0 递增到 90，向右倾斜时数值由 0 递减至－90。Pitch 表示手机 y 轴与水平面的夹角，范围为－90～90，手机水平放置时为 0，y 轴正方向朝下倾斜时数值由 0 增加到 90，y 轴正方向朝上倾斜时数值由 0 递减至－90。Azimuth 表示方位，是手机水平放置时磁北极和 y 轴的夹角，范围为 0～360，y 轴正方向指向正北时为 0，指向正东为 90，指向正南为 180，指向西东为 270。

方向传感器控件通过相关属性，包括方向传感器的启动、方位角和设备翻转大小等，来确定设备的方向改变，如表 6.10 所示。

表 6.10 方向传感器属性及说明

属　　性	说　　明	属　　性	说　　明
Available	方向传感器是否可用	Roll	水平转动角度
Enabled	启用方向传感器	Magnitude	倾斜程度
Azimuth	方位角	Angle	倾斜角
Pitch	垂直翻转角度		

Magnitude 表示手机的倾斜程度，是一个 0～1 之间的数。Angle 表示倾斜角大小。

方向传感器只有 OrientationChanged 一个事件，如图 6.59 所示，在手机方向发生变化时产生，返回 Roll、Pitch 和 Azimuth 数据。即使静止放置在水平面上，手机方向传感器仍然能够检测到微小的方向变化，所以可以认为 OrientationChanged 事件是持续发生的事件，事件中的处理过程务必要简单、高效。

下面通过 Orientation 示例帮助读者使用自己的手机感受如何使用方向传感器，并分析 Roll、Pitch 和 Azimuth 数据的具体含义。Orientation 示例的运行界面如图 6.60 所示，界面设计图如图 6.61 所示。

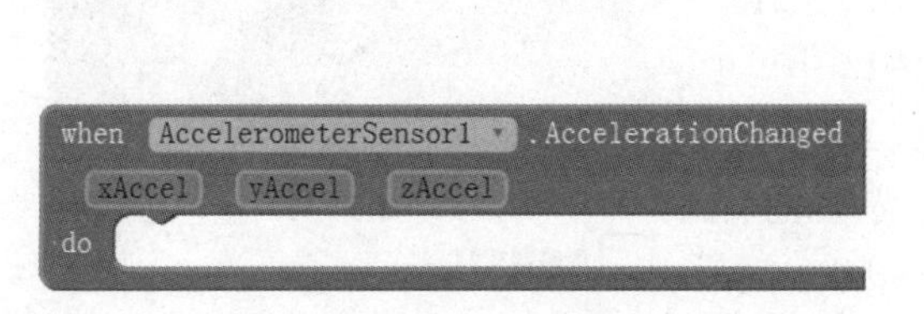

图 6.59 方向传感器的 OrientationChanged 事件

图 6.60 Orientation 示例的运行界面

Viewer
Display hidden components in Viewer
9:48
Orientation
方向传感器三轴姿态数值
X轴：Pitch
Y轴：Roll
Z轴：Azimuth
Non-visible components
OrientationSensor1
Components
Screen1
LabelTitle
LabelPitch
TextBoxPitch
LabelRoll
TextBoxRoll
LabelAzimuth
TextBoxAzimuth
OrientationSensor1
Rename
Delete
Media
Upload File ...

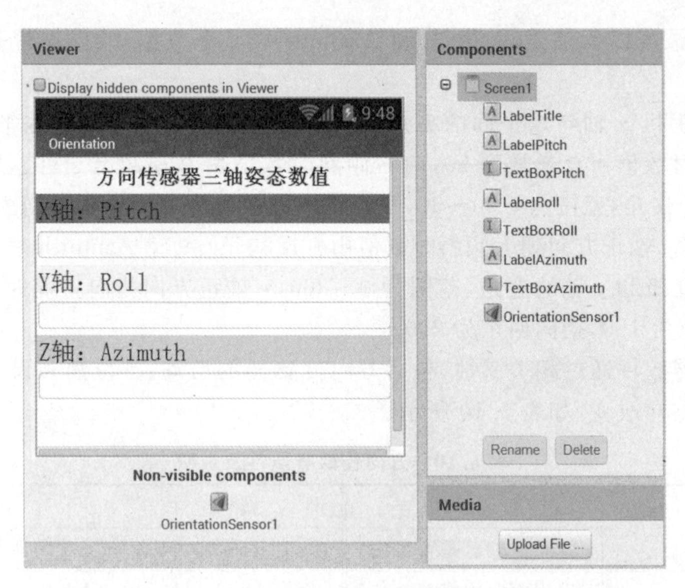

图 6.61　Orientation 示例界面设计图

Orientation 示例的全部逻辑模块如图 6.62 所示。

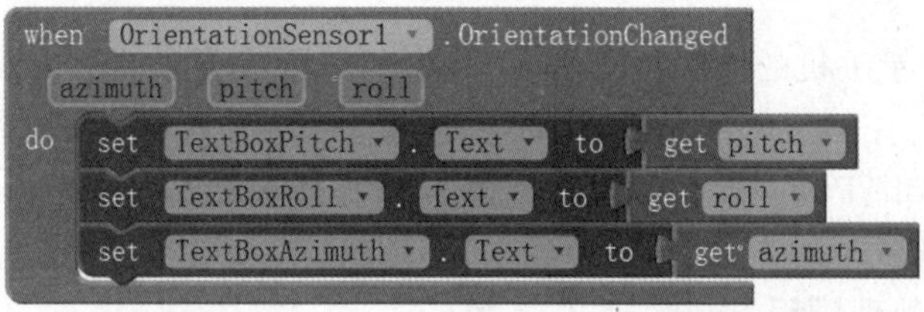

when OrientationSensor1 .OrientationChanged
azimuth pitch roll
do set TextBoxPitch . Text to get pitch
set TextBoxRoll . Text to get roll
set TextBoxAzimuth . Text to get azimuth

图 6.62　Orientation 示例的全部逻辑模块

6.3.4　乒乓球示例

“乒乓球”游戏中的小球会向画面下方以一定角度掉落，用户通过控制画面下方的球板，阻止小球落到地面上。小球碰到球板后会弹起，每次接触球板都会得 1 分。游戏中用户可以使用触碰屏幕的方法控制球板，也可以使用方向传感器控制球板。

Pong 示例使用的控件有球体、图像精灵、画布、方向传感器、音效播放器以及常见的按钮、标签和复选框等控件。Pong 示例的运行界面如图 6.63 所示。

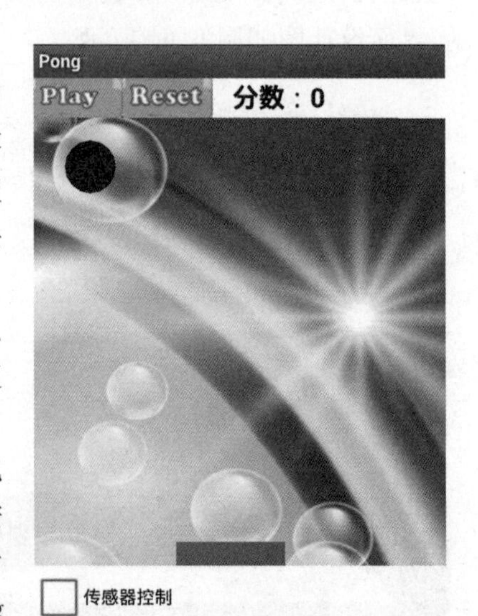

将游戏需要的所有资源文件上传到 AI2 中，包括 Play 按钮的背景图片 PlayButton. png、Reset 按钮的背景图片 ResetButton. png、画布的背景图片 background. png、球板图像精灵的图片 Paddle. png 和失败声效文件 DingDong. mp3。

Pong
Play
Reset
分数：0
传感器控制

图 6.63　Pong 示例的运行界面

游戏是纵向设计的,这里关闭手机的屏幕旋转功能,将 Screen1 的 ScreenOrientation 属性设置为 Portrait,将音效播放器的 Source 属性设置为 DingDong. mp3,还要将球体的初始位置设置为(20,20),即属性 X 为 20,Y 属性为 20,球体的半径(Radius)也设置为 20,完成界面设计,如图 6.64 所示。

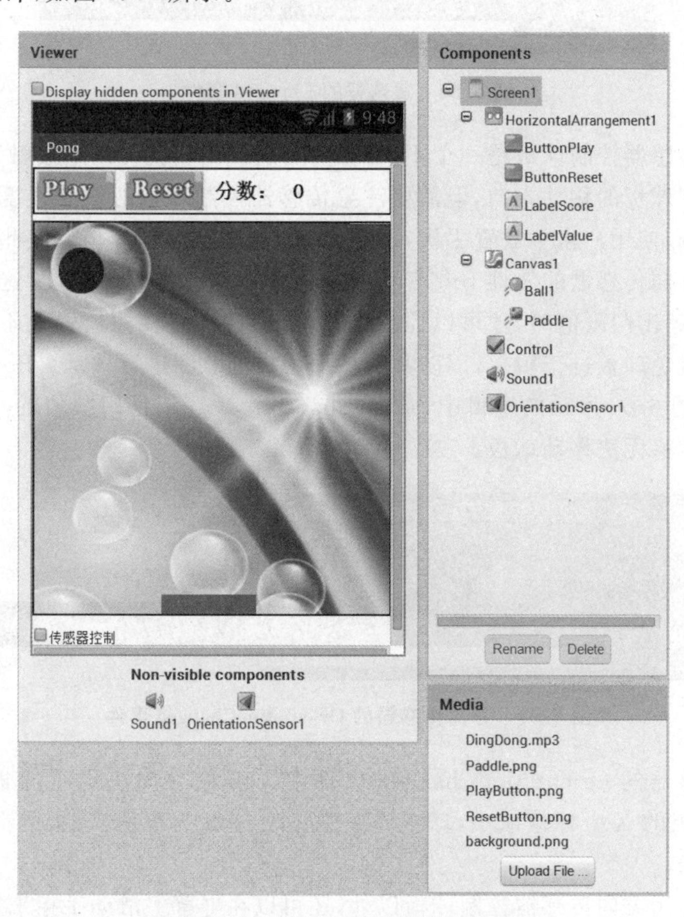

图 6.64 Pong 示例的界面设计图

在完成界面设计的工作后,开始程序的逻辑设计部分。如图 6.65 所示,首先在屏幕页的 Initialize 事件中将球体 Enabled 属性设置为 false,避免球体在没有正式开始游戏前移动;还要将方向传感器的 Enabled 属性设置为 false,用户手动勾选"传感器控制"复选框后才可以启动传感器。

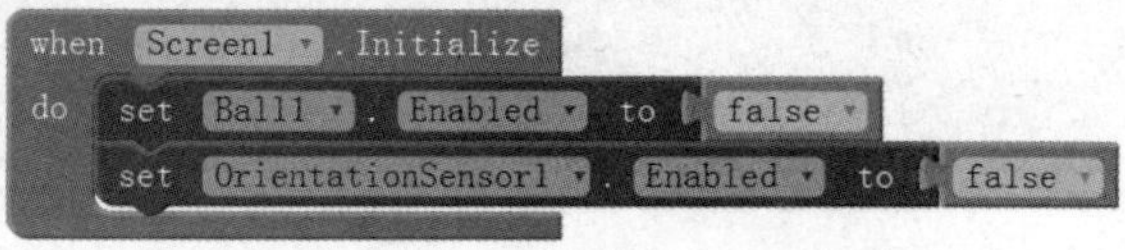

```
when Screen1 .Initialize
do  set Ball1 . Enabled to false
    set OrientationSensor1 . Enabled to false
```

图 6.65 屏幕页的 Initialize 事件

"传感器控制"复选框的 Changed 事件的逻辑如图 6.66 所示。在每次复选框修改事件中判断复选框的状态,如果复选框被选中,则启动方向传感器,否则就关闭方向传感器。

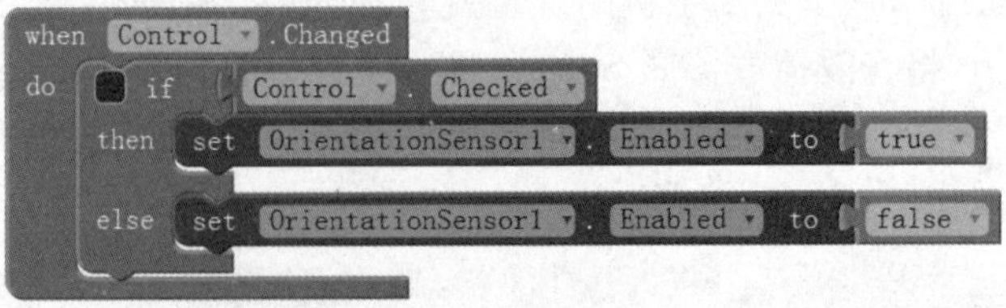

图 6.66　复选框的 Changed 事件

使用方向传感器控制球板是一个不错的选择，这样用户就可以不接触手机屏幕，利用手机的倾斜控制球板的移动方向，但需要注意传感器控制球板的敏感程度。在用户操作手机的过程中，即使用户水平放置手机，也难以避免产生微小的倾斜，但此时用户并不希望移动球板。方向传感器的属性 roll 表示手机的水平方向的倾斜角度，这里设定一个门限值，只有 roll 超出门限值时，才可以控制球板，否则球板将在原位置上不移动。设置门限值的好处是避免球板过于敏感，以防其不按照用户的意图进行移动。Pong 示例中这个门限值是 4，在图 6.67 所示的逻辑中，条件“abs(roll)＞4”就是门限值的具体实现，如果 roll 的值小于 4，将无法移动球板。

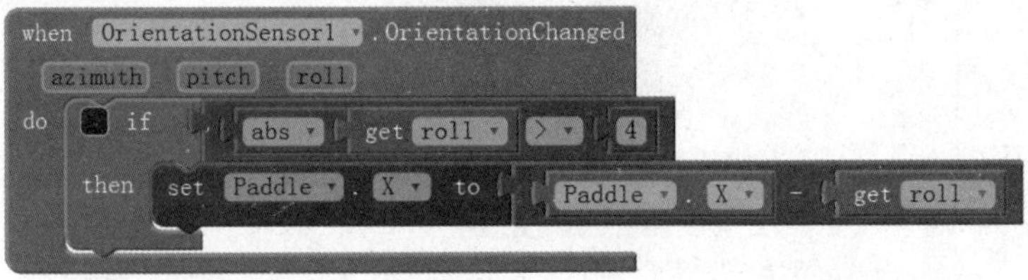

图 6.67　方向传感器的 OrientationChanged 事件

在方向传感器的 OrientationChanged 事件中，roll 的方向决定了球板的移动方向，roll 为正值，球板的 X 坐标值减小，球板向左侧移动；roll 为负值，球板的 X 坐标值增加，球板向右侧移动。

除了可以使用方向传感器控制球板以外，还可以在屏幕上滑动手指来控制球板，这种方式似乎更加普遍。在图像精灵 Paddle 的 Dragged 事件中修改图像精灵 Paddle 的属性 X 值，就可以移动球板。在球板的拖曳过程中，用户触碰的屏幕点，本意是让球板的中心点到达触碰点。currentX 是触碰点的 X 坐标，在此基础上减去 40，就可以将球板精灵的中心点移动到触碰点上来，如图 6.68 所示。

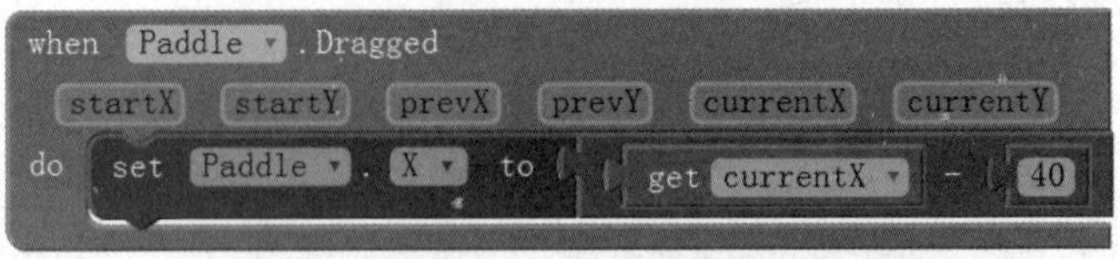

图 6.68　图像精灵 Paddle 的 Dragged 事件

开始游戏要单击 Play 按钮，重置游戏要单击 Reset 按钮，这两个按钮的单击事件的逻辑模块如图 6.69 所示。在 ButtonPlay 的单击事件中，首先调用自定义的函数 initGame，初始化球体控件的基本参数，然后使球体控件运动(Enabled 设置为 true)。在 ButtonReset 的单击事件中，先让球体控件停止运动(Enabled 设置为 false)，再调用自定义的函数模块 initGame。

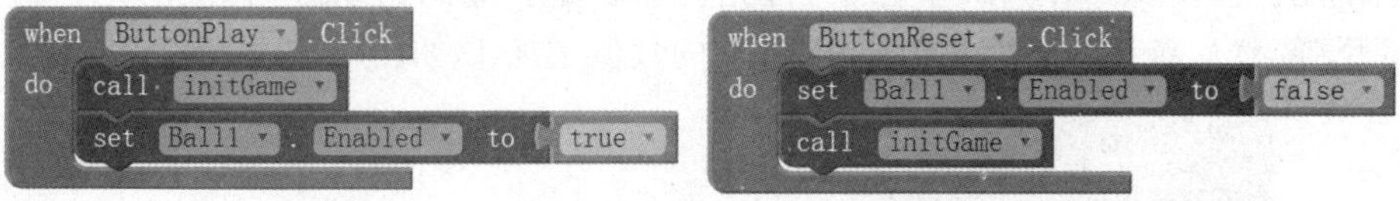

图 6.69 按钮单击事件

如图 6.70 所示，自定义函数 initGame 用来初始化球体控件的位置、移动速度、移动方向，并清空分数标签控件 LabelValue 的文字属性 Text。函数 initGame 将球体的位置设置到(20,20)，球体的初始速度在 8～15 之间随机选择，球体的移动方向在 0～360 之间随机选择。

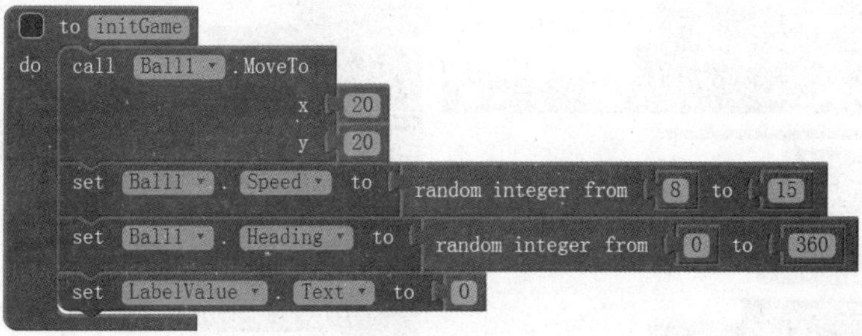

图 6.70 自定义函数 initGame

如果球体在运动时碰撞到画布边缘，将产生球体的 EdgeReached 事件。根据游戏规则，球体碰到上方、左侧和右侧的边缘时，球体会按照一定角度进行反弹；如果球体碰到下方的边缘，游戏会结束，球体会停止在触碰点上。因此在球体的 EdgeReached 事件中，首先要检测参数 edge 的值，当 edge 为－1 时，表示小球触碰到画布的下方边缘，则将球体的 Enabled 属性设置为 false，使小球停止移动，并播放表示游戏结束的音效；当 edge 为其他值时，调用球体的方法 Bounce，根据参数 edge 进行反弹。EdgeReached 事件的内部模块如图 6.71 所示。

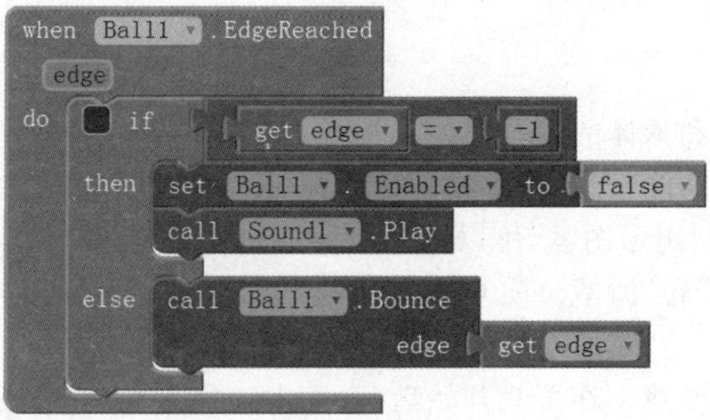

图 6.71 球体的 EdgeReached 事件

当球体运动碰撞到球板时，球体应当按照一定角度进行反弹，此时将产生球体的CollidedWith事件。在CollidedWith事件中，参数other表示与球体碰撞的精灵，因为画布上只有球体和球板，因此在每次碰撞事件中，other一定是球板，但这里的参数other并没有被使用。在CollidedWith事件中，首先用360减去球的运动方向，表示球体碰撞后的物理反弹，然后将记分的标签LabelValue的数值增加1，如图6.72所示。

```
when Ball1 .CollidedWith
  other
do  set Ball1 . Heading to  360 - Ball1 . Heading
    set LabelValue . Text to  LabelValue . Text + 1
```

图6.72　球体的CollidedWith事件

Pong示例的全部逻辑模块如图6.73所示。

```
when OrientationSensor1 .OrientationChanged
  azimuth  pitch  roll
do  if  abs  get roll  >  4
    then  set Paddle . X to  Paddle . X - get roll

when Ball1 .EdgeReached
  edge
do  if  get edge = -1
    then  set Ball1 . Enabled to false
          call Sound1 .Play
    else  call Ball1 .Bounce
                 edge  get edge

when Ball1 .CollidedWith
  other
do  set Ball1 . Heading to  360 - Ball1 . Heading
    set LabelValue . Text to  LabelValue . Text + 1

when Paddle .Dragged
  startX  startY  prevX  prevY  currentX  currentY
do  set Paddle . X to  get currentX - 40

to initGame
do  call Ball1 .MoveTo
                 x  20
                 y  20
    set Ball1 . Speed to  random integer from 8 to 15
    set Ball1 . Heading to  random integer from 0 to 360
    set LabelValue . Text to 0

when Control .Changed
do  if  Control . Checked
    then  set OrientationSensor1 . Enabled to true
    else  set OrientationSensor1 . Enabled to false

when Screen1 .Initialize
do  set Ball1 . Enabled to false
    set OrientationSensor1 . Enabled to false

when ButtonPlay .Click
do  call initGame
    set Ball1 . Enabled to true

when ButtonReset .Click
do  set Ball1 . Enabled to false
    call initGame
```

图6.73　Pong示例的全部逻辑模块

习　题

1. 说明图像精灵和球体的不同之处和相同之处。

2. 实现“新画板”功能，当手指单击屏幕的任意两个位置时，以这两个位置作为矩形的左上角和右下角绘制矩形图案，可以选择3种不同的颜色，并可随时清空画布内容。

3. 实现“石头剪子布”游戏。实现人与手机的石头剪刀布游戏功能，每比较一次，输出获胜一方的信息。

4. 实现“打气球”游戏。在游戏开始后，画面上随机出现10个球，这些气球是会任意飘动的，用户要在最短的时间内击破所有气球，完成游戏后显示玩家所使用的时间。

第7章

多媒体与社交

随着手机应用的不断扩展，手机在多媒体和社交方面的需求逐渐增多。AI2支持音视频录制、音视频播放、语音生成和图片选择等多媒体功能，也支持选取联系人、选取号码、拨号、发短信等社交功能。通过本章的学习，读者可以熟悉常见的多媒体和社交应用开发。

本章学习目标

- 掌握媒体控件的使用方法
- 掌握社交控件的使用方法

7.1 媒体控件

AI2支持的媒体控件共有9个，包括录像机(Camcorder)、相机(Camera)、选图工具(ImagePicker)、音频播放器(Player)、音效播放器(Sound)、录音机(SoundRecorder)、语音识别(SpeechRecognizer)、语音生成(TextToSpeech)和视频播放器(VideoPlayer)，如图7.1所示。

本节内容所涉及的控件有录像机、视频播放器、选图工具、音频播放器、录音机和语音生成，其余控件将在其他章节中进行介绍。媒体控件的名称和功能说明如表7.1所示。

表7.1 媒体控件的名称和功能

控　件	说　明
录像机(Camcorder)	利用手机的摄像头实现视频的录制
相机(Camera)	用于拍摄相片
选图工具(ImagePicker)	用于在相册中选取图片
音频播放器(Player)	用于播放音频文件或产生手机振动
音效播放器(Sound)	用于播放短时间的音效文件
录音机(SoundRecorder)	利用手机实现音频的录制
语音识别(SpeechRecognizer)	利用语音识别技术将用户的语音信息转换为文字
语音生成(TextToSpeech)	将文字转换为语音
视频播放器(VideoPlayer)	用于播放视频

7.1.1 录像机

录像机(Camcorder)的功能是利用手机摄像头录制视频。录像机为非可视化控件，没有可编辑的属性，如图 7.2 所示。

录像机控件简单易用，只提供了 RecoderVideo 方法，用于启动视频录制过程，如图 7.3 所示。

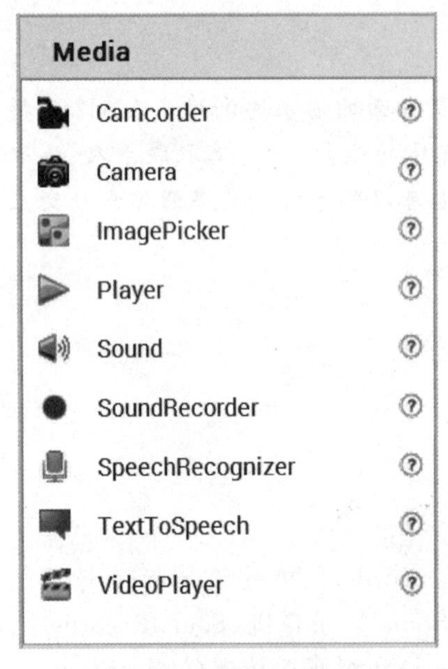

图 7.2 非可视化的录像机控件

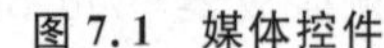

图 7.1 媒体控件

图 7.3 RecoderVideo 方法

RecoderVideo 方法启动手机摄像头的录制功能后，一般手机的录制过程会被手机内置的“录像(照相)软件”所接管，笔者的手机“录像(照相)软件”如图 7.4 所示。在录制成功后，可以选择“放弃”或“存储”，如果选择“放弃”，则这次录制过程将被取消；如果选择“存储”，存储路径等信息会在 AfterRecording 事件中被获取到。

图 7.4 手机内置的“录像(照相)软件”

AfterRecording 事件在录像过程结束时产生，主要功能是提供录像视频的存储路径，信息保存在 clip 参数中，如图 7.5 所示。

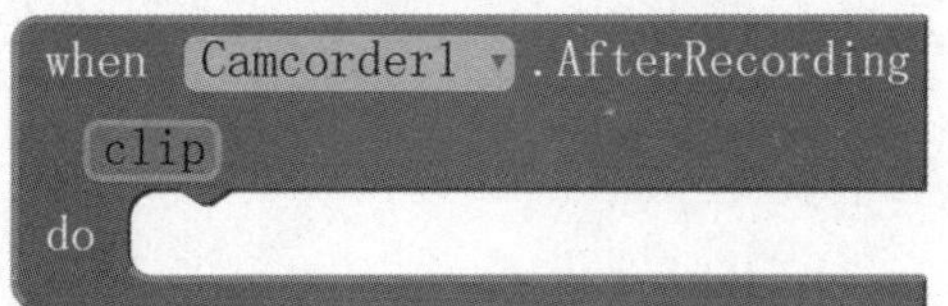

图 7.5 AfterRecording 事件

7.1.2 视频播放器

视频播放器（VideoPlayer）主要用于播放视频文件，提供基础的视频播放控制功能，包括播放、暂停和调整播放位置等。视频播放器在界面编辑器中显示为矩形，如图 7.6 所示。

视频播放器控件最重要的属性是 Source，用来设定所播放的视频文件。视频播放器支持主流的媒体文件类型，包括 Windows Media Video(.wmv)、3GPP(.3gp)，和 MPEG-4(.mp4)。但要注意的是，AI2 支持的视频资源最大为 1MB，因此视频文件应通过截取片段或者压缩等方式尽量缩小体积。

视频播放器仅支持 Completed（播放完成）事件，在播放到视频文件结尾时产生，Completed 事件如图 7.7 所示。

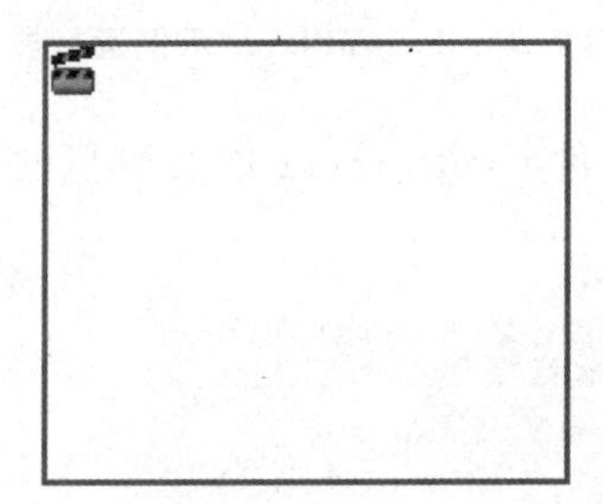

图 7.6 界面编辑器中的视频播放器控件

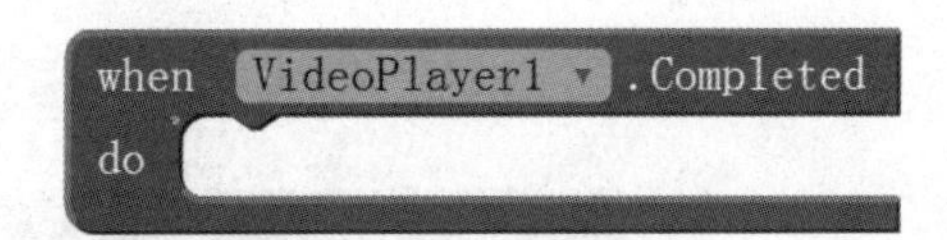

图 7.7 Completed 事件

视频播放器支持 Start、Pause、SeekTo 和 GetDuration 方法，调用这些方法可以控制视频播放过程。视频播放器所支持的方法如表 7.2 所示。

表 7.2 视频播放器的方法

方 法	说 明
Start	开始播放视频文件
Pause	暂停播放当前视频
SeekTo	调整播放位置到所指定时间处（单位毫秒）
GetDuration	返回视频的持续时间（单位毫秒）

在视频播放器上单击播放画面，可以弹出“视频控制界面”，使用内置的“视频控制界面”可以在一定程度上减轻开发工作，如图 7.8 所示。

下面将在 RecordPlayer 示例中展示如何使用录像机和视频播放器，制作一个可以使用手机摄像头进行录像，并可以直接播放录像内容的应用程序 RecordPlayer 示例，运行界面如图 7.9 所示，界面上的元素简单明了，“摄像”、“播放”和“停止”3 个按钮实现了应用程序的主要功能，反馈信息在标签“显示播放器信息”中显示。

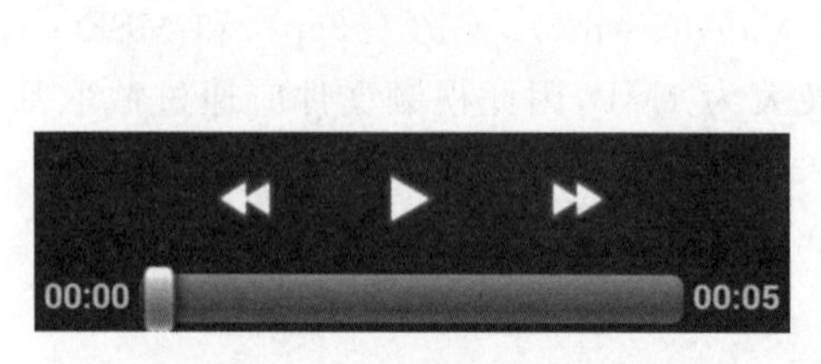

图 7.8　视频控制界面

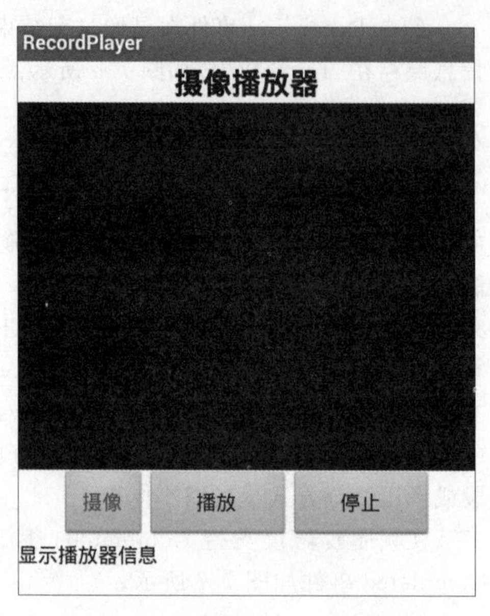

图 7.9　RecordPlayer 示例运行界面

在界面编辑器中很容易找到非可视化的摄像机控件 Camcorder1 以及可见的视频播放器控件 VideoPlayer1，如图 7.10 所示。

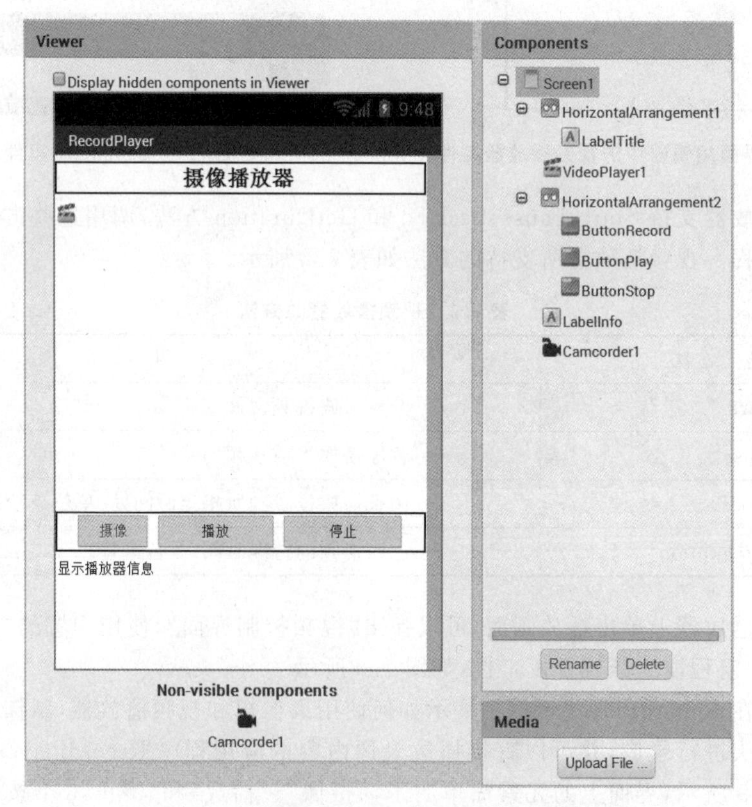

图 7.10　RecordPlayer 示例界面设计图

逻辑部分，在“摄像”(ButtonRecord)按钮的单击事件中调用摄像机 Camcorder1 的 RecordVideo 方法，实现手机的摄像功能，如图 7.11 所示。

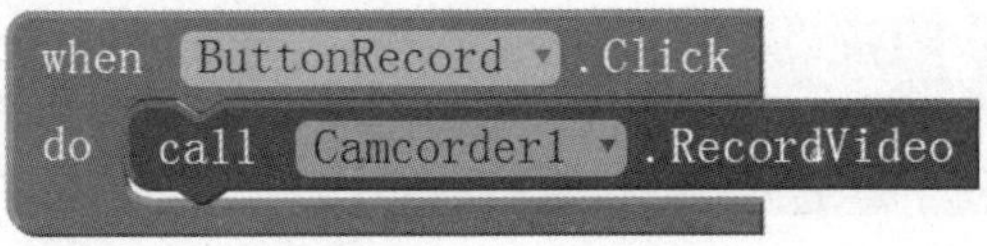

```
when ButtonRecord .Click
do  call Camcorder1 .RecordVideo
```

图 7.11 Click 事件

在摄像完毕(AfterRecoding)后，将视频文件保存位置信息传递给视频播放器 VideoPlayer1 的属性 Source。此时，视频播放器 VideoPlayer1 已经获得要播放视频的路径信息，只要调用视频播放器的 Start 方法，就可以播放这个视频文件，如图 7.12 所示。

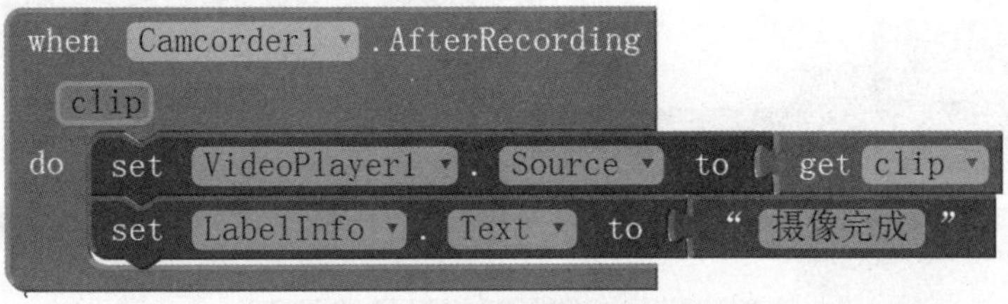

```
when Camcorder1 .AfterRecording
  clip
do  set VideoPlayer1 . Source to  get clip
    set LabelInfo . Text to  " 摄像完成 "
```

图 7.12 AfterRecording 事件

其次，还要响应播放按钮(ButtonPlay)和停止按钮(ButtonStop)的单击事件。

播放按钮(ButtonPlay)要调用视频播放器 VideoPlayer1 的 Start 方法播放视频，如图 7.13 所示，并将视频的长度信息(GetDuration)显示在标签 LabelInfo 中。

```
when ButtonPlay .Click
do  call VideoPlayer1 .Start
    set LabelInfo . Text to  join  " 播放开始，持续时间： "
                                   call VideoPlayer1 .GetDuration
                                   " ms "
```

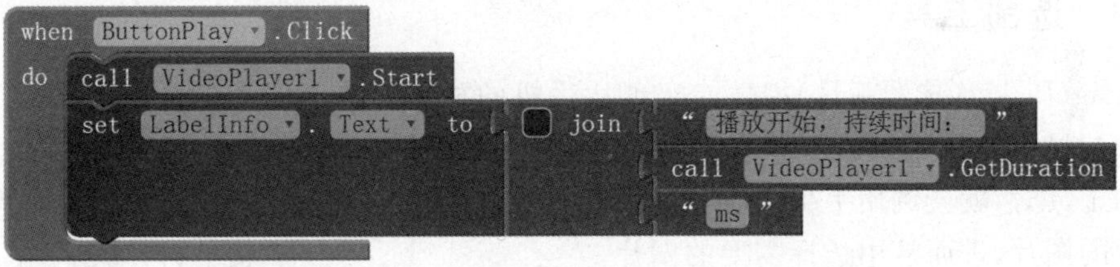

图 7.13 ButtonPlay 的单击事件

停止按钮(ButtonStop)会调用视频播放器 VideoPlayer1 的 Stop 方法暂停视频播放，并在标签 LabelInfo 上显示提示信息“暂停播放”，如图 7.14 所示。再次单击播放按钮，视频将在上次暂停的地方继续播放。

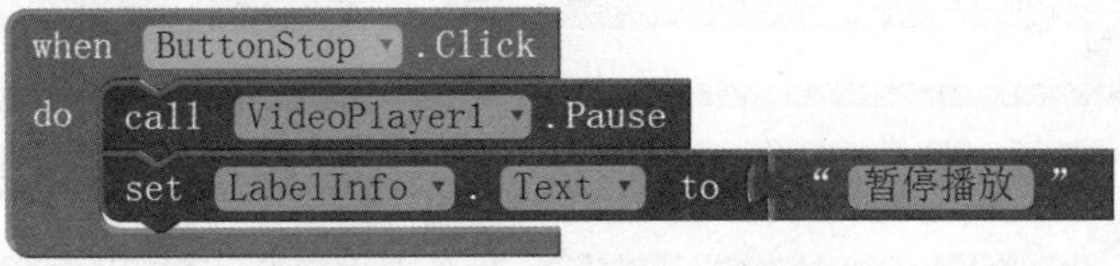

```
when ButtonStop .Click
do  call VideoPlayer1 .Pause
    set LabelInfo . Text to  " 暂停播放 "
```

图 7.14 ButtonStop 的单击事件

最后就是在视频播放器完成播放后，标签 LabelInfo 中显示“完成播放”信息。这在视频播放器的 Completed 事件中修改标签 LabelInfo 的 Text 属性即可实现，如图 7.15 所示。

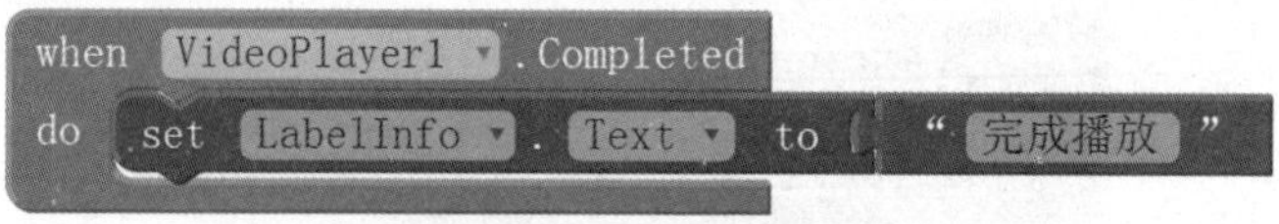

图 7.15　视频播放器的 Completed 事件

RecordPlayer 示例的全部逻辑模块如图 7.16 所示。

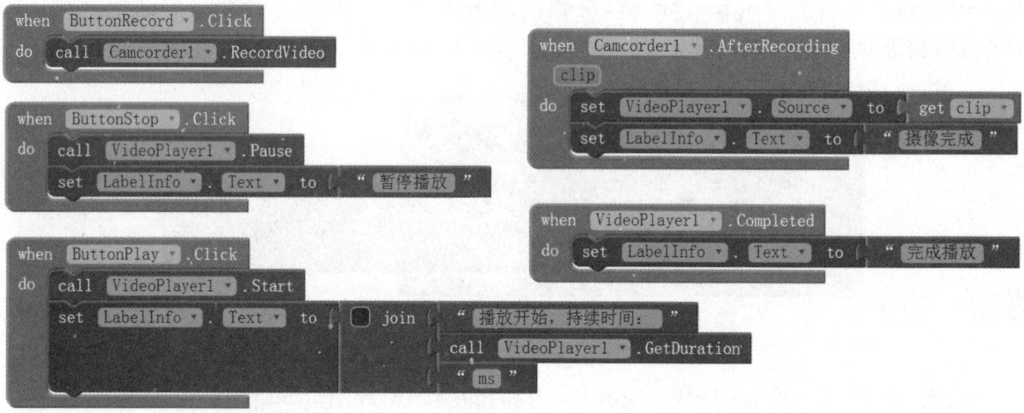

图 7.16　RecordPlayer 示例的全部逻辑模块

7.1.3　选图工具

ImagePicker（选图工具）控件能实现从手机的相册中选取图片的功能。选图工具在界面上的显示外观类似于按钮，如图 7.17 所示，当用户单击选图工具时，就会调用手机内置的相册软件浏览手机内部保存的图片，进而从中选择需要的图片。

图 7.17　选图工具

选图工具的 Image 属性用来表示选择的图片，Selection 属性则以字符串的形式保存图片文件的路径信息。

选图工具支持 4 种事件，即选图后（AfterPicking）事件、选图前（BeforePicking）事件、获取焦点（GotFocus）事件和失去焦点（GotFocus）事件，如图 7.18 所示。

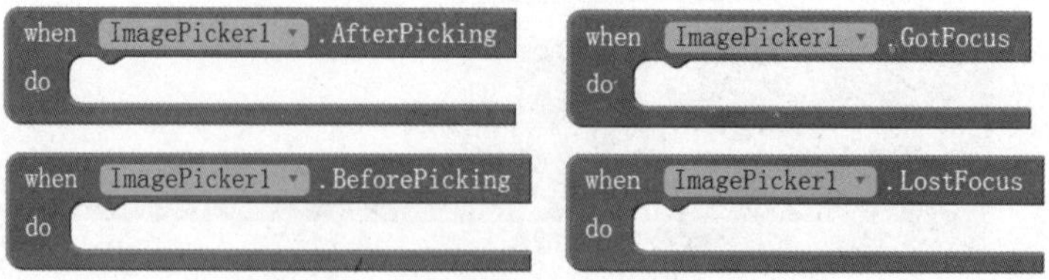

图 7.18　选图工具支持的 4 种事件

选图工具只支持 Open 方法，用来打开手机内置的相册软件，如图 7.19 所示。

7.1.4 音频播放器

音频播放器(Player)用来播放音频文件，一般用于播放时间较长的音频文件，如音乐、录音等。如果音频时间较短，如铃声、提示音，建设使用音效播放器(Sound)控件，因为音效播放器消耗的资源较少。

音频播放器除了具有音频播放功能外，还可以让手机产生振动。音频播放器属于非可视化控件，在界面编辑器中的音频播放器如图 7.20 所示。

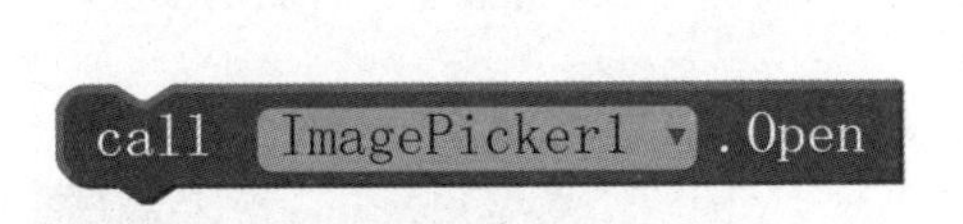

图 7.19 选图工具的 Open 方法

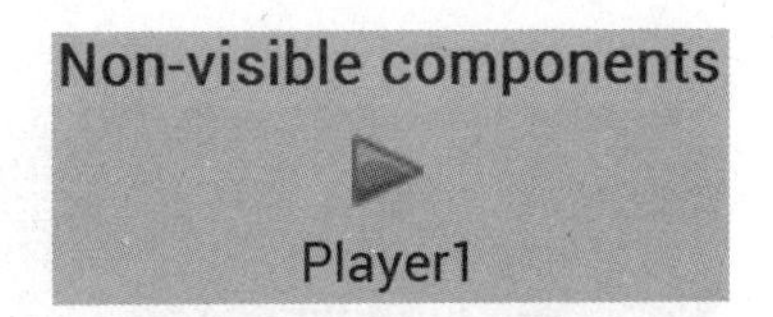

图 7.20 音频播放器

音频播放器支持 4 个属性，分别为 IsPlaying 、Loop、Source 和 Volume。IsPlaying 表示是否正在播放；Loop 表示是否循环播放；Source 属性用来定义音频文件源，可以是上传的音频文件，也可以是网络中的音频文件；Volume 表示播放音量，是 0～100 的整数，数值越大，音量越大。音频播放器支持常见的 mp3、wav、mid 和 3gp 等音频格式。

音频播放器唯一支持的事件是 Completed，如图 7.21 所示。Completed 事件在音频播放完成后产生，通常用于执行播放完毕后的下一步动作。

音频播放器支持 Start、Pause、Stop 和 Vibrate 4 种方法，用于开始、暂停或停止音频播放以及控制手机振动，说明如表 7.3 所示。

图 7.21 Completed 事件

表 7.3 音频播放器的方法

方法	描　述
Pause	暂停当前播放
Start	开始播放
Stop	停止播放
Vibrate	手机振动

Vibrate 方法会让手机产生一段时间的振动，振动时间由参数 millisenconds 控制，单位是毫秒，如图 7.22 所示。

下面将通过 MusicGallery 示例，介绍如何使用选图工具和音乐播放器设计应用程序，示例运行界面如图 7.23 所示。MusicGallery 示例实现的功能类似于音乐相册，在播放背景音乐的同时，循环显示用户选择的图片。

用户单击“选取图片”按钮可以从手机图片库中选取图片，可以选取一张，也可以选取多张。在选择图片完成后，就可以单击“启动相册”按钮，开始真正的“音乐相册”之旅。在用户单击“停止相册”按钮前，将持续播放音乐和循环显示图片。最下面的滑动条可以控制图片的切换速度。

图 7.22 Vibrate 方法

图 7.23 MusicGallery 示例的运行界面

在界面设计过程中，要注意将"启动相册"和"停止相册"按钮的 Enabled 项设为 false，只允许用户在至少选择一张图片后才可以启动相册。

如图 7.24 所示为示例界面设计。

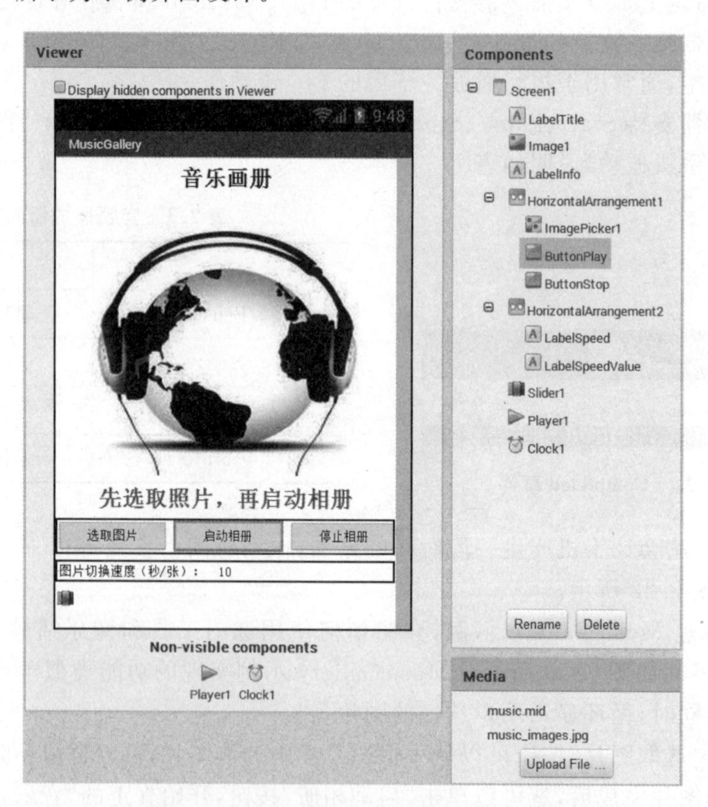

图 7.24 MusicGallery 示例的界面设计图

将时钟 Clock1 的 Enabled 项设为 false，让时钟在用户单击“启动相册”按钮以后才启动，因为时钟的主要作用是周期性切换图片。Clock1 的时间间隔(TimerInterval)设置为5000 毫秒(5 秒)，TimeAlwaysFires 设置为 true。

为了保持时钟 Clock1 的周期设置与显示一致，要将标签 LabelSpeedValue 的 Text 属性设置为 5，表示“图片切换的速度为 5 秒/张”。滑动条的 ThumbPosition 属性也设置为 5，MinValue 为 1，MaxValue 为 20。

音频播放器 Player1 的 Source 属性设置为已经上传的 MIDI 音频文件(music.mid)，读者也可以选择自己喜欢的音频，但需要控制文件的大小，避免资源文件的上传时间过长。音频播放器的 Loop 属性设置为 true，因为这里需要无限循环播放背景音乐。

在逻辑编辑器中，首先定义两个全局变量 picList 和 picIndex，如图 7.25 所示。picList 是个图片列表，用于保存用户选择的图片；picIndex 表示当前显示的图片在列表中的索引位置。

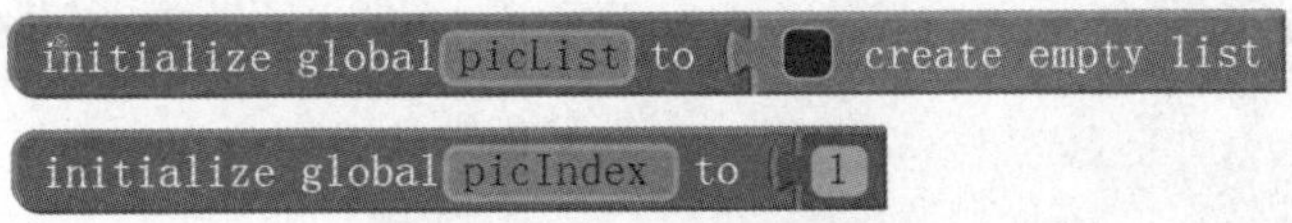

```
initialize global picList to  create empty list
initialize global picIndex to  1
```

图 7.25 定义全局变量

用户操作的第一步是选择图片。如图 7.26 所示，在选图工具 ImagePicker1 的 AfterPicking 事件中，将选择的图片添加到全局变量 picList 中，并在标签 LabelInfo 中显示用户已经添加的图片数量。用户选择图片后，就可以通过修改“启动相册”按钮的 Enable 属性为 true，允许单击该按钮启动音乐相册。ImagePicker1 的 AfterPicking 事件的逻辑功能如图 7.26 所示。

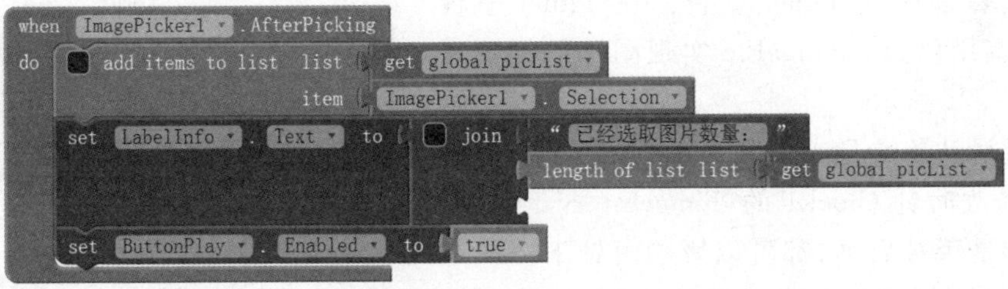

```
when ImagePicker1 .AfterPicking
do  add items to list  list  get global picList
                       item  ImagePicker1 . Selection
    set LabelInfo . Text to  join  " 已经选取图片数量: "
                                   length of list list  get global picList
    set ButtonPlay . Enabled to  true
```

图 7.26 AfterPicking 事件

用户操作的第二步是通过单击“启动相册”按钮启动音频播放器 Player1 音频播放功能，这里通过调用 Player1 的 Start 方法实现；并将时钟 Clock1 的 TimerEnabled 属性设置为 true，用来启动时钟切换图片；最好调用 ButtonPlay 和 ButtonStop 按钮的 Enabled 属性控制两个按钮是否可以单击。ButtonPlay 按钮的 Click 事件的逻辑如图 7.27 所示。

用户单击“启动相册”按钮，时钟被启动，只有在一个周期完成后才能够切换图片到用户选择的图片上。为了能够立即切换图片，需要调用一次 ChangePic 函数实现图片切换。

如图 7.28 所示，ChangePic 函数通过全局变量 picIndex 获取列表 picList 中的图片位置信息，将其赋值给 Image1 的 Picture 属性，实现显示图片内容的修改；更新 LabelInfo

```
when ButtonPlay .Click
do  call Player1 .Start
    set Clock1 . TimerEnabled to true
    set ButtonPlay . Enabled to false
    set ButtonStop . Enabled to true
    call ChangePic
```

图 7.27　ButtonPlay 按钮的 Click 事件

中显示的“当前显示图片信息”的内容；然后将全局变量 picIndex 的值增加 1，并检测这个索引值是否超出列表的实际项数，如果超出，则将其赋值为 1，实现列表的循环访问。

```
to ChangePic
do  set Image1 . Picture to select list item list get global picList
                                           index get global picIndex
    set LabelInfo . Text to join "正在显示第"
                                 get global picIndex
                                 "张图片"
    set global picIndex to get global picIndex + 1
    if   get global picIndex > length of list list get global picList
    then set global picIndex to 1
```

图 7.28　ChangePic 函数

时钟 Clock1 被启动后，因为 TimeAlwaysFires 属性被设置为 true，所以时钟 Clock1 启动后会持续产生 Timer 事件。在 Timer 事件中，只是调用函数 ChangePic 实现图片的循环切换，如图 7.29 所示。

图 7.29　时钟 Clock1 的 Timer 事件

通过滑动条的 PositionChanged 滑动事件，可以立即修改时钟 Clock1 的 TimerInterval 属性，无论时钟是否被启动，都可以影响时钟下一次产生 Timer 触发事件的周期。滑动条 Slider1 的 PositionChanged 事件如图 7.30 所示。

```
when Slider1 .PositionChanged
  thumbPosition
do  set Clock1 . TimerInterval to get thumbPosition × 1000
    set LabelSpeedValue . Text to get thumbPosition
```

图 7.30　滑动条的 PositionChanged 事件

用户操作的第三步是通过单击“停止相册”按钮，停止音乐播放，停止图片切换和暂停时钟 Clock1，逻辑功能如图 7.31 所示。

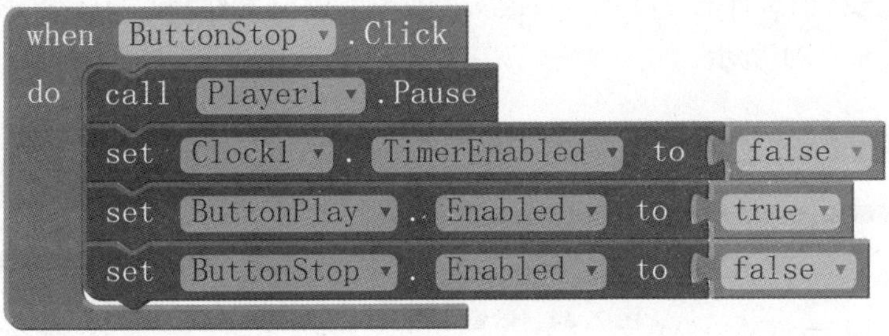

```
when ButtonStop .Click
do  call Player1 .Pause
    set Clock1 . TimerEnabled to false
    set ButtonPlay . Enabled to true
    set ButtonStop . Enabled to false
```

图 7.31 ButtonStop 按钮的 Click 事件

停止音乐播放可以调用 Player1 的 Pause 方法来实现。这里没有使用 Stop 方法，因为使用 Stop 方法后会引发异常，而且音乐要在用户再次单击“启动相册”时继续播放，所以使用 Pause 方法更加适合；同时调用 ButtonPlay 和 ButtonStop 按钮的 Enabled 属性，控制两个按钮是否可以单击；最后修改时钟 Clock1 的 TimerEnabled 属性，将其设置为 false，停止切换图片。

MusicGallery 示例的全部逻辑模块如图 7.32 所示。

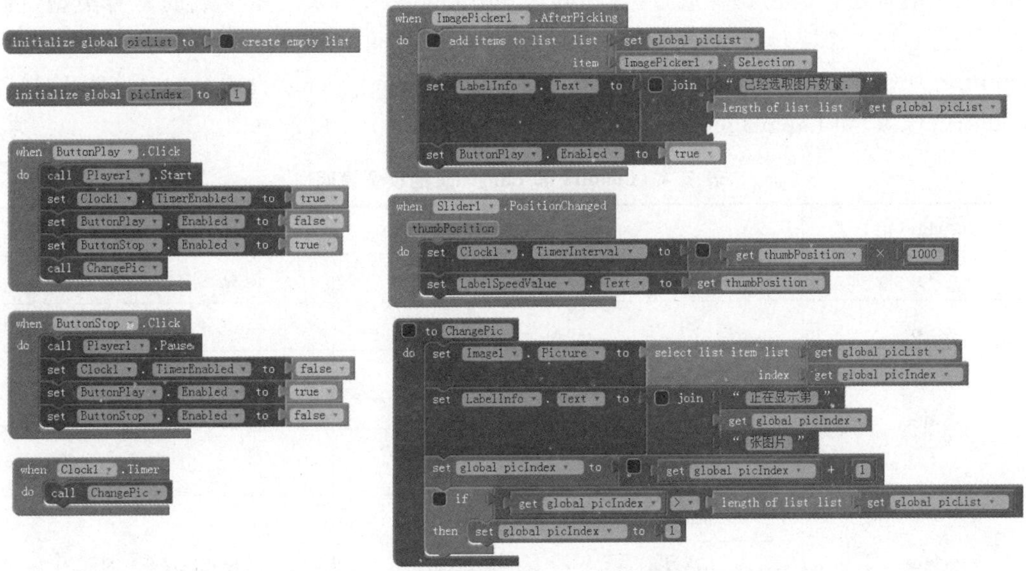

图 7.32 MusicGallery 示例的全部逻辑模块

7.1.5 语音生成

语音生成(TextToSpeech)控件可以自动将文本转换为语音，是一个非可视化控件，如图 7.33 所示。语音生成需要手机内置的 TTS 扩展服务应用(TTS Extended Service app)的支持，如果手机没有预装该应用，可以到网站进行下载，网址为 http://code.google.com/p/eyes-free/downloads/list。

图 7.33 语音生成

语音生成支持的事件有 BeforeSpeaking（语音生成前事件）和 AfterSpeaking（语音生成后事件），如图 7.34 所示。

图 7.34　语音生成支持的事件

BeforeSpeaking 事件在文本转换为语音后，但语音还没有被播放前发生；AfterSpeaking 事件在语音被播放后发生，参数 result 是个布尔值，表示是否语音生成成功。

语音生成的 Speak 方法，在槽 message 上提供需要转换为语音的文本内容，用户调用该方法将文本转换为语音，如图 7.35 所示。

图 7.35　语音生成的 Speak 方法

语音生成支持的属性有 Country（国家）、Language（语言）和 Result（结果）。Result 用来表示语音是否被正确生成过。Country 和 Language 用来表示生成的语音类型（国家+语言），用 3 个字母表示。例如要生成英式英语，则可以设置 Language 为 eng，设置 Country 为 GBR；要生成美式英语，则可以设置 Language 为 eng，设置 Country 为 USA。Country（国家）和 Language（语言）的具体设置说明如表 7.4 所示。

表 7.4　Country 和 Language 的设置说明

<table>
<tr><th>Language（语言）</th><th colspan="2">Country（国家）</th><th>说　明</th></tr>
<tr><td>ces</td><td colspan="2">CZE</td><td>捷克语（Czech）</td></tr>
<tr><td>spa</td><td>ESP</td><td>USA</td><td>西班牙语（Spanish）</td></tr>
<tr><td rowspan="3">deu</td><td>AUT</td><td>DEU</td><td rowspan="3">德语（German）</td></tr>
<tr><td>BEL</td><td>LIE</td></tr>
<tr><td>CHE</td><td>LUX</td></tr>
<tr><td rowspan="3">fra</td><td>BEL</td><td>FRA</td><td rowspan="3">法语（French）</td></tr>
<tr><td>CAN</td><td>LUX</td></tr>
<tr><td>CHE</td><td></td></tr>
<tr><td>nld</td><td>BEL</td><td>NLD</td><td>荷兰语（Dutch）</td></tr>
<tr><td>ita</td><td>CHE</td><td>ITA</td><td>意大利语（Italian）</td></tr>
<tr><td>pol</td><td colspan="2">POL</td><td>波兰语（Polish）</td></tr>
<tr><td rowspan="3">eng</td><td>AUS</td><td>NAM</td><td rowspan="3">英语（English）</td></tr>
<tr><td>BEL</td><td>NZL</td></tr>
<tr><td>BWA</td><td>PHL</td></tr>
</table>

续表

Language(语言)	Country(国家)		说　明
eng	BLZ	PAK	英语(English)
	CAN	SGP	
	GBR	TTO	
	HKG	USA	
	IRL	VIR	
	IND	ZAF	
	JAM	ZWE	
	MLT	MHL	

7.1.6 录音机

录音机(SoundRecorder),顾名思义就是用来录音的控件,是一个非可视化控件,在界面编辑器中的录音机如图7.36所示。

Non-visible components

SoundRecorder1

图7.36 录音机

录音机没有可支持属性,支持的事件有StartedRecording(开始录制事件)、StoppedRecording(停止录制事件)和AfterSoundRecorded(完成录制事件),如图7.37所示。

when SoundRecorder1 .StartedRecording
do

when SoundRecorder1 .StoppedRecording
do

when SoundRecorder1 .AfterSoundRecorded
sound
do

图7.37 录音机支持的事件

StartedRecording事件表明录音机已经开始录制,可以停止录制;StoppedRecording事件表明录音机已经停止录制,可以开始录制;AfterSoundRecorded事件表明有新生产的音频文件,参数sound是文件的位置信息。

录音机支持Start和Stop方法,用于开始录音和停止录音,如图7.38所示。

图7.38 录音机支持的方法

下面将通过VoiceRecorder示例介绍如何使用录音机(SoundRecorder)和语音生成(TextToSpeech)开发应用程序。VoiceRecorder示例实现了一个具有语音功能的录音机,用户可以录制声音,录制好的声音可以显示存储位置信息;用户可以播放最后一次录制好的声音;在用户所有操作过程中,单击不同按钮会产生不同的辅助操作语音。

VoiceRecorder 示例的运行界面如图 7.39 所示。

图 7.39　VoiceRecorder 示例的运行界面

在界面设计过程中，要注意将“播放录音”按钮的 Enabled 属性设为 false，只允许用户在录音后才可以播放录音。标签 LabelInfo 在初始化时显示“录音存储信息”，在每次录音结束后，用来显示录音文件的存储位置。语音生成 TextToSpeech 1 的 Country 和 Language 属性本示例中没有进行任何设置。VoiceRecorder 示例的界面设计如图 7.40 所示。

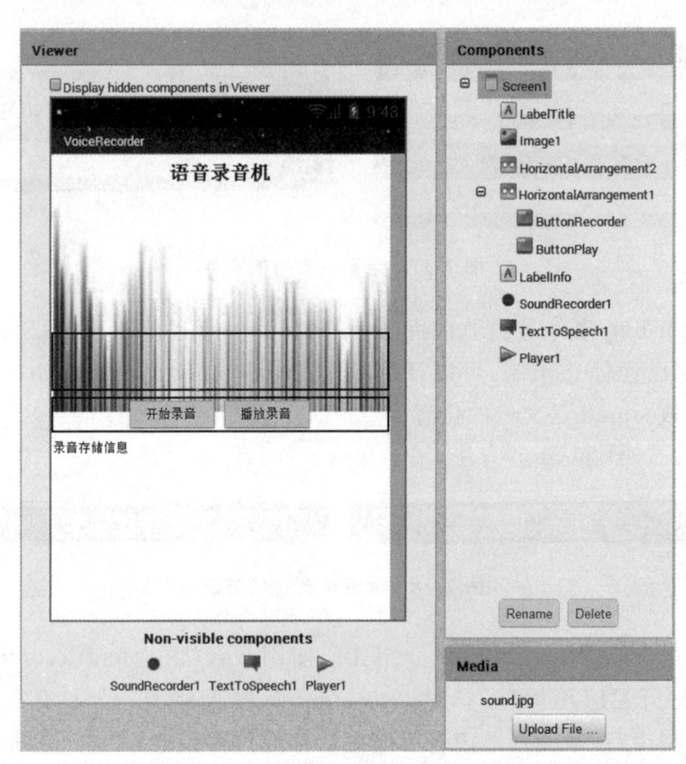

图 7.40　VoiceRecorder 示例的界面设计图

在逻辑编辑器中，首先设计 ButtonRecorder 按钮的 Click 事件，如图 7.41 所示。这个按钮是"开始录音"按钮，用户单击后，按钮上的文字需要自动变为"停止录音"。在每次用户操作时，都是调用 TextToSpeech1 的 Speak 方法将不同的文本转换为辅助操作的语音。需要注意的是，一定要在"开始录音"操作(SoundRecorder. Start)前播放辅助操作的语音(TextToSpeech1. Speak)，否则会将辅助操作语音录下来。"停止录音"操作也是同样的道理，要先停止录音，然后再播放辅助操作语音，如图 7.41 所示。

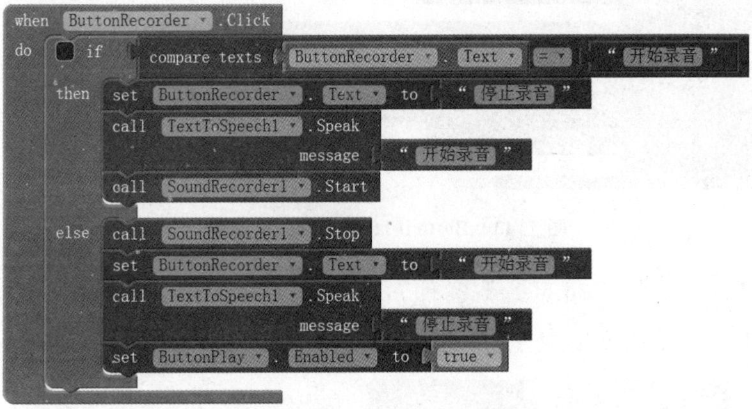

```
when ButtonRecorder .Click
do  if   compare texts ButtonRecorder . Text  =  " 开始录音 "
    then set ButtonRecorder . Text to " 停止录音 "
         call TextToSpeech1 .Speak
                       message " 开始录音 "
         call SoundRecorder1 .Start
    else call SoundRecorder1 .Stop
         set ButtonRecorder . Text to " 开始录音 "
         call TextToSpeech1 .Speak
                       message " 停止录音 "
         set ButtonPlay . Enabled to true
```

图 7.41 ButtonRecorder 按钮的单击事件

用户录音完毕后，需要将录音文件的位置记录下来，播放该录音的时候使用。这样定义一个全局变量 soundPath，在 SoundRecorder1 的 AfterSoundRecorded 事件中，将录音文件的位置参数 sound 赋值给全局变量 soundPath，并在标签 LabelInfo 中显示录音文件的位置信息，如图 7.42 所示。

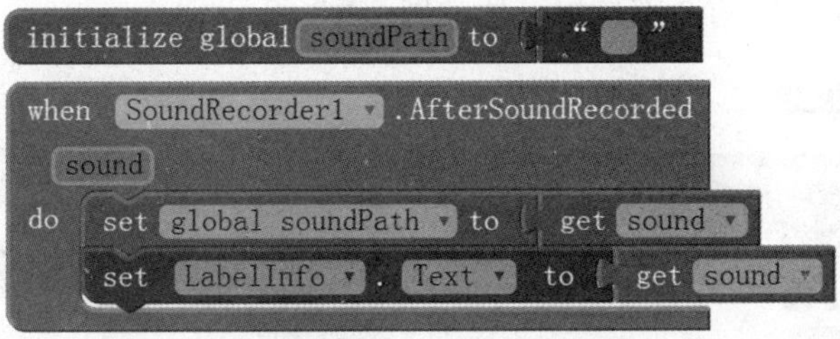

```
initialize global soundPath to " "

when SoundRecorder1 .AfterSoundRecorded
 sound
do  set global soundPath to get sound
    set LabelInfo . Text to get sound
```

图 7.42 AfterSoundRecorded 事件

全局变量 soundPath 中保存了录音文件的位置信息后，就可以在 ButtonPlay 按钮的 Click 事件中播放录音了，如图 7.43 所示。ButtonPlay 按钮的文字切换和播放辅助操作语音功能与 ButtonRecorder 按钮的 Click 事件非常相似，这里不再重复介绍。播放声音文件使用的是 Player1 控件，先设置 Source 属性，将全局变量 soundPath 赋值给 Source 属性，然后调用 Player1 的 Start 方法，就可以实现录音的播放；若要停止录音播放，只要调用 Player1 的 Stop 方法即可。

虽然可以通过单击"停止播放"按钮强行停止录音的播放，但如果录音自动播放完毕后，"停止播放"按钮的文字(Text)是不会自动变为"开始播放"的。这样就需要在录音播

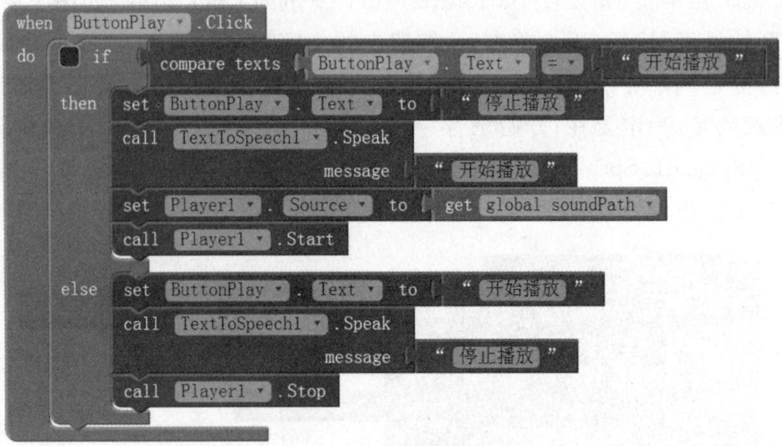

```
when ButtonPlay .Click
do  if  compare texts ButtonPlay . Text = "开始播放"
    then set ButtonPlay . Text to "停止播放"
         call TextToSpeech1 .Speak
                   message "开始播放"
         set Player1 . Source to get global soundPath
         call Player1 .Start
    else set ButtonPlay . Text to "开始播放"
         call TextToSpeech1 .Speak
                   message "停止播放"
         call Player1 .Stop
```

图 7.43　**ButtonPlay 按钮的 Click 事件**

放完毕后（Player1 的 Completed 事件），使用语音提示用户“播放完毕”，并且将ButtonPlay 按钮的文字更改为“开始播放”，如图 7.44 所示。

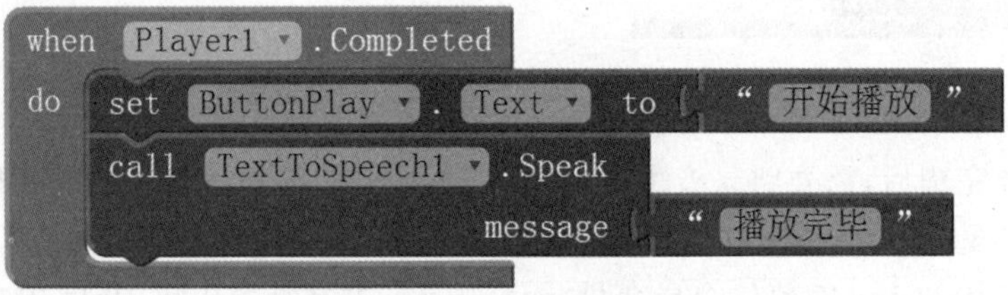

```
when Player1 .Completed
do  set ButtonPlay . Text to "开始播放"
    call TextToSpeech1 .Speak
              message "播放完毕"
```

图 7.44　**Player1 的 Completed 事件**

VoiceRecorder 示例的全部逻辑模块如图 7.45 所示。

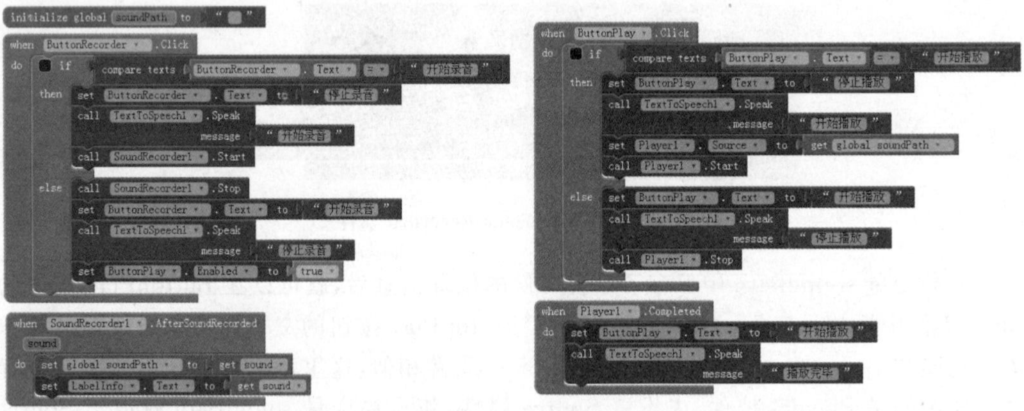

图 7.45　**VoiceRecorder 示例的全部逻辑模块**

7.2 社交控件

时至今日,手机的用途早已不仅仅局限于单纯打电话,其社交功能也成为了基本功能之一。AI2 支持 6 个社交控件,包括选取联系人(ContactPicker)、邮件地址工具(EmailPicker)、拨号(PhoneCall)、选取号码(PhoneNumberPicker)、短信息(Texting)和推特(Twitter),如图 7.46 所示。

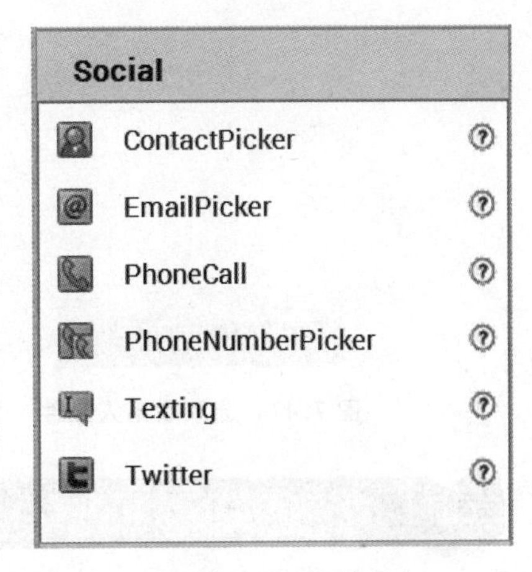

图 7.46 社交控件

需要注意的是,在 PhoneCell 和 Texting 控件的使用过程中,可能会产生一定的费用。而且社交控件会从手机的联系人中获得真实信息,因此在软件开发和调试过程中,不要干扰到他人的正常生活。

表 7.5 中给出了社交控件的具体功能说明。因为国家防火墙对国内出境数据的选择性过滤等原因,Twitter 控件暂时无法使用,因此本书暂不介绍 Twitter 控件的使用方法。

表 7.5 社交控件功能

控　　件	说　　明
选取联系人(ContactPicker)	打开手机的电话簿,选取联系人信息
邮件地址工具(EmailPicker)	辅助用户完成电子邮件地址输入
拨号(PhoneCall)	拨打电话
选取号码(PhoneNumberPicker)	打开手机的电话簿,选取联系人电话号码
短信息(Texting)	发送短信息
推特(Twitter)	可以与 Twitter 服务器通信

7.2.1 选取联系人

选取联系人(ContactPicker)控件的功能是从手机的通讯录中获得联系人信息,这些信息包括联系人的姓名、头像和电子邮件地址。ContactPicker 控件在界面上的显示效果与按钮相同,如图 7.47 所示。

当调用 ContactPicker 的 Open 方法后,手机的通讯录会被打开。Open 方法如图 7.48 所示。

在通讯录被打后,联系人会以列表的形式呈现,如图 7.49 所示。在选择目标联系人后,通讯录会自动关闭,此时联系人的信息将被保存在 ContactPicker 中。

Text for ContactPicker1

图 7.47　选取联系人控件

图 7.48　ContactPicker 的 Open 方法

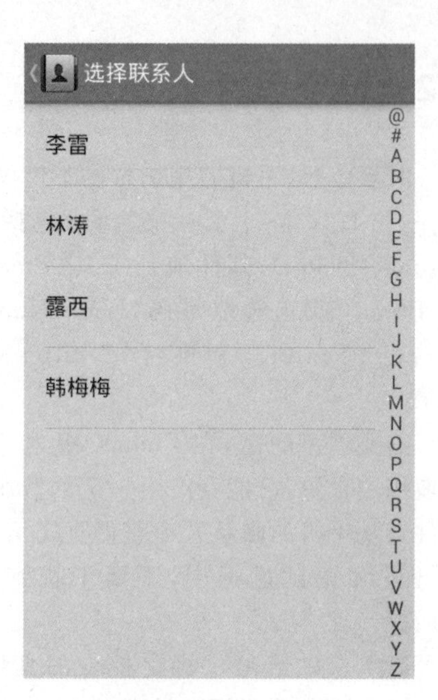

图 7.49　联系人列表

ContactPicker 的外观属性，如字体、尺寸、是否可见等和按钮相同，其所支持的专有属性如表 7.6 所示。

表 7.6　ContactPicker 属性及说明

属性	说　明	属性	说　明
ContactName	联系人姓名	Picture	联系人头像
EmailAddress	联系人邮箱		

ContactPicker 支持 4 个事件，分别为 AfterPicking（选择后事件）、BeforePicking（选择前事件）、GotFocus（获取焦点事件）和 LostFocus（失去焦点事件），如表 7.7 所示。

表 7.7　ContactPicker 事件及说明

事　件	说　明
AfterPicking	在用户选择目标联系人后产生
BeforePicking	在用户打开通讯录，但是尚未选择目标联系人时产生
GotFocus	获取焦点时产生
LostFocus	失去焦点时产生

将 ContactPicker 和标签、文本框等控件结合，就可以组成简单的电话簿应用程序。除此之外，还可以利用 ContactPicker 的返回结果，为其他应用提供信息，如语音留言、自动拨号和定义联系人信息等。

7.2.2 选取号码

选取号码(PhoneNumberPicker)控件可以获取手机通讯录中的联系人信息，这些信息包括联系人的姓名、头像、电子邮件地址和电话号码，如图 7.50 所示。

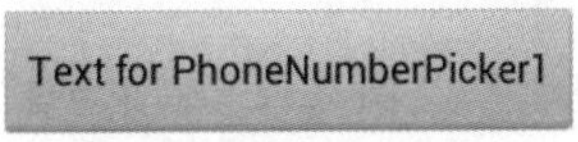

Text for PhoneNumberPicker1

图 7.50 选取号码控件

PhoneNumberPicker 控件的显示效果、属性、事件和工作方式均与选取联系人控件相同，区别在于选取号码控件可以多获取一项数据，即电话号码。

二者在通讯录中选择联系人的界面也稍有区别，ContactPicker 显示的是联系人的姓名列表，而 PhoneNumberPicker 使用的则是“姓名＋电话”列表，如图 7.51 所示

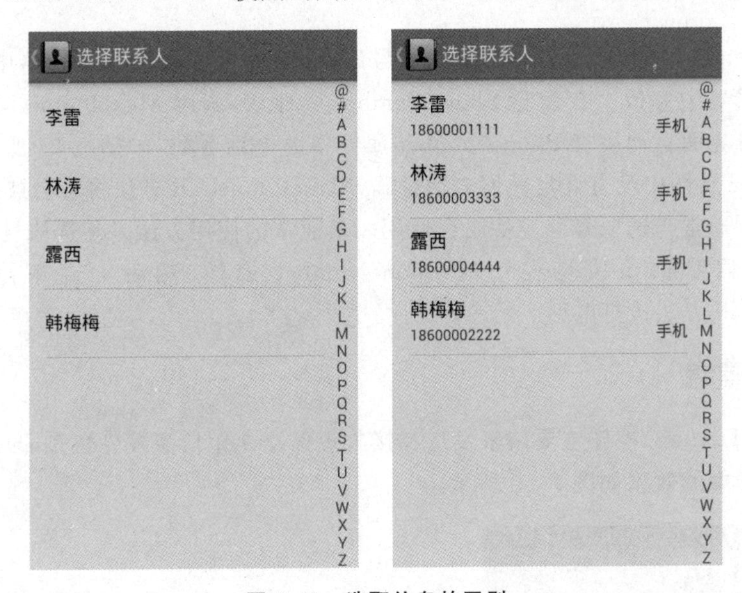

图 7.51 选取信息的区别

7.2.3 邮件地址工具

邮件地址工具(EmailPicker)控件在用户输入联系人的电子邮件地址时，提供自动完成邮件地址输入的功能。通常，邮件地址工具与按钮控件同时使用，用户单击按钮控件后，自动完成邮件地址的输入和显示。

邮件地址工具在界面上的显示效果类似于文本框，没有控件方法，仅有获取焦点事件(GetFocus)和失去焦点事件(LostFocus)。除 Text 和 Hint 属性之外，其余用于设置外观效果等的属性和文本框控件类似，这里不再重复介绍。邮件地址工具在界面上的显示效果如图 7.52 所示。

7.2.4 拨号

拨号控件(PhoneCell)控件是一个非可视化控件，用于向指定的电话号码拨打电话，如图 7.53 所示。

Hint for EmailPicker1

图 7.52　邮件地址工具控件

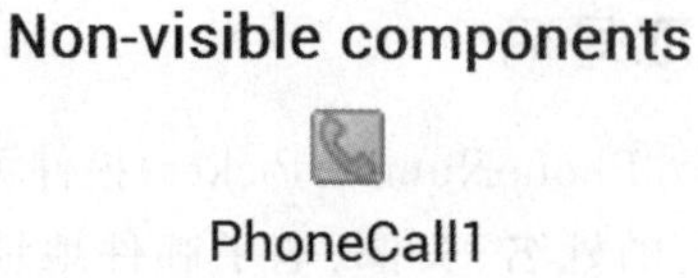

Non-visible components

PhoneCall1

图 7.53　拨号控件

拨号控件只有一个属性 PhoneNumber 和一个方法 MakePhoneCall,如图 7.54 所示。

图 7.54　MakePhoneCall 方法

PhoneNumber 属性中保存着目标电话号码,此属性可以在界面编辑器中修改,也可以在模块编辑器中修改。在设定 PhoneNumber 属性后,调用 MakePhoneCall 方法可以调出手机拨号界面自动拨打 PhoneNumber 属性中的电话号码,如图 7.55 所示。但如果 PhoneNumber 属性中没有设定任何电话号码,MakePhoneCall 方法将不会被执行。

拨号控件通常与选取号码控件结合使用。其通常的使用方法是将选取号码控件中获得的电话号码赋值给拨号控件的 PhoneNumber 属性,然后再调用拨号控件的 MakePhoneCall 方法拨打电话。

7.2.5　短信息

短信息(Texting)控件主要用来发送和接收短信息。短信息控件也是非可视化控件,在界面编辑器中的效果如图 7.56 所示。

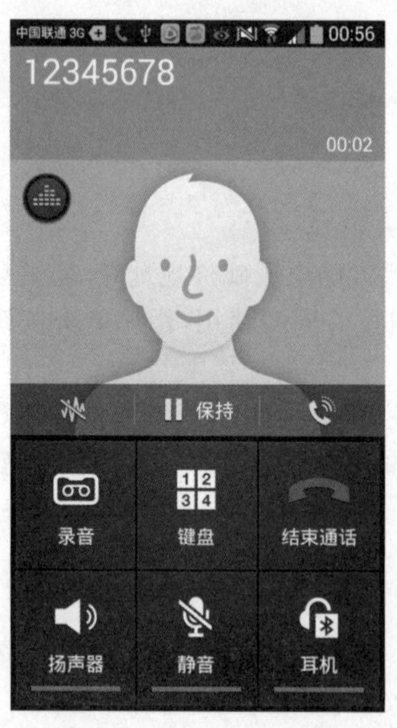

图 7.55　手机拨号界面

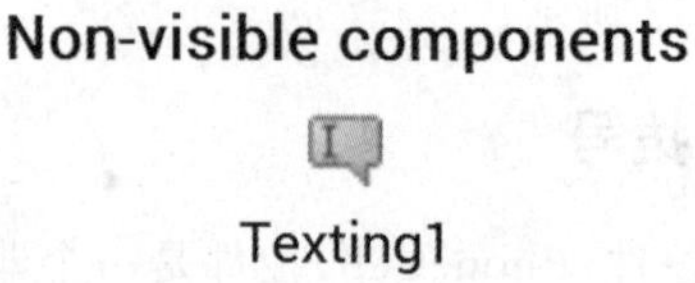

Non-visible components

Texting1

图 7.56　短信息控件

短信息控件的主要属性如表7.8所示。其中,GoogleVoiceEnabled属性表示是否启动GoogleVoice功能。如果用户有GoogleVoice账号,短信息将利用WiFi网络通过GoogleVoice进行发送。PhoneNumber属性表示发送短信的目标电话号码,形式是一组数字,如18600001111,但不能包含标点符号和空格。

表7.8 短信息控件的属性及说明

属　性	说　明	属　性	说　明
GoogleVoiceEnabled	是否允许使用谷歌语音功能	PhoneNumber	目标电话号码
Message	发送的短信息内容	ReceivingEnabled	是否允许应用接收短信息

ReceivingEnabled属性有3个可选值,数值1,表示忽略接收短信息功能;数值2,表示程序运行时才会接收短信;数值3,表示后台接收短信,即使程序已经退出,仍会接收短信。后台接收短信后,手机就会在通知栏内显示一条通知,选择此通知后,程序会自动被切换到前台。

短信息控件支持MessageReceived事件,在接收到短信息后产生,可以提取短信发送方的号码(number)和短信息内容(messageText),如图7.57所示。

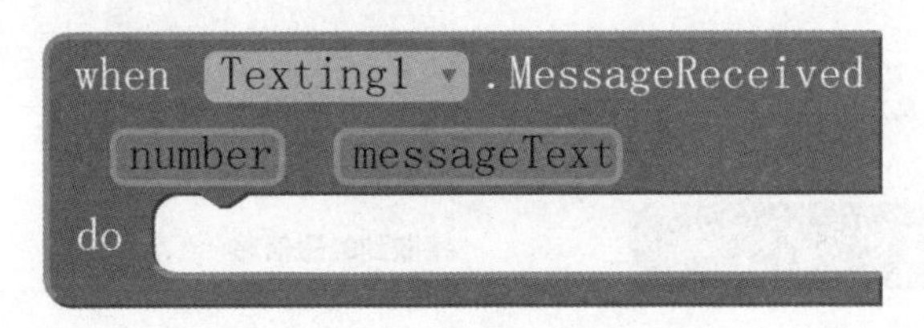

图7.57 MessageReceived事件

短信息控件支持SendMessage方法,用来发送短信息,如图7.58所示。在调用SendMessage方法前,需要在PhoneNumber属性中设定目标电话号码,在Message属性中设定发送内容。

图7.58 SendMessage方法

7.2.6 电话本示例

通讯录是手机中使用最为频繁的软件,一般按照联系人名字的字母顺序排列,可以显示联系人的姓名、头像、手机号和电子邮件地址等信息,如图7.59所示。用户选择联系人后,可以拨打电话或发送短信。通讯录的数据信息保存在手机的数据库中,一般通过共享机制,允许其他软件读取数据库中的联系人信息。

PhoneBook是个通讯录应用的示例,使用了多个社交控件,包括选取号码(PhoneNumberPicker)、拨号(PhoneCall)和短信息(Texting)。

PhoneBook示例利用选取号码控件在电话簿中选取目标联系人的电话号码,然后使用短信息控件和拨号控件对此号码发送短信息或拨打电话。需要注意的是,由于此示例使用了手机间的通信功能,所以需要使用实体手机进行调试。

PhoneBook 示例是一个简化的通讯录,通过读取手机数据库中的联系人信息,可以显示联系人的姓名、电话和头像,并支持拨打电话、发送接收短信息的功能。PhoneBook 示例的运行界面如图 7.60 所示。

图 7.59 手机通讯录

图 7.60 PhoneBook 示例运行界面

单击"选取联系人"按钮,将弹出手机内置的联系人选择界面,如图 7.61 所示,供用户选择目标联系人。

选择联系人"李雷",PhoneBook 示例运行界面将跳转回启动时的主页面,此时"李雷"的头像、姓名和电话已经显示在界面上,如图 7.62 所示。

图 7.61 手机内置的联系人选择界面

图 7.62 "李雷"信息界面

此时单击“打电话”按钮，将直接呼叫李磊的电话号码；单击“发短信”按钮，可将文本框中的内容发送到李磊的电话号码上。需要注意的是，拨打电话和发送短信会产生一定的通信费用。

PhoneBook示例的界面中包含两个非可视化控件Texting1和PhoneCall1，如图7.63所示。在界面编辑器中，不用修改这两个控件的任何属性。

图7.63 PhoneBook示例界面设计图

PhoneNumberPicker控件被单击后，会自动出现联系人选择界面，因此无须处理该控件的单击事件。用户选择好联系人后，会触发AfterPicking事件，将电话号码PhoneNumber赋值给全局变量phoneNum，供拨打电话和发送短信功能使用；并判断Picture是否为空字符串，如果非空，则将联系人的头像Picture赋值给图像控件Imange1的Picture属性，如图7.64所示。

在拨打电话前，要先设置PhoneCall1控件的PhoneNumber属性。如图7.65所示，将全局变量phoneNum中保存的电话号码赋值给PhoneNumber属性后，就可以调用MakePhoneCall方法拨打电话了。

发送短信功能中有一个小技巧，就是避免发送空短信。首先判断短信内容是否为空，如果短信内容不为空，才可以进行短信发送过程。发送短信前，要设置Texting1控件的PhoneNumber属性和Message属性，然后调用SendMessage方法发送短信，如图7.66所示。

短信接收功能非常简单，在Texting1的MessageReceived事件中，将事件传递的number（短信发送者电话号码）和messageText（短信内容）显示在标签控件LabelShow

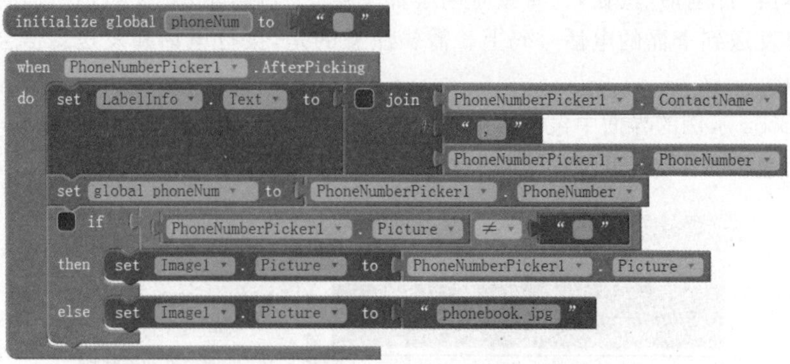

```
initialize global phoneNum to " "
when PhoneNumberPicker1 .AfterPicking
do  set LabelInfo . Text to join PhoneNumberPicker1 . ContactName
                                 " , "
                                 PhoneNumberPicker1 . PhoneNumber
    set global phoneNum to PhoneNumberPicker1 . PhoneNumber
    if PhoneNumberPicker1 . Picture ≠ " "
    then set Image1 . Picture to PhoneNumberPicker1 . Picture
    else set Image1 . Picture to " phonebook.jpg "
```

图 7.64　AfterPicking 事件

```
when ButtonCall .Click
do  set PhoneCall1 . PhoneNumber to get global phoneNum
    call PhoneCall1 .MakePhoneCall
```

图 7.65　拨打电话功能

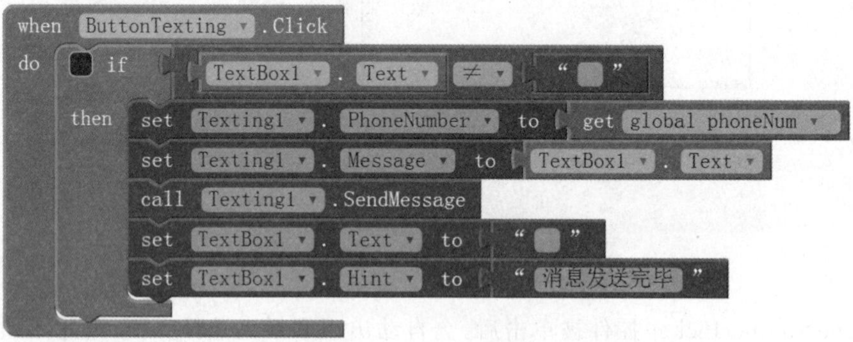

```
when ButtonTexting .Click
do  if TextBox1 . Text ≠ " "
    then set Texting1 . PhoneNumber to get global phoneNum
         set Texting1 . Message to TextBox1 . Text
         call Texting1 .SendMessage
         set TextBox1 . Text to " "
         set TextBox1 . Hint to " 消息发送完毕 "
```

图 7.66　短信发送功能

上即可，如图 7.67 所示。其中，如果将 Texting1 的 ReceivingEnabled 参数设置为 2（foreground），表示仅在应用程序运行期间接收短信息。

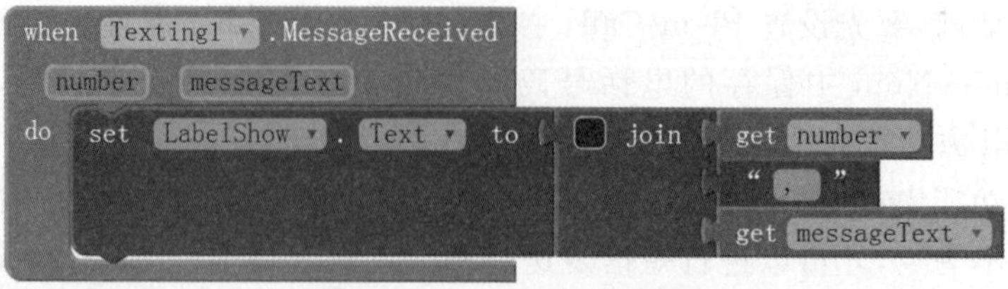

```
when Texting1 .MessageReceived
  number  messageText
do  set LabelShow . Text to join get number
                                 " , "
                                 get messageText
```

图 7.67　短信接收功能

PhoneBook 示例的全部逻辑模块如图 7.68 所示。

```
initialize global phoneNum to " "

when PhoneNumberPicker1 .AfterPicking
do  set LabelInfo . Text to  join  PhoneNumberPicker1 . ContactName
                                   " , "
                                   PhoneNumberPicker1 . PhoneNumber
    set global phoneNum to PhoneNumberPicker1 . PhoneNumber
    if    PhoneNumberPicker1 . Picture ≠ " "
    then  set Image1 . Picture to PhoneNumberPicker1 . Picture
    else  set Image1 . Picture to " phonebook.jpg "

when ButtonCall .Click
do  set PhoneCall1 . PhoneNumber to get global phoneNum
    call PhoneCall1 .MakePhoneCall

when ButtonTexting .Click
do  if    TextBox1 . Text ≠ " "
    then  set Texting1 . PhoneNumber to get global phoneNum
          set Texting1 . Message to TextBox1 . Text
          call Texting1 .SendMessage
          set TextBox1 . Text to " "
          set TextBox1 . Hint to " 消息发送完毕 "

when Texting1 .MessageReceived
 number  messageText
do  set LabelShow . Text to  join  get number
                                   " , "
                                   get messageText
```

图 7.68 PhoneBook 示例的全部逻辑模块

习题

1. 音频播放器控件和音效控件在使用场合和使用方式上有何区别?

2. 选取联系人控件的功能能否被选取号码控件替代?为什么?

3. 尝试使用选取联系人和语音生成控件开发一个具有辅助语音功能的电话簿。

4. 语音生成控件依赖于手机内置的 TTS 扩展服务应用,说说这样的控件与以往介绍的控件有什么不同。

第8章

数据存储与访问

AI2提供了基于本地数据库、网络数据库和数据融合表等多种存储方式，既可以满足数据持久保存的需要，也可以通过网络实现数据共享和交换。通过本章的学习，读者可以掌握如何在手机存储器和网络中存储和访问数据，并了解如何与其他应用程序共享这些数据。

本章主要学习目标

- 了解本地数据库、网络数据库和数据融合表的特点
- 掌握TinyDB控件的使用方法
- 掌握TinyWebDB控件的使用方式
- 了解在Google Drive中建立数据融合表的方法
- 掌握FusiontableControl的使用方法

8.1 本地数据库

8.1.1 简介

数据库按照数据结构来组织、存储和管理程序内部的数据，通过对数据进行集中的控制来保证数据的一致性和可维护性，减少数据冗余，并实现用户和应用间的数据分享功能。

对于大型软件来说，数据库设计是开发过程中一项非常烦琐的工作；但在移动应用开发中，很多时候应用程序只需要存储一些简单的数据，如账户信息、运行记录或参数设定等。这些结构数据并不复杂，只要能够在手机中长期存储，不因程序关闭而被清除就可以了。

为了满足简单的存储功能，AI2提供了本地微型数据库控件TinyDB。TinyDB是一种基于NVP(Name/Value Pair，标签/值对)的数据存储方式，用户无须了解数据本地存储的技术细节，只要利用“标签”就可以在数据库中存储或读取数据。

在本地微型数据库中，每个数据对应一个“标签”。例如，文本数据“Hello my AI2”的标签为myString，这样在微型数据库中就可以通过标签myString检索到文本数据“Hello my AI2”。当然，在数据存储的时候，也要为所有数据提供唯一的标签。

8.1.2 TinyDB 控件

TinyDB 是一个非可视化控件，如图 8.1 所示，支持基于 NVP 的本地数据存储。

TinyDB 控件没有任何属性和事件，支持 5 个方法，包括 ClearAll（清除所有数据）、ClearTag（清除指定的标签）、GetTags（获取标签列表）、GetValue（获取数据）和 StoreValue（存储数据），如图 8.2 所示。

图 8.1 TinyDB 控件

ClearAll 方法可以清除数据库中的全部数据。ClearTag 方法可以根据参数 tag 删除指定的标签，可以认为删除了指定标签，也就删除了指定标签所对应的数据。GetTags 方法可以用来获取当前数据库中所有标签的列表。

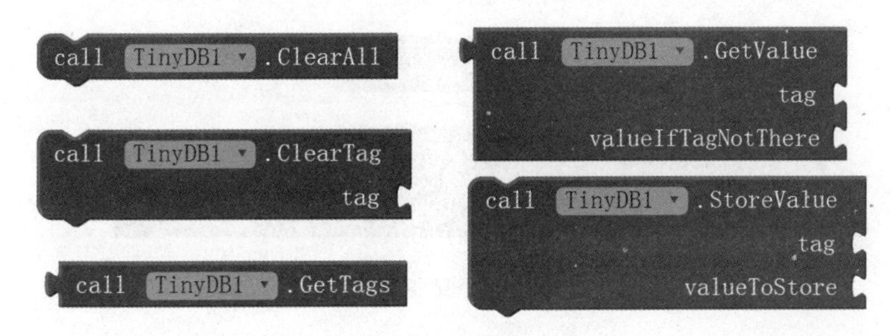

图 8.2 TinyDB 的方法

StoreValue 方法可以将标签（tag）和数据（valueToStore）一同保存在数据库中，被保存的数据可以是数值、文本或是列表，标签可以是数值或文本，例如图 8.3 所示。

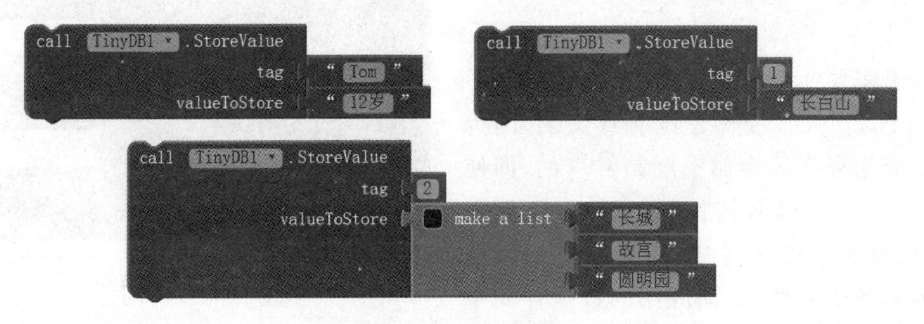

图 8.3 数据存储

GetValue 方法可以根据参数 tag 所指定的标签获取数据，如果参数 tag 指定的标签在数据库中不存在，则返回 valueIfTagNotThere 中预先设定的默认值。如图 8.4 所示，调用 GetValue 方法可以将图 8.3 中存储的数据从数据库中取出，为了避免因标签不存在无法获取数据，这里在 valueIfTagNotThere 参数中根据数据类型不同而设置了不同的默认值。如果获取的数据是文本，则默认值设置为空文本；如果获取的数据是列表，则默认值设置为空列表。

数据删除可以通过 ClearAll 和 ClearTag 方法实现。调用 ClearAll 方法后，数据库中

图 8.4　数据获取

的所有标签和数据都会被清除。而 ClearTag 方法则可以删除数据库中的一条数据。如图 8.5 所示，即表示将标签 Tom 传递给 ClearTag 方法，则将数据库中标签为 Tom 的数据（“Tom”，“12 岁”）删除。如果数据库中不存在标签为 Tom 的数据，程序也不会报错，也就是说用户删除标签不存在的数据，则相当于执行了一次无效操作。

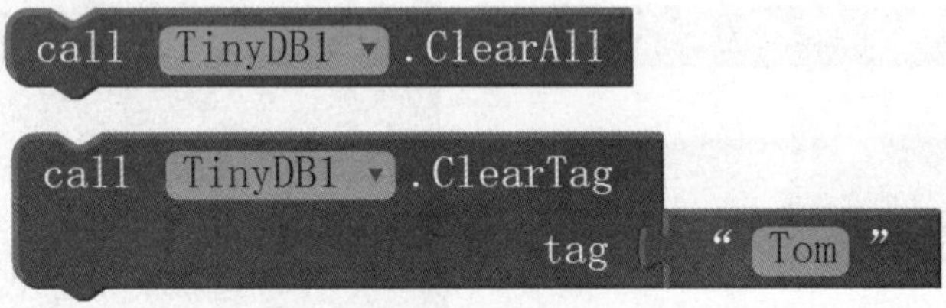

图 8.5　数据删除

GetTags 方法可以返回当前数据库中的所有标签，返回值的形式是列表。如图 8.6 所示，数据库中有三组数据（“a”，“12 岁”）、（“2”，“11 岁”）和（“0”，“15 岁”），调用 GetTags 方法后返回的列表为（“0”，“2”，“a”）。

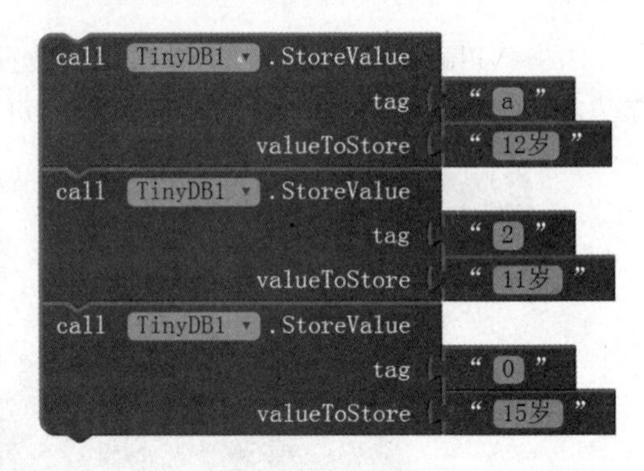

图 8.6　获取标签

这里需要注意的是，在一个应用程序中使用多个 TinyDB 控件是没有意义的，因为同一个应用程序的存储空间是共享的，即使用到了多个 TinyDB 控件，数据也是存储在一起，标签也不能够重复，否则会产生数据覆盖的问题。另外，不同应用的数据存储空间之间是相互独立的，即使使用了相同名称的 TinyDB 控件和标签，也无法进行数据的交换。

8.1.3　本地微型数据库示例

下面通过 LocalMiniDB 示例，详细介绍如何使用 TinyDB 控件，实现本地微型数据库的数据添加、索引和删除等功能。LocalMiniDB 示例的运行界面如图 8.7 所示。

LocalMiniDB 示例中，在“数据内容”文本框中输入数据，单击“写入数据”按钮可以将数据存储在数据库中。为了操作简单，这里只允许用户输入数字。如果用户试图向数据库中添加空数据，会显示浮动提示信息"请填写数据内容"。在数据添加成功后，会在"数据库操作信息"标签中显示一条添加成功信息，例如"添加数据(单条)：(2,66683999)"。

LocalMiniDB示例的界面设计如图8.8所示。单击"读取单条信息"按钮会弹出选项列表，选择要读取数据的标签，就可以在"数据库操作信息"标签中显示读取到的信息，例如"读取数据(单条)：(5,54385)"。"读取全部信息"会将数据库索引的信息显示在"数据库操作信息"标签中，例如"读取数据(全部)：(7,5828)"和"读取数据(全部)：(5,54385)"。

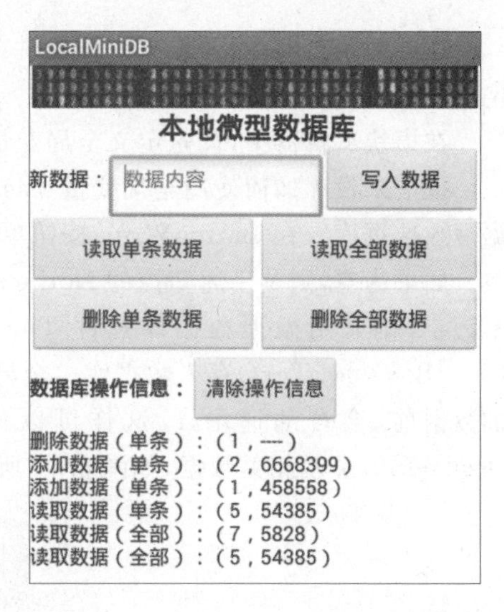

图8.7 LocalMiniDB示例的运行界面

单击"删除单条信息"按钮也通过选项列表选择标签，然后根据标签删除数据库中对应的数据。单击"删除全部信息"按钮可以删除数据库中所有的数据。

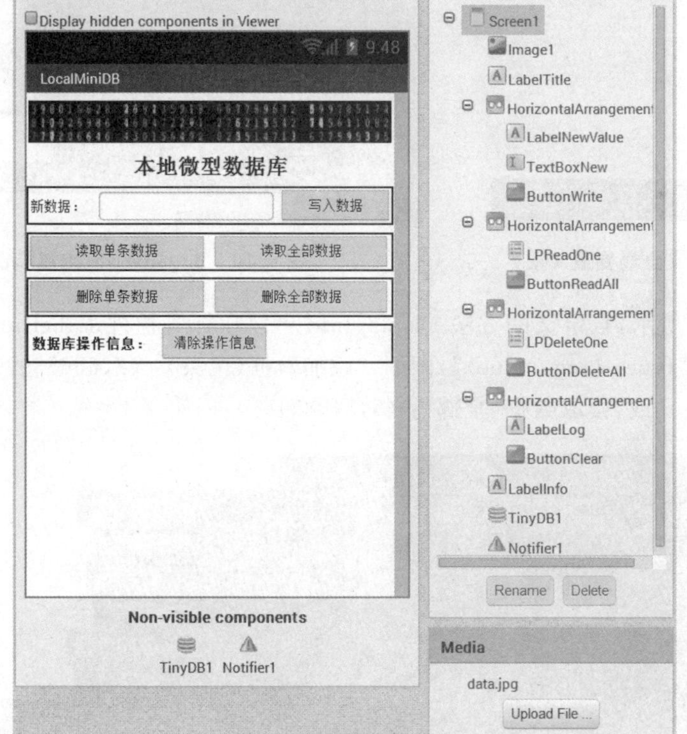

图8.8 LocalMiniDB示例界面设计图

"清除操作信息"按钮用来清空"数据库操作信息"标签中的显示信息，并不对数据库进行任何操作。

在界面编辑器中,须将文本框控件 TextBoxNew 的 NumbersOnly 属性设为 true,限定只能输入数字。

在模块编辑器中,首先定义全局变量 Tag,用来表示数据存储的标签,如图 8.9 所示。

接下来设计如何使用全局变量 Tag 作为标签,在用户单击 ButtonWrite 按钮后,将数据写入数据库。在 ButtonWrite 按钮单击事件中,首先判断文本框 TextBoxNew 是否为空。如果为空,则调用通知控件 Notifier1 的 ShowAlert 方法,弹出浮动的提示消息;如果不为空,则调用微型数据库控件 TinyDB1 的 StoreValue 方法,将标签(Tag)和数据(TextBoxNew. Text)存入数据库。全局变量 Tag 是一个整数标签,在每次向数据库中添加数据前,会自动递增 1,这样可以保证标签不会重复。最后调用自定义的方法 DisplayInfo 显示相关数据,如图 8.10 所示。

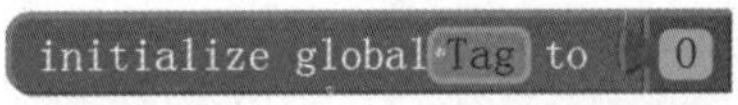

图 8.9　自定义全局变量 Tag

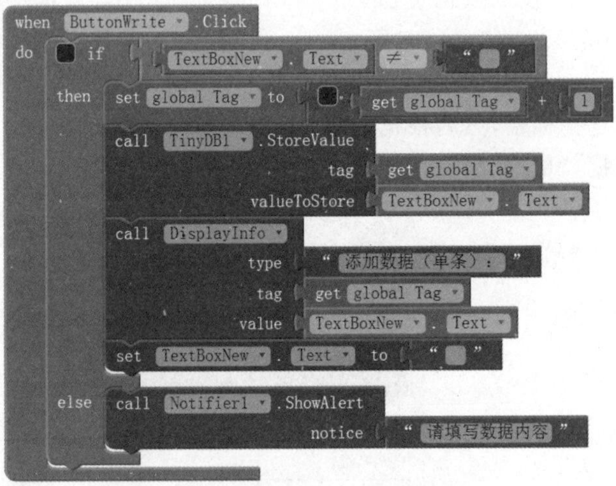

图 8.10　ButtonWrite 按钮单击事件

如图 8.11 所示,自定义的方法 DisplayInfo 可以在标签控件 LabelInfo 中显示信息,信息的格式为“type:(tag,value)”,例如,“添加数据(单条):(2,66683999)”、“删除数据(单条):(1,----)”或“读取数据(全部):(5,54385)”。

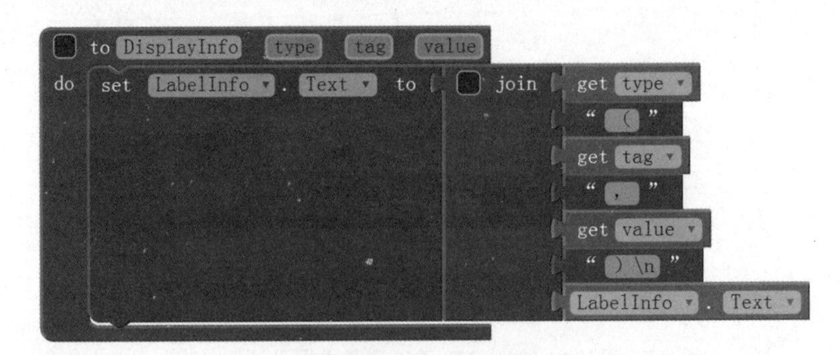

图 8.11　自定义方法 DisplayInfo

LPReadOne 控件是选项列表控件,这里用到了 BeforePicking 和 AfterPicking 事件。

BeforePicking 事件中调用数据库 TinyDB1 的 GetTags 方法，将获取数据库中的所有标签，并在选项列表 LPReadOne 中显示。在 AfterPicking 事件中，LPReadOne. Selection 是用户在选项列表中选择的标签，微型数据库 TinyDB1 的 GetValue 方法根据用户选择的标签获取数据库中特定的数据，如图 8.12 所示。

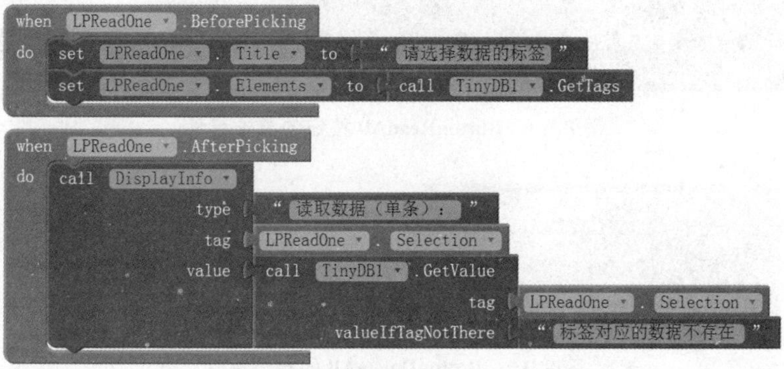

```
when LPReadOne .BeforePicking
do  set LPReadOne . Title to " 请选择数据的标签 "
    set LPReadOne . Elements to call TinyDB1 .GetTags

when LPReadOne .AfterPicking
do  call DisplayInfo
              type " 读取数据（单条）: "
              tag  LPReadOne . Selection
             value call TinyDB1 .GetValue
                                  tag LPReadOne . Selection
                     valueIfTagNotThere " 标签对应的数据不存在 "
```

图 8.12　LPReadOne 控件事件

LPDeleteOne 控件也是选项列表控件，同样用到了 BeforePicking 和 AfterPicking 事件。AfterPicking 事件中调用数据库 TinyDB1 的 ClearTag 方法，会将用户选择的标签(LPDeleteOne. Selection)在数据库中对应的数据删除，如图 8.13 所示。

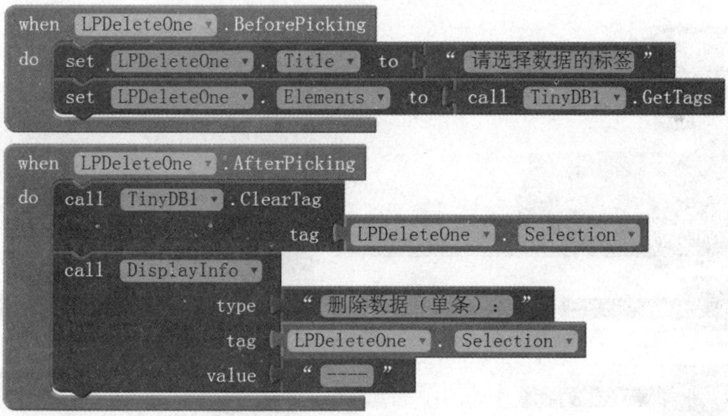

```
when LPDeleteOne .BeforePicking
do  set LPDeleteOne . Title to " 请选择数据的标签 "
    set LPDeleteOne . Elements to call TinyDB1 .GetTags

when LPDeleteOne .AfterPicking
do  call TinyDB1 .ClearTag
                   tag LPDeleteOne . Selection
    call DisplayInfo
              type " 删除数据（单条）: "
               tag LPDeleteOne . Selection
             value " ---- "
```

图 8.13　LPDeleteOne 控件事件

要获取数据库中的全部数据，首先要调用数据库控件 TinyDB1 的 GetTags 方法获得数据库中的所有标签，然后通过调用 for each in list 方法遍历刚刚获取到的标签列表，再调用 GetValue 方法将数据从数据库中逐项提取出来，如图 8.14 所示。

删除数据库中的所有数据非常简单，只要调用数据库控件 TinyDB1 的 ClearAll 方法即可，如图 8.15 所示。

要清空界面上的操作信息，只要将标签控件 LabelInfo 的 Text 属性设置成为空文本即可，如图 8.16 所示。

LocalMiniDB 示例的完整逻辑模块如图 8.17 所示。

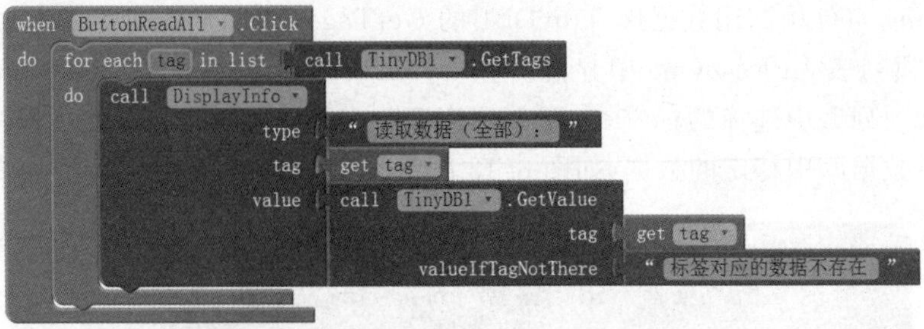

图 8.14　ButtonReadAll 按钮的单击事件

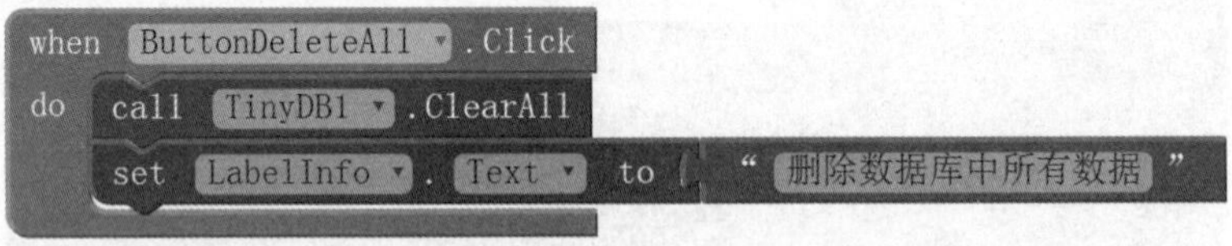

图 8.15　ButtonDeleteAll 的单击事件

图 8.16　ButtonClear 的单击事件

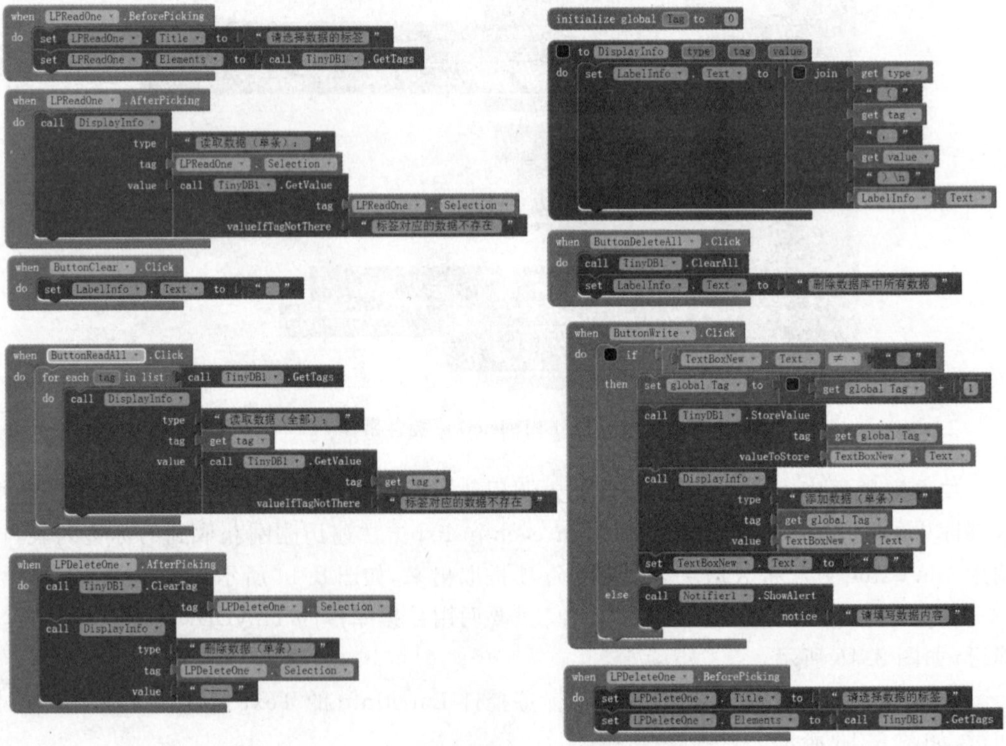

图 8.17　LocalMiniDB 示例的完整逻辑模块

8.2 网络数据库

8.2.1 简介

本地微型数据库可以实现将应用程序的数据存储在手机的存储器中，这样的存储方式虽然具有简单、快捷的优点，但不能实现不同应用程序间的数据共享和数据交换。

AI2 支持网络数据库存储和访问功能，可以将应用程序的数据通过互联网存储在指定的服务器上，应用程序可以根据标签获取这些数据，从而实现不用应用程序间的数据共享和交换。

网络数据库虽然功能强大，但需要用户自己设置和部署数据服务，相关的内容已经超越本书的范围，感兴趣的读者可以参考网站 http://ai2.appinventor.mit.edu/reference/other/tinywebdb.html。

为了让读者可以使用网络数据库，而不必过多涉及开发和部署数据服务的内容，本节中使用 AI2 提供的用于测试目的的"数据服务"(http://appinvtinywebdb.appspot.com)，这个数据服务可以被所有开发者共享，如图 8.18 所示。但这个数据服务有 250 条数据的使用限制，所以"数据服务"中的数据会在短时间内被其他数据所覆盖。

App Inventor for Android: Tiny WebDB Service

NOTE: This service is being modified. It might go offline without notice

This demonstration Web service is designed to work with App Inventor for Android and the TinyWebDB component. The site is designed for use by applications running on the phone (via JSON requests). You can also invoke the get and store operations by hand from this Web page to test the API, and also delete individual entries.

This service is only a demo. The database will store at most 250 entries; adding entries beyond that will cause the oldest entries to be deleted. Also, individual data values are limited to at most 500 characters.

The source code for this service, designed to run on Google AppEngine, is included in the App Inventor documentation. You can use this implementation as a model for deploying your own services with larger capacity and additional features, and build applications that use the TinyWebDB component to talk to your service.

Available calls:

- **/storeavalue: Stores a value, given a tag and a value**
- **/getvalue: Retrieves the value stored under a given tag. Returns the empty string if no value is stored**

图 8.18 http://appinvtinywebdb.appspot.com

因为网络出境数据的屏蔽问题，国内无法直接访问这个网络数据库，所以请读者自行实现手机的"翻墙"功能后，再尝试本节后面的电子名片示例。

8.2.2 TinyWebDB 控件

TinyWebDB 属于非可视化控件，可以实现基于 NVP 的网络数据存储，如图 8.19 所示。

TinyWebDB 的最核心属性是 ServiceURL，表示网络数据服务的位置，如图 8.20 所示。任何使用TinyWebDB控件的应用程序都需要设置ServiceURL属性，标识出与之通信的数据服务位置。ServiceURL属性的默认值为http://appinvtinywebdb.appspot.com，是AI2提供的测试数据服务链接地址。

Non-visible components

TinyWebDB1

图8.19　TinyWebDB控件

图8.20　TinyWebDB的ServiceURL属性

TinyWebDB仅支持GetValue（获取数据）方法和StoreValue（存储数据）方法，如图8.21所示，数据的存储和获取都基于tag标签。

与TinyDB不同，TinyWebDB的这两个方法被调用后，因为数据要经过网络传输，存储或访问的过程可能成功，也可能失败，因此TinyWebDB提供了3个事件，用以确认GetValue和StoreValue方法的调用是否成功。

ValueStored事件和GotValue的事件如图8.22所示，StoreValue方法被调用后，如果数据成功保存在网络数据库中，则会引发ValueStored事件；GetValue方法被调用后，如果从网络数据库中成功获取到数据，则会引发GotValue事件，事件中的参数tagFromWebDB表示获取数据的标签，参数valueFromWebDB表示获取到的数据。

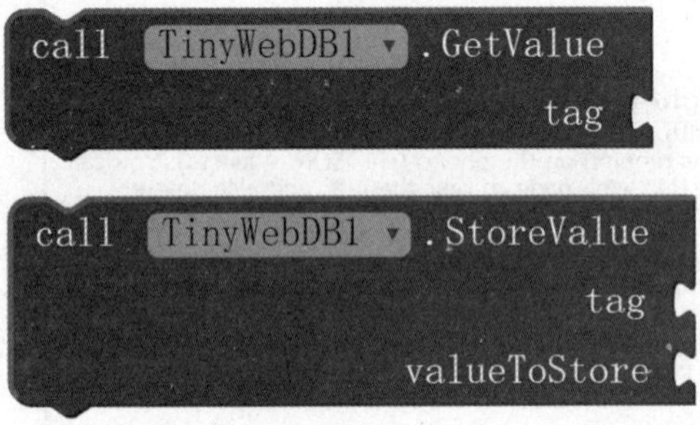

call TinyWebDB1 .GetValue
tag

call TinyWebDB1 .StoreValue
tag
valueToStore

图8.21　TinyWebDB的方法

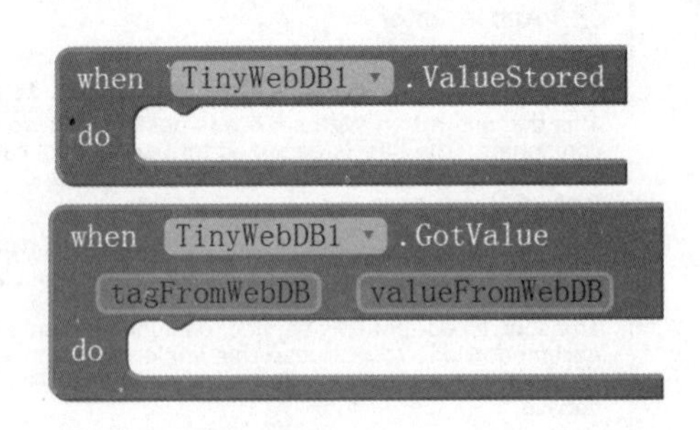

图8.22　ValueStored事件和GotValue的事件

数据的存储和访问过程受到网络状况和服务可用性等方面的影响，可能会导致在调用GetValue和StoreValue方法后，没有成功将数据存储到网络数据库，或者从数据库中获取数据失败，此时会引发TinyWebDB控件的WebServiceError事件，参数message表示引发异常的原因，如图8.23所示。

when TinyWebDB1 .WebServiceError
message
do

图8.23　WebServiceError事件

8.2.3 电子名片示例

下面通过 eCard 示例介绍如何使用 TinyWebDB 控件，实现数据的网络存储和访问。再次提醒一下读者，这个示例需要手机已经实现了“翻墙”功能，否则无法访问 AI2 提供的公共测试数据服务。

eCard 示例实现了类似于电子名片的功能，用户可以将自己的信息（姓名+简介）提交给网络数据库，数据就会以用户提供的“姓名”作为标签，将数据完整地保存在网络数据库中，并供其他用户检索。eCard 示例的运行界面如图 8.24 所示。

图 8.24 eCard 示例的运行界面

如图 8.25 所示，在界面编辑器中，供用户填写姓名、简介和检索姓名的文本框控件名称分别为 lbName、lbInfo 和 lbSearch，用来显示检索结果的标签控件为 tbResult。

在模块编辑器中，首先设置 TinyWebDB 的 ServiceURL 属性，方法是在屏幕页 Screen1 的 Initialize 初始化方法中，将 ServiceURL 属性设置为 http://appinvtinywebdb.appspot.com，如图 8.26 所示。

在 btSubmit 按钮的单击事件中，首先判断用户的输入信息是否完整，也就是要判断文本框控件 tbName 和 tbInfo 的 Text 属性是否为空文本。如果用户输入的信息不完整，则使用 Notifier1 控件的 ShowMessageDialog 方法弹出提示对话框，告知用户要“输入完整的个人信息”。如果用户已经输入了完整的信息，则可以调用 TinyWebDB1 控件的 StoreValue 方法，以 tbName 文本框的 Text 属性作为 tag 标签，将数据存储到网络数据库中。最后清空用户输入的数据信息，即将 tbName 和 tbInfo 的 Text 属性设置为空文本，如图 8.27 所示。

在数据成功存储到网络数据库后，会引发 TinyWebDB1 控件的 ValueStored 事件。在该事件中会弹出对话框，用以确认数据已经成功存储，如图 8.28 所示。

Viewer
Display hidden components in Viewer
9:48
eCard
电子名片
Compass
姓名：
简介：
提交
检索姓名：
检索
Non-visible components
Notifier1 TinyWebDB1
Components
Screen1
lbTitle
Image1
HorizontalArrangement
VerticalArrangement
HorizontalArrange
lbName
tbName
HorizontalArrange
lbInfo
tbInfo
btSubmit
HorizontalArrangement
lbSearch
tbSearch
btSearch
tbResult
Notifier1
TinyWebDB1
Rename
Delete
Media
card.jpg
Upload File ...

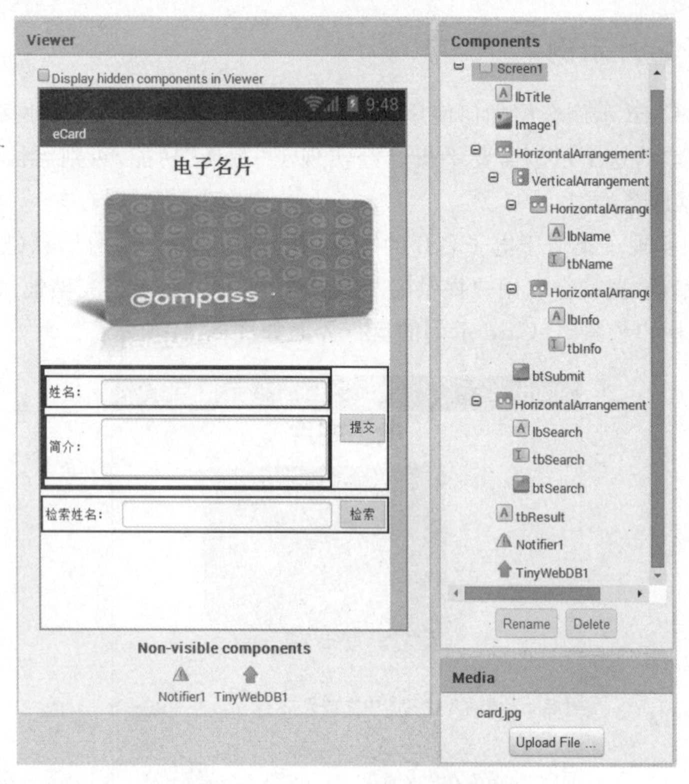

图 8.25　eCard 的界面编辑器设置

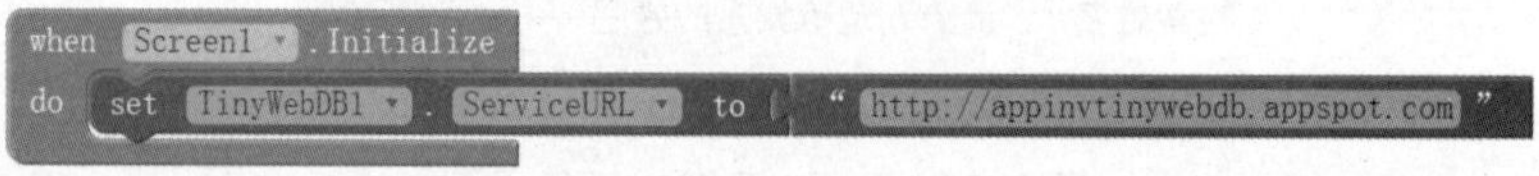

when Screen1 .Initialize
do set TinyWebDB1 . ServiceURL to "http://appinvtinywebdb.appspot.com"

图 8.26　设置初 TinyWebDB 的 ServiceURL 属性

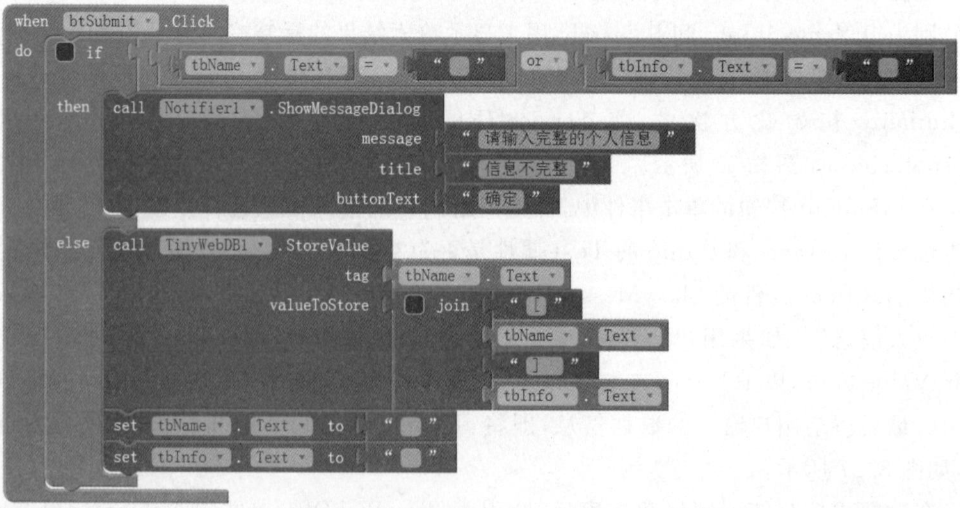

when btSubmit .Click
do if tbName . Text = " " or tbInfo . Text = " "
then call Notifier1 .ShowMessageDialog
message "请输入完整的个人信息"
title "信息不完整"
buttonText "确定"
else call TinyWebDB1 .StoreValue
tag tbName . Text
valueToStore join "["
tbName . Text
"]"
tbInfo . Text
set tbName . Text to " "
set tbInfo . Text to " "

图 8.27　btSubmit 按钮的单击事件

图 8.28 数据存储成功

为了在数据存储失败时给用户以提示，在 TinyWebDB1 控件的 WebServiceError 事件中会弹出带有“网络错误”的提示对话框，并将错误信息 message 显示在对话框中，如图 8.29 所示。

图 8.29 异常产生

在 btSearch 按钮的单击事件中，同样要判断“检索姓名”的信息是否完整，如果不完整要提示用户“输入被检索人员的姓名”。如果信息完整，则以文本框 tbSearch 的 Text 属性作为标签，调用 GetValue 方法在网络数据库获取数据，如图 8.30 所示。

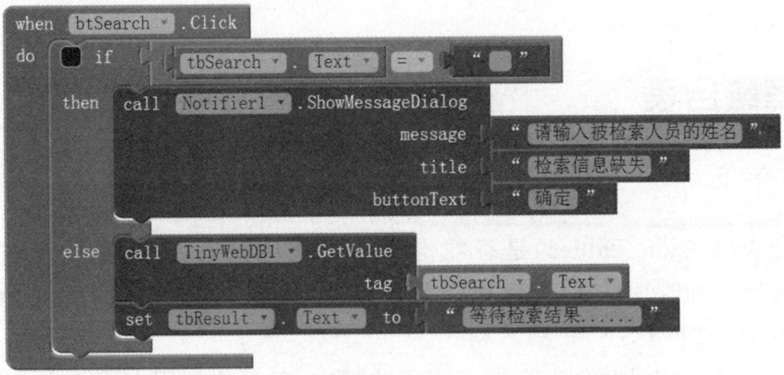

图 8.30 btSearch 按钮的单击事件

TinyWebDB1 控件成功获取到数据后，GotValue 事件会将返回的数据直接显示在标签 tbResult 中，同时清空文本框 tbSearch 中用户输入的“检索姓名”，如图 8.31 所示。

eCard 示例的完整逻辑模块结构如图 8.32 所示。

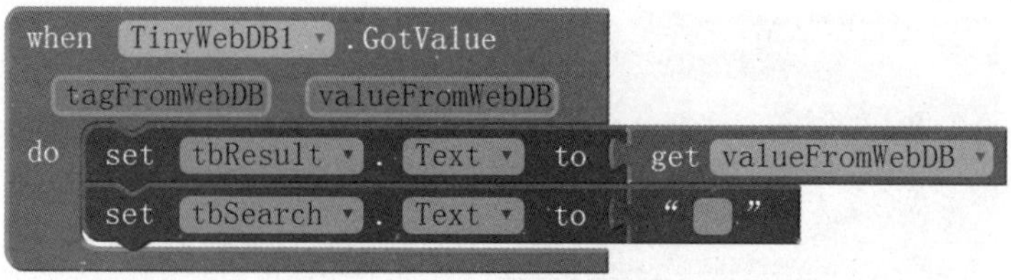

图 8.31　数据获取成功

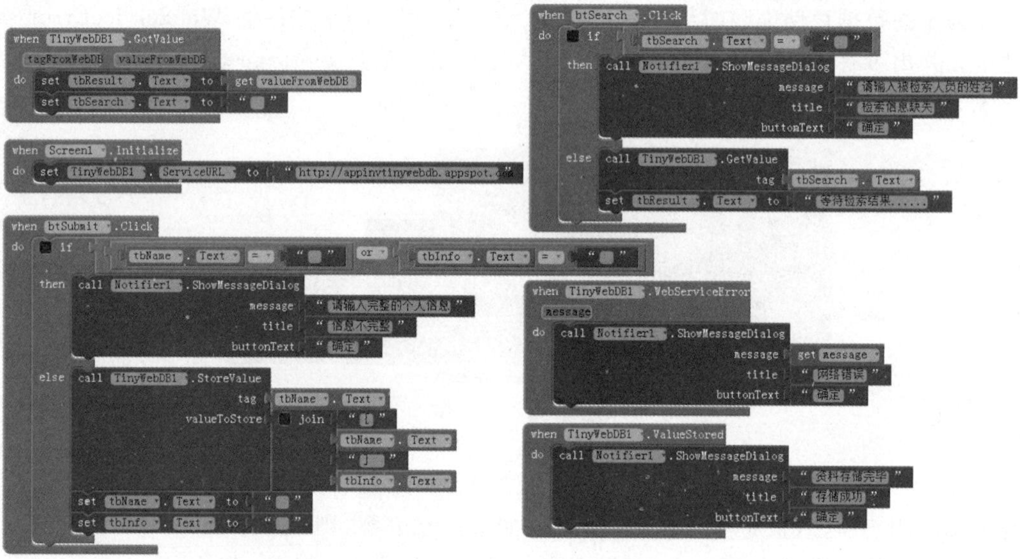

图 8.32　eCard示例的完整逻辑模块

8.3　数据融合表

8.3.1　简介

数据融合表（Fusion Tables）是谷歌推出的可视化数据服务，支持表格式数据的存储、查询、导入导出和管理功能，并针对大数据集进行优化，支持100MB的表格数据，采用开放的API接口，支持CSV和XLS格式。

如图8.33所示，数据融合表更加接近于数据库，只是按照固定格式来存储数据，着重于对数据进行批量操作，例如分类、筛选、聚合或合并，也可以通过可视化组件呈现数据、图表和地理位置信息，在数据分析和处理方面有着强大的功能。

8.3.2　创建数据融合表

数据融合表是Google Drive上提供的一项服务。如图8.34所示，Google Drive功能非常强大，可以让用户随时随地从云端存取文件，支持Android、OS X、iOS和Windows系统，可通过Google Docs进行文档协作编辑，也可直接在云端创建文档。Google Drive

可以在 Gmail 中直接插入 Google Drive 的分享链接，也可以直接将 Google Drive 里的视频和图片分享到 Google+上面。Google Drive 具有超强的搜索功能，通过关键字和各种过滤选项可以快速找到需要的文档，甚至 Google Drive 能分辨图片和文档里的图片内容，支持 Photoshop、Illustrator 和高清视频文件格式。

eTable

Add Attribution - Edited at 4:47 PM

File Edit Tools Help | Rows 1 | Cards 1

Filter No filters applied

1-9 of 9

Name	Info	Time
王敏行	今天我第一次哭了	2014年1月6日 AM10:38:00
拖克	今夜下雨了心情不好	2014年1月22日 PM4:43:05
阿贵	今天我的手机又挂了	2014年3月11日 PM1:41:23
小明	我已经六年级了	2014年4月22日 PM4:27:13
雷五龙	龙生中段腿	2014年4月22日 PM4:31:17
韩梅梅	英语教材中的女孩	2014年3月29日 PM3:11:42
oz01	你们猜我是谁	2014年4月23日 PM2:22:22
梦宇	我今天工作了	2014年4月14日 AM9:23:12
Tom	a lovely boy	2014年3月28日 AM10:13:54

图 8.33 数据融合表

图 8.34 Google Drive

Google Drive 的地址是 https://drive.google.com，这个网站已被屏蔽，因此读者需要"翻墙"后才能够访问。图 8.35 所示是用户使用 Gmail 账号登录 Google Drive 后所显示的页面，根据用户所在地区不同所显示的语言也不尽相同。

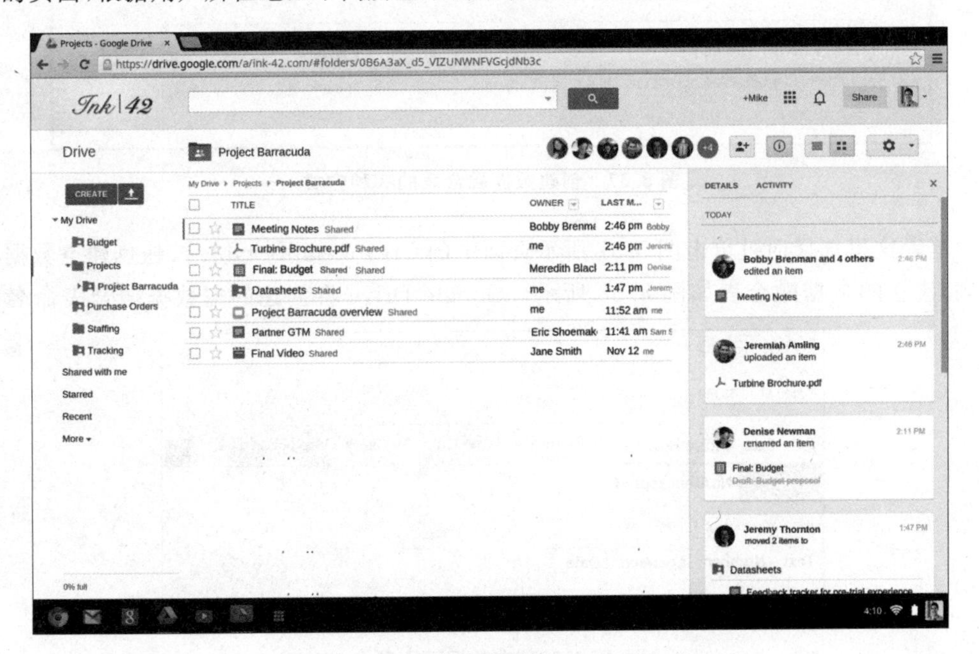

图 8.35 用户登录后的 Google Drive

通过左上方的创建(CREATE)按钮可以创建数据融合表。如果数据融合表不在创建按钮的下拉列表中，可以选择下拉列表最下方的“关联更多应用”项，将数据融合表关联到谷歌的云端硬盘，如图8.36所示。

图8.36 关联数据融合表

Google Drive支持多种方式创建数据融合表，如图8.37所示，可以从本地计算机中上传数据文件生成数据融合表，支持csv、tsv和txt格式的文件；也可以使用Google Spreadsheets生成数据融合表；还可以直接建立空表格，然后通过Web的方式添加数据。

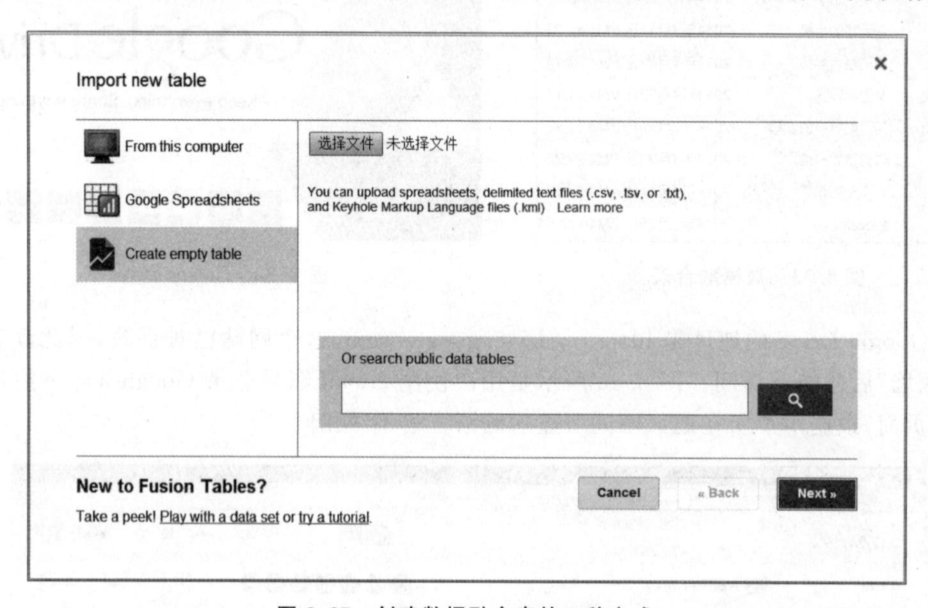

图8.37 创建数据融合表的3种方式

笔者这里选择通过单击图8.37所示页面中的Create empty table按钮创建空数据融合表，建立的数据融合表如图8.38所示。Google Drive将创建的空数据融合表命名为

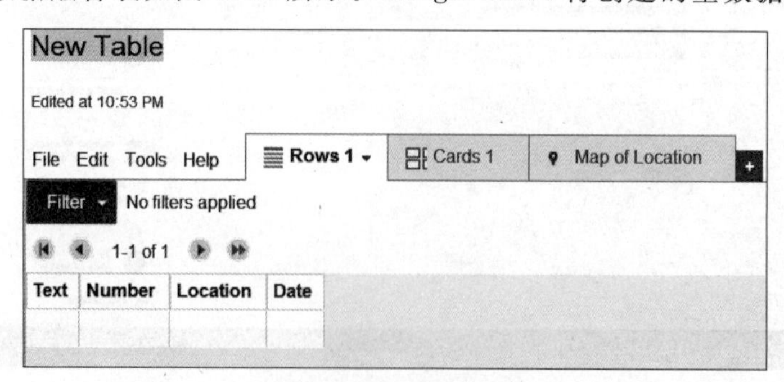

图8.38 空数据融合表

New Table，并自动创建了 4 个数据项名 Text、Number、Location 和 Date。Google Drive 支持表格方式（Rows）、卡片方式（Cards）和地图方式（Map of Location）3 种方式显示数据，图 8.38 所使用的就是表格方式。

如果需要添加或修改数据项，可以参考图 8.39 所示的方法，选择 Edit 菜单命令或单击数据项名，即可选择不同的操作方法来实现。

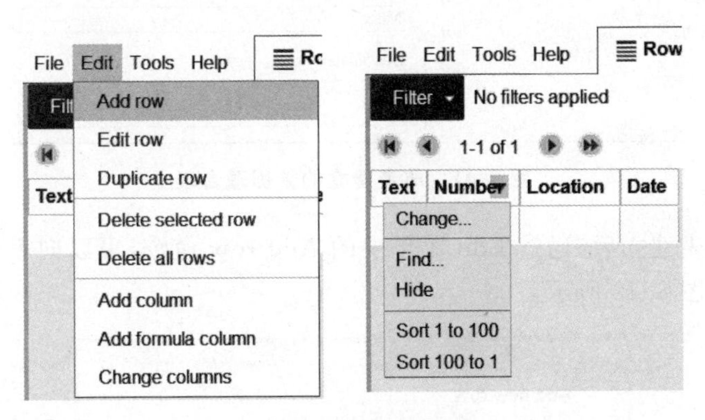

图 8.39 修改数据项

如果需要对数据项进行更复杂的操作，则需要在 Edit 菜单中选择 Change columns 菜单项，将会出现数据项的修改页面，如图 8.40 所示。这个页面支持数据项的删除、更改顺序、添加描述、修改名称、修改数据类型和格式等。数据融合表支持的数据类型有文本（Text）、数字（Number）、日期（Date/Time）和位置（Location）。

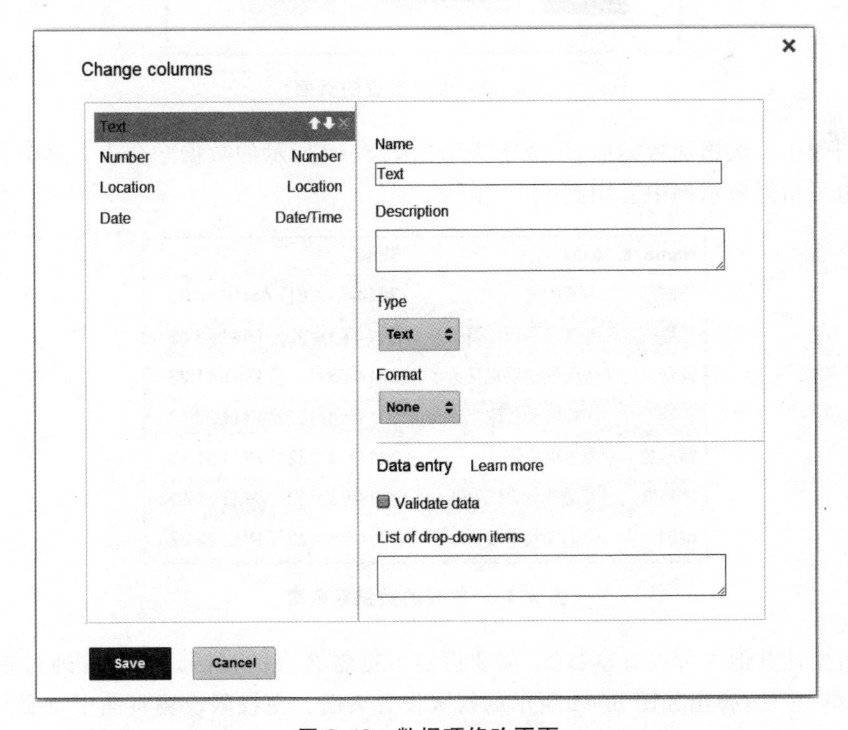

图 8.40 数据项修改页面

笔者将表命名为 eTable,创建了 3 个数据项,名称为 Name、Info 和 Time,类型都是文本(Text),如图 8.41 所示。

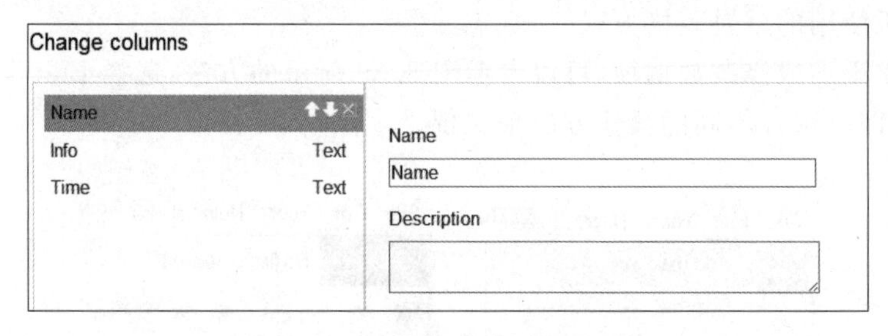

图 8.41　笔者建立的数据融合表

在数据融合表建立后,通过 Edit 菜单中的 Add row 命令,可以向表中添加数据。添加数据的页面如图 8.42 所示。

Add new row

Name 小明

Info 司机师傅去阳光花园

Time 2014年4月22日

Save　Save and add another　Cancel

图 8.42　添加数据的页面

在向表中多次添加数据后,生成了类似如图 8.43 所示的数据融合表。这个表在本节后面的电子留言板示例中会用到。

Name	Info	Time
王敏行	今天我第一次哭了	2014年1月6日 AM10:38:00
拖克	今夜下雨了心情不好	2014年1月22日 PM4:43:05
阿贵	今天我的手机又挂了	2014年3月11日 PM1:41:23
小明	司机师傅去阳光花园	2014年4月22日 PM4:27:13
雷五龙	龙生中段腿	2014年4月22日 PM4:31:17
韩梅梅	英语教材中的女孩	2014年3月29日 PM3:11:42
oz01	你们猜我是谁	2014年4月23日 PM2:22:22

图 8.43　笔者的数据融合表

最后要让其他人可以分享数据,需要设定数据融合表的权限。方法是通过单击右上方的“分享”按钮,弹出如图 8.44 所示的权限设置页面。在权限设置页面中,“要共享的链接”是供其他用户访问的数据融合表地址;“有权使用的人”选项栏中,除了表格的创建者具有使用权限外，用户还可以选择将数据融合表设置为公开、邀请链接和私密3种模式。笔者选择了邀请链接，任何获得此链接的用户，都可以在浏览器中直接访问笔者的数据融合表。如果设置为私密，则只有数据融合表的创建者可以使用；如果设置为公开，则互联网上的任何人都可以查询和访问。

图8.44 权限设置页面

图8.44中显示的邀请链接并不完整，完整的邀请链接为https://www.google.com/fusiontables/DataSource?docid=1YyiE6lqCbBZ3xuVyMjFM4OxiwnrttR72aKRxklWx，其中数据融合表的ID为1YyiE6lqCbBZ3xuVyMjFM4OxiwnrttR72aKRxklWx。

8.3.3 建立API key

在AI2中要访问Google Drive中的数据融合表，不仅要在谷歌的开发者控制台(Developers Console)中开启数据融合表的API，还要生成供Android设备使用的API key。

开启数据融合表的API，只要在谷歌开发者控制台中将Fusion Tables API的STATUS状态更改为“ON”即可，如图8.45所示。开发者控制台的登录地址为http://code.google.com/apis/console，使用Gmail账号登录即可，如果用户没有创建项目，首先要创建一个项目，笔者的项目名称为miniwebdb。

只要在Credentials页面的Simple API Access栏中单击Create new Android key按钮即可生成供Android设备使用的API key，如图8.46所示。

笔者建立的API key为AIzaSyBsp0mLON_t99w2nk6AerKE4wX-rk5Qas4，如图8.47所示。这个API key在后面的电子留言板示例中会使用到。

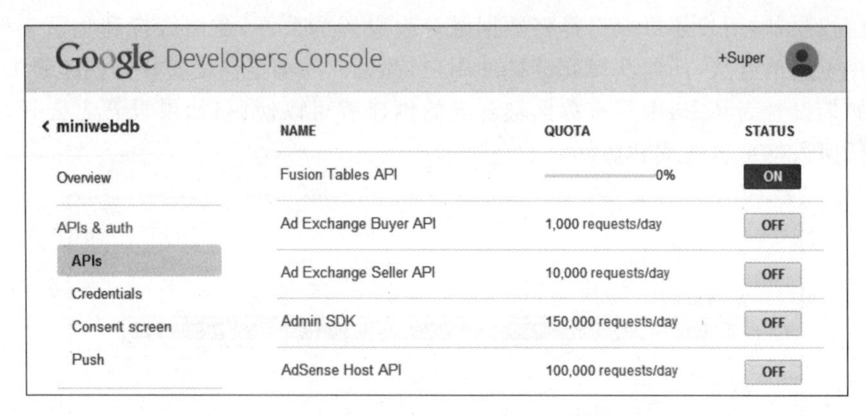

图 8.45　开启 Fusion Tables API

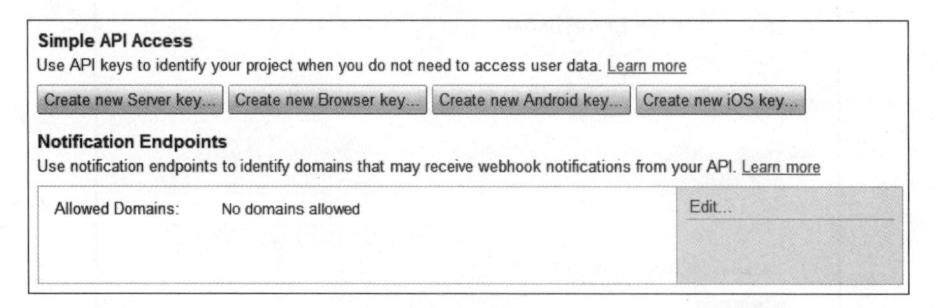

图 8.46　创建 API key

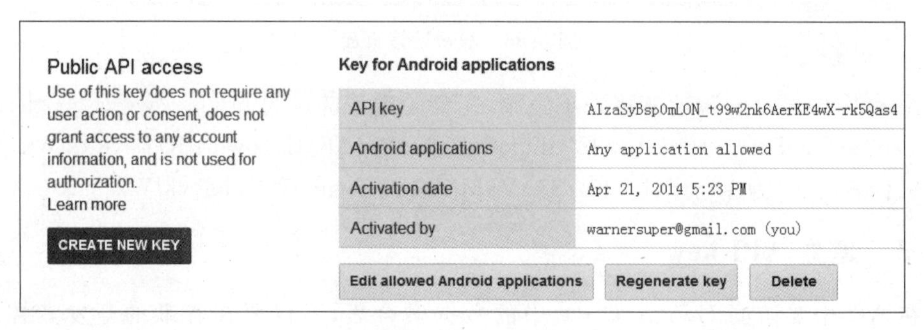

图 8.47　笔者的 API key

8.3.4　FusiontablesControl 控件

FusiontablesControl 属于非可视化控件，可以实现对 Google Drive 中数据融合表的访问，如图 8.48 所示。

图 8.48　FusiontablesControl 控件

FusiontableControl 控件支持的属性有 ApiKey 和 Query，如图 8.49 所示。ApiKey 是必须设置的属性，表明该应用程序是否具有访问 Google Drive 的权限。

属性 Query 用来承载 SQL 语句，实现查询、

图 8.49 FusiontableControl 控件的属性

修改和更新等功能。数据融合表的 SQL 语句规范可以参考网站 https://developers.google.com/fusiontables/docs/v1/sql-reference。下面用两个小例子说明如何使用 SQL 语句。

向数据融合表中添加数据的 SQL 语句为 INSERT INTO 1YyiE6lqCbBZ3xuVyMjFM4OxiwnrttR72aKRxklWx (Name, Info, Time) VALUES ('oz01', '你们猜我是谁', ' 2014 年 4 月 23 日 PM2:22:22')。在这个 SQL 语句中，INSERT INTO VALUES 是添加数据的 SQL 语句；1YyiE6lqCbBZ3xuVyMjFM4OxiwnrttR72aKRxklWx 是数据融合表的 ID；(Name, Info, Time)是数据项名；('oz01', '你们猜我是谁', ' 2014 年 4 月 23 日 PM2:22:22')是一条完整的数据，文本数据要用单引号标识。

从数据融合表中获取最后 10 条数据的 SQL 语句为 SELECT * FROM 1YyiE6lqCbBZ3xuVyMjFM4OxiwnrttR72aKRxklWx ORDER BY Time DESC LIMIT 10。在这个 SQL 语句中，SELECT * FROM 是获取数据的 SQL 语句；1YyiE6lqCbBZ3xuVyMjFM4OxiwnrttR72aKRxklWx 是数据融合表的 ID；ORDER BY Time 表示根据数据项 Time 排序；DESC 表示逆序显示；LIMIT 10 表示最多获取 10 条数据。

在 Query 属性中填写后，就可以执行 FusiontableControl 控件的 SendQuery 方法，来实际执行数据操作，如图 8.50 所示。也就是说，只设置 Query 属性并不会执行任何操作，只有在调用 SendQuery 方法后才会执行具体操作。

图 8.50 FusiontableControl 控件的方法

ForgetLogin 方法可以让应用程序忽略手机上的谷歌账号信息，要求用户在访问数据融合表的时候重新进行认证。DoQuery 方法是旧版的 SQL 语句执行操作，现已被 SendQuery 方法替代。

在调用 SendQuery 方法后，无论是正常完成数据融合表的操作，还是出现任何类型的错误，GotResult 事件都会被调用，如图 8.51 所示。参数 result 是事件返回的信息，可以是操作结果、获取的数据或错误信息。例如在添加数据的操作中，如果操作成功，参数 result 会返回类似于"rowid 2001"的提示信息；如果操作失败，则会给出失败原因，例如

"Read timed out"。

8.3.5 电子留言板示例

本节中将通过 eBoard 示例演示如何使用 FusiontablesControl 控件实现 Google Drive 中数据融合表的数据存储和获取,如图 8.52 所示。本示例使用的数据融合表是在 8.3.2 节创建的,使用的 API key 是在 8.3.3 节申请的。本示例在实际测试过程中,由于网络速度和稳定性直接决定是否可以获取数据,因此读者可以尝试在不同网络或不同时段进行测试。

图 8.51 FusiontableControl 控件的 GotResult 事件

图 8.52 eBoard 示例的运行界面

eBoard 示例实现了"电子留言板"的功能,用户可以将自己的姓名和留言存储在建立的数据融合表中,用户也可以从数据融合表中获取一定数量的数据。eBoard 示例界面设计如图 8.53 所示。

在 eBoard 的界面编辑器中,FusiontablesControl 控件的 Query 属性默认值为 show tables,这个值可以不必修改,后面在模块编辑器中会进行修改。时钟控件 Clock1 用来获取当前时间,因此该控件的默认属性也不必修改。

在模块编辑器中,首先在屏幕页 Screen1 的 Initialize 事件中设置 FusiontablesControl 控件的 ApiKey 属性,使用笔者申请的 ApiKey。然后调用 FusiontablesControl 控件的 ForgetLogin 方法,要求用户在访问数据融合表时重新认证,如图 8.54 所示。

在后面的多个模块中都会使用到笔者建立的数据融合表的 ID,因此建立一个全局变量 Table_ID 表示数据融合表 ID,如图 8.55 所示。

在 btSubmit 按钮的单击事件中,首先检查用户填写的信息是否完成,如果不完整,要

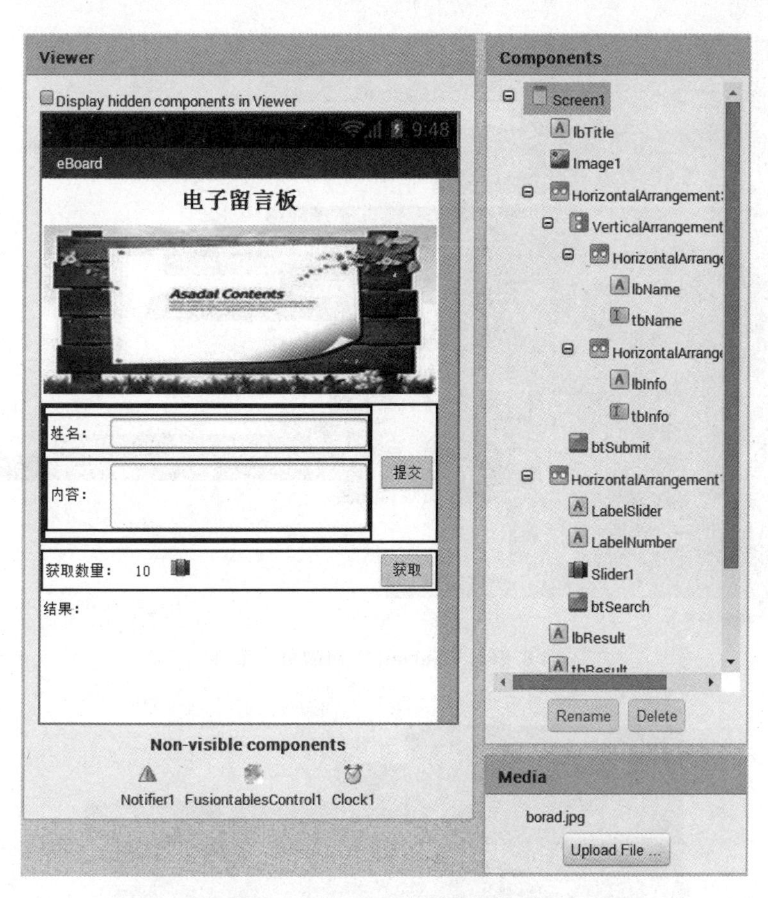

图 8.53 eBoard 的界面设计图

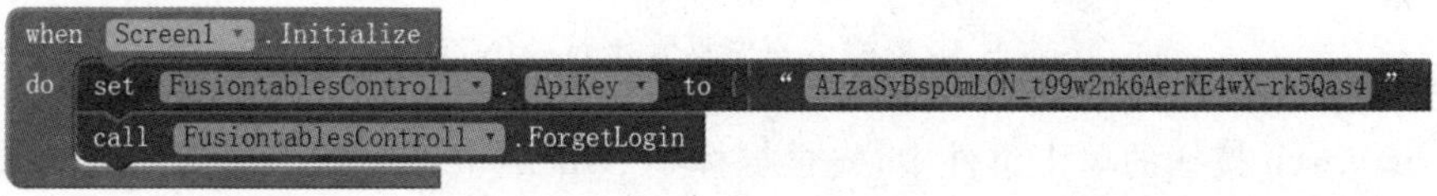

```
when Screen1 .Initialize
do  set FusiontablesControl1 . ApiKey to " AIzaSyBsp0mLON_t99w2nk6AerKE4wX-rk5Qas4 "
    call FusiontablesControl1 .ForgetLogin
```

图 8.54 Initialize 事件

```
initialize global Table_ID to " 1YyiE61qCbBZ3xuVyMjFM40xiwnrttR72aKRxklWx "
```

图 8.55 全局变量 Table_ID

用对话框提示用户重新填写。在信息完整的情况下,将“姓名”和“内容”信息拼装成添加数据的 SQL 语句,并调用 SendQuery 方法执行 Query 属性中的 SQL 语句,如图 8.56 所示。

自定义方法 Quotify 有两个作用,一个是在文本前后添加上单引号,另一个是将文本中的单引号替换为双引号,如图 8.57 所示。因为在 SQL 语句中,文本信息要用单引号括起来,而且在文本中不能够再出现多余的单引号,所有文本内的单引号要被替换成双引号。

```
when btSubmit .Click
do  if  tbName . Text = " "  or  tbInfo . Text = " "
    then  call Notifier1 .ShowMessageDialog
                message  " 请输入完整的个人信息 "
                title  " 信息不完整 "
                buttonText  " 确定 "
    else  set FusiontablesControl1 . Query to  join  " INSERT INTO "
                                                      get global Table_ID
                                                      " (Name, Info, Time) VALUES ( "
                                                      call Quotify
                                                           text  tbName . Text
                                                      " , "
                                                      call Quotify
                                                           text  tbInfo . Text
                                                      " , "
                                                      call Quotify
                                                           text  call Clock1 .FormatDateTime
                                                                      instant  call Clock1 .Now
                                                      " ) "
          call FusiontablesControl1 .SendQuery
          set tbName . Text to " "
          set tbInfo . Text to " "
          set tbResult . Text to " 等待添加结果...... "
```

图 8.56　btSubmit 按钮的单击事件

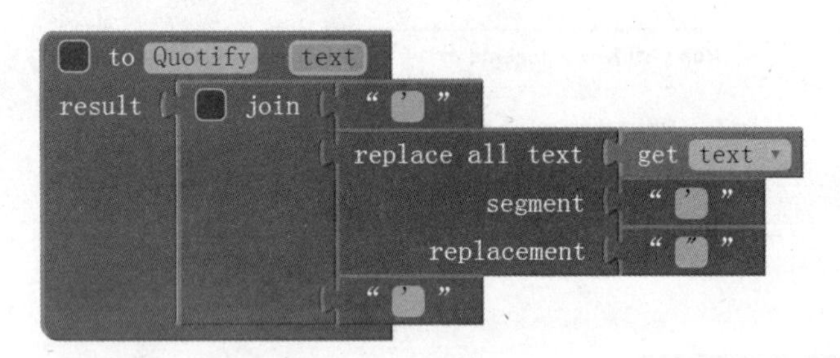

图 8.57　自定义方法 Quotify

在 btSearch 按钮的单击事件中，先根据标签 LabelNumber 的 Text 属性表示的数值，拼装成获取数据的 SQL 语句，然后调用 SendQuery 方法执行 SQL 语句，如图 8.58 所示。

```
when btSearch .Click
do  set FusiontablesControl1 . Query to  join  " SELECT * FROM "
                                               get global Table_ID
                                               " ORDER BY Time DESC LIMIT "
                                               LabelNumber . Text
    call FusiontablesControl1 .SendQuery
    set tbResult . Text to " 等待检索结果...... "
```

图 8.58　btSearch 按钮的单击事件

在所有 FusiontablesControl1 控件执行过 SendQuery 方法后，都要引发一个 GotResult

事件。在 GotResult 事件中，为了简化应用程序的设计，只是将结果 result 显示在标签控件 tbResult 中，而没有根据返回值具体区分 SQL 语句是否执行成功，如图 8.59 所示。

```
when FusiontablesControl1 .GotResult
  result
do  set tbResult . Text to  get result
```

图 8.59　GotResult 事件

PositionChanged 事件是 Slider1 被滑动时引发的事件，只要根据滑块的值设置标签 LabelNumber 的 Text 属性即可。但要注意的是，为了生成有效的 SQL 语句，要求只能获取整数值，因此调用 round 方法将滑块 thumbPositon 转换为整数值，如图 8.60 所示。

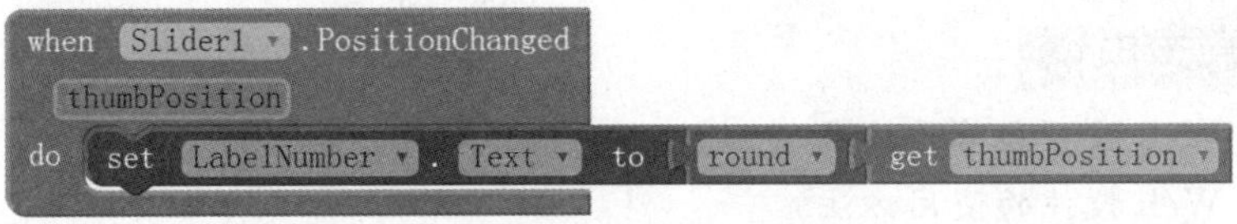

```
when Slider1 .PositionChanged
  thumbPosition
do  set LabelNumber . Text to  round  get thumbPosition
```

图 8.60　PositionChanged 事件

eBoard 示例的完整逻辑模块结构如图 8.61 所示。

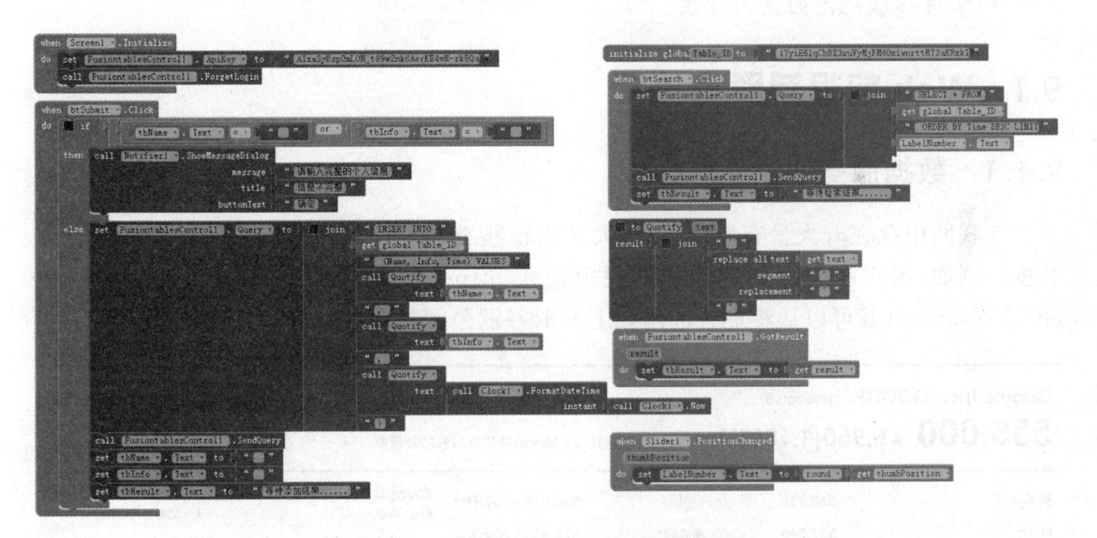

图 8.61　eBoard 示例的完整逻辑模块结构

1. 对比本地数据库、网络数据库和数据融合表，分析这几种存储方式的特点。

2. 使用本地数据库建立、保存应用程序的配置信息，例如界面背景颜色、字体大小和字体颜色等。

3. 尝试建立数据融合表，实现网络多人聊天室。

第 9 章

网络通信与地图应用

网络通信和地图应用是当前较为流行的开发领域，有非常广泛的市场需求。通过本章学习，读者可以掌握如何获取 Web 服务的数据、使用蓝牙技术进行短距离通信以及使用谷歌地图开发地图应用开发。

本章学习目标

- 了解 Web 服务和蓝牙技术
- 掌握 Web 控件的使用方法
- 理解位置传感器用途
- 掌握蓝牙控件的使用方法
- 掌握谷歌地图的使用方法

9.1 Web 数据获取

9.1.1 数据服务

互联网中存在着大量有用的数据，大家比较熟悉的方法是通过网页浏览器获取这些数据。例如，用户在网页浏览器地址栏中输入 https://hk.finance.yahoo.com/q?s=GOOG&ql=1，就可以从雅虎香港网站上获取谷歌公司的股票数据信息，如图 9.1 所示。

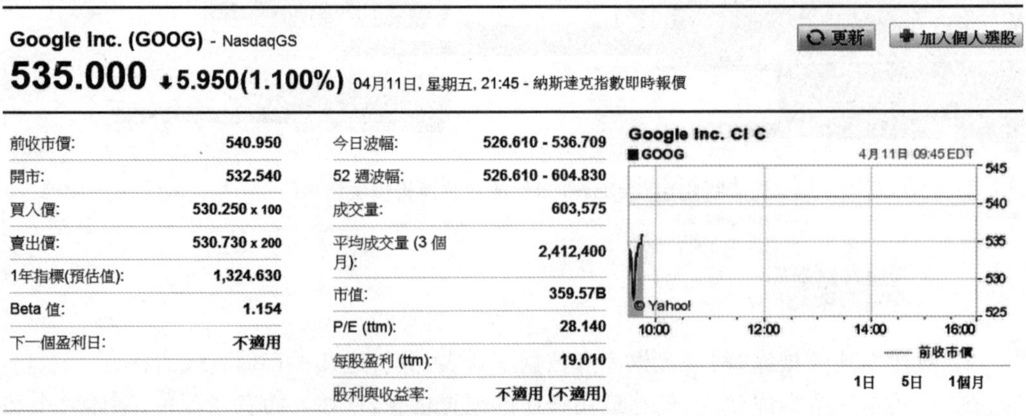

Google Inc. (GOOG) - NasdaqGS　　更新　　加入個人選股

535.000 ↓5.950(1.100%) 04月11日, 星期五, 21:45 - 納斯達克指數即時報價

前收市價:	540.950	今日波幅:	526.610 - 536.709
開市:	532.540	52 週波幅:	526.610 - 604.830
買入價:	530.250 x 100	成交量:	603,575
賣出價:	530.730 x 200	平均成交量 (3 個月):	2,412,400
1年指標(預估值):	1,324.630	市值:	359.57B
Beta 值:	1.154	P/E (ttm):	28.140
下一個盈利日:	不適用	每股盈利 (ttm):	19.010
		股利與收益率:	不適用 (不適用)

Google Inc. Cl C
GOOG　4月11日 09:45 EDT
545 540 535 530 525
© Yahoo!
10:00 12:00 14:00 16:00
前收市價
1日 5日 1個月

图 9.1　在浏览器中的谷歌股票信息

随着数据分享的需求不断增加，用户已经不再满足于在网页浏览器中获取数据，需要一种便捷的方法直接获取到这些关键数据，随之便出现了 Web 服务（Web Service）。如果通过网页浏览器获取数据是“人对机器”的方式，那么 Web 服务就是“机器对机器”的方式。许多 Web 服务提供了应用程序接口（API），使手机应用程序可以直接访问这些 API 获取数据。下面以雅虎的金融 API 为例，说明如何通过 API 获取谷歌股票信息数据。如果需要获取最近的谷歌股票信息，可以使用链接 http://finance.yahoo.com/d/quotes.csv?f=l1&s=GOOG。在这个链接中，“GOOG”表示谷歌公司的股票代码；“f=l1”表示获取最近一次数据；返回的数据是 CSV 格式（用空格分隔多个数据）文件，这里返回的就是一个数据“535”。雅虎的金融 API 的详细说明可参考网站 http://www.gummy-stuff.org/Yahoo-data.htm。

9.1.2 Web 控件

在 AI2 中，如果要从 Web 服务的 API 中获取数据，就需要使用 Web 控件。Web 控件是一个非可视化控件，提供后台获取数据的功能，包括 HTTP GET、POST、PUT 和 DELETE，如图 9.2 所示。

Web 控件支持 5 个属性，包括 AllowCookies、RequestHeaders、ResponseFileName、SaveResponse 和 Url，属性说明如表 9.1 所示。

表 9.1 Web 控件属性及说明

属性	说明
AllowCookies	是否保存响应信息的 cookies
RequestHeaders	请求头信息
SaveResponse	是否将返回的信息存储在一个文件中
ResponseFileName	返回信息存储文件的位置信息
Url	request 请求的 Url 值

Non-visible components

Web1

图 9.2 Web 控件

Web 控件支持获取文件（GotFile）和获取文本（GotText）事件，如图 9.3 所示。两个事件都表示数据请求完成，只数据返回形式不同。获取文件事件用来获取响应数据文件的位置信息；获取文本事件用来获取响应数据的文本数据。其中，参数 url 表示原始请求所使用的 url；responseCode 表示数据请求的结果，用一个数字表示请求成功或为什么请

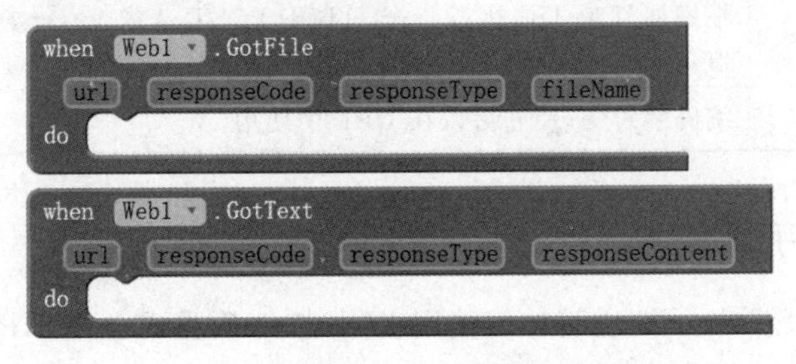

图 9.3 Web 控件的事件

求失败,例如200表示请求成功,404表示请求的页面没有找到,更加详细的信息可以参考网站 http://en.wikipedia.org/wiki/List_of_HTTP_status_codes;responseType 表示返回的数据类型,例如“text/csv”表示获取到 csv 格式的文本数据,“image/jpeg”表示获取到 jpeg 格式的图像文件,更加详细的信息可以参考网站 http://en.wikipedia.org/wiki/Mime_type。

如果属性 SaveResponse 设置为 false,表示响应数据不保存为文件,在获取文本事件的参数 responseContent 中,将获取到响应数据的文本信息;如果属性 SaveResponse 设置为 true,表示响应数据将保存为文件,在获取文件事件的参数 fileName 中将获取到的响应数据保存在本地的文本位置信息,而获取文本事件的参数 responseContent 将获取不到任何数据。

Web 控件支持的方法较多,具体如表9.2所示。

表9.2 Web控件方法及说明

方法	说明
BuildRequestData	将有两个元素的子列表的转换为格式化的字符串
ClearCookies	清空 Cookies
Delete	根据属性 Url 的值执行一个 HTTP DELETE 的请求,并得到一个新的应答
Get	执行一个 HTTP GET 请求,并根据属性 SaveResponse 获取响应。如果 SaveResponse 为 true,将响应保存成文件,并引发 GetFile 事件;如果 SaveResponse 为 false,将引发 Text 事件
HtmlTextDecode	对 html 文本值进行解码
JsonTextDecode	对 Json 文本值进行解码
PostFile	根据属性值 Url 执行一个 HTTP POST 请求,path 参数指定 Post 文件的路径
PostText	根据属性值 Url 执行一个 HTTP POST 请求,text 参数指定 Post 的文本值
PostTextWithEncoding	根据属性值 Url 执行一个 HTTP POST 请求,text 参数指定 Post 的文本内容,文本内容使用 encoding 指定的参数进行编码
PutFile	根据属性值 Url 执行一个 HTTP PUT 请求,path 参数指定 Post 文件的路径
PutText	根据属性值 Url 执行一个 HTTP POST 请求,text 参数指定 Post 的文本值,text 的内容使用 UTF-8 编码
PutTextWithEncoding	根据属性值 Url 执行一个 HTTP POST 请求,text 参数指定 Post 的文本值,text 的内容使用 encoding 指定的编码方式编码
UriEncode	编码字符串,使它可以在 URL 中使用

9.1.3 股票高手示例

下面通过 WebStock 示例说明如何使用 Web 控件从雅虎金融 API 中获取股票数据信息,并将这些信息以图表的形式显示出来。

WebStock 示例的运行界面如图 9.4 所示，示例中获取了六个公司的股票信息，分别是谷歌(GOOG)、IBM(IBM)、埃克森美孚(XOM)、强生(JNJ)、微软(MSFT)和卡特彼勒(CAT)。如图 9.5 所示，用户单击“获取股票数据”按钮后，这些数据会显示在界面上方的数据显示区，同时这些数据所生成的图表会显示在界面的下方。

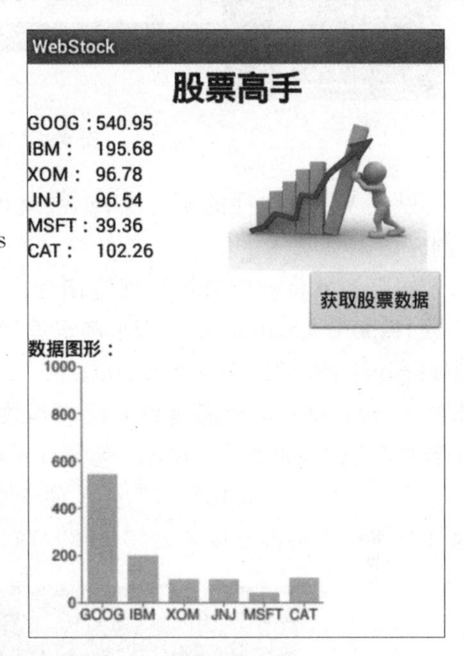

图 9.4　WebStock 示例的运行界面

在界面编辑器中，Web 控件的属性 AllowCookies 设置为 false，属性 ResponseFileName 设置为空，属性 SaveResponse 设置为 false，属性 Url 设置为空，如图 9.6 所示。

在逻辑编辑器中，首先处理“获取股票数据”按钮(Button1)的单击事件。在按钮的单击事件中，首先设置 Web1 控件的属性 Url 的值，将其设置为 http://finance.yahoo.com/d/quotes.csv?f=l1&s=GOOG+IBM+XOM+JNJ+MSFT+CAT，如图 9.7 所示。这个使用雅虎金融 API 的链接结构前面的内容中介绍过，不同之处在于最后的“GOOG+IBM+XOM+JNJ+MSFT+CAT”，表示同时获取 6 个公司的股票数据信息。

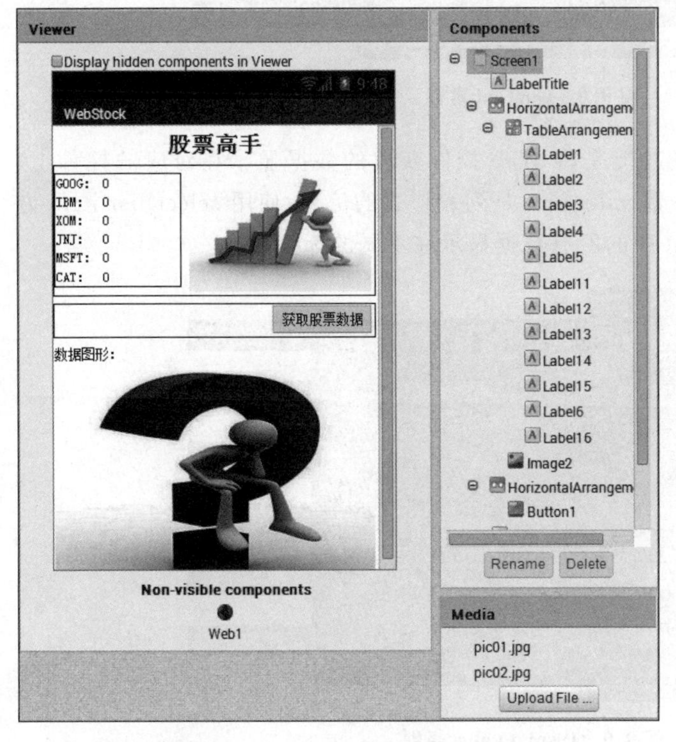

图 9.5　WebStock 示例界面设计图

图 9.6　Web 控件的属性设置

```
when Button1 .Click
do  set Web1 . Url to " http://finance.yahoo.com/d/quotes.csv?f=l1&s=GOOG+IBM+XOM+JNJ+MSFT+CAT "
    call Web1 .Get
```

图 9.7　Button1 的单击事件

设置 Web1 控件的属性 Url 后，就可以调用 Web1 控件的 Get 方法向服务器提交请求。

在服务器将响应数据返回应用程序后，就会引发 GotText 事件，返回的数据保存在参数 responseContent 中。为了确定返回的数据是否有效，要先判断 GotText 事件的参数 responseCode 的值是否为 200，200 表示数据请求成功。如果请求数据成功，则可以将参数 responseContent 传递给自定义函数 DisplayValue 和 DisplayChart，用于在界面中显示数据和图表，如图 9.8 所示。参数 responseContent 中的数据形式类似“546.29 196.52 97.355 97.42 39.60 102.67”，为了便于自定义函数处理数据，调用 split at spaces 方法将这些数字按空格拆分成列表(546.29,196.52,97.355,97.42,39.60,102.67)。

```
when Web1 .GotText
  url  responseCode  responseType  responseContent
do  if    get responseCode = 200
    then  call DisplayValue
                 valueList  split at spaces  get responseContent
          call DisplayChart
                 valueList  split at spaces  get responseContent
```

图 9.8　GotText 事件

自定义函数 DisplayValue 的功能是将 Web 控件获取的数据显示在对应的控件上，如图 9.9 所示。自定义函数的参数 valueList 是列表形式的信息，使用 select list item 方法，根据索引值，将参数 valueList 中的所有数据显示在不同的标签上。

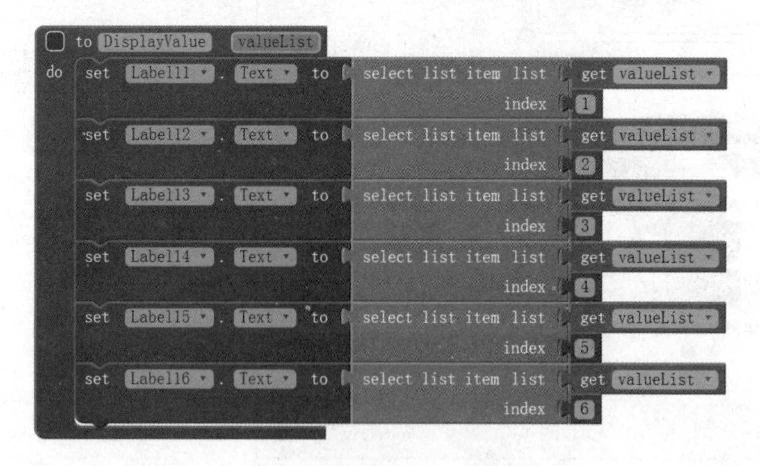

图 9.9　DisplayValue 函数

自定义函数 DisplayChart 的功能是将 Web 控件获取的数据显示成为图表，如图 9.10 所示。这个自定义函数定义了一个局部变量 piece，并使用 for each 模块遍历的列表参数 valueList，将列表参数 valueList 中的数据拼接成以逗号作为间隔的字符串，并将这个字符串赋值给局部变量 piece。if…then 模块的作用就是避免拼接处理的字符串最后一个字符是逗号。最后设置图像控件 Image1 的 Picture 属性，设置的值是一个 http 链接地址，使用的是 Google Chart API。

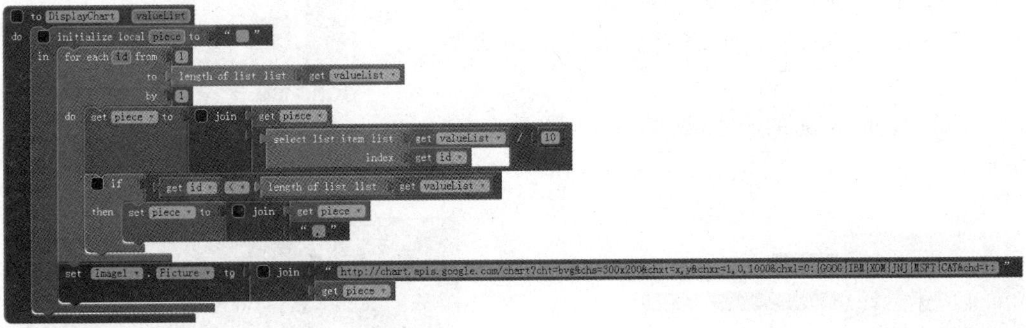

图 9.10　DisplayChart 函数

Google Chart API 是谷歌提供的图表生成服务，可以通过 URL 传递参数，动态生成饼图、柱状图、折线图和散点图等图表，如图 9.11 所示。

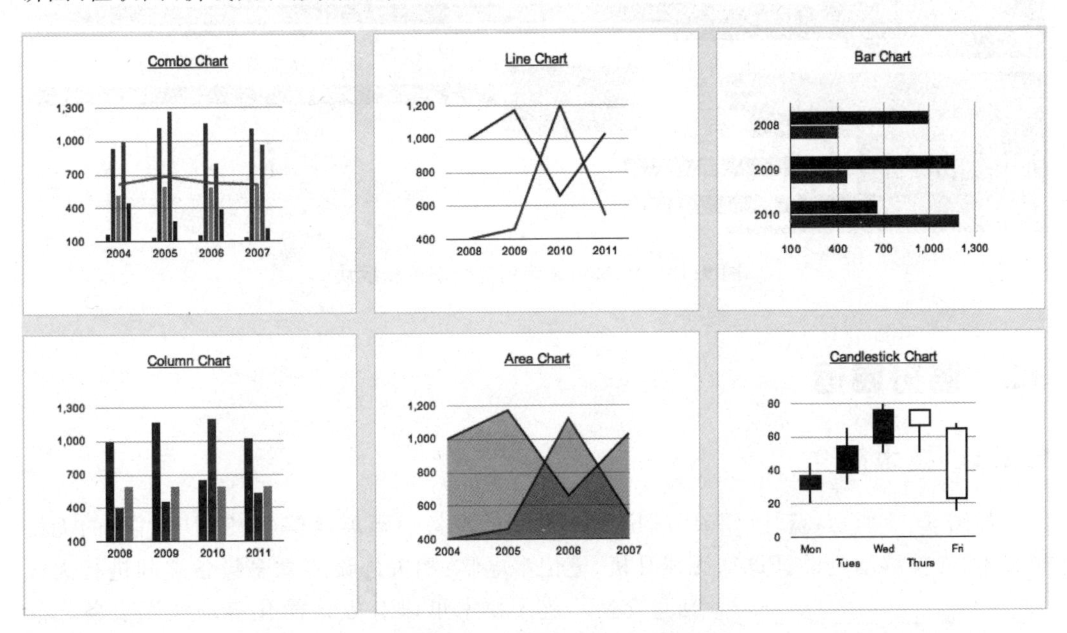

图 9.11　Google Chart API

传递给 Google Chart API 的 URL 为 http://chart.apis.google.com/chart?cht=bvg&chs=300x200&chxt=x,y&chxr=1,0,1000&chxl=0:|GOOG|IBM|XOM|JNJ|MSFT|CAT&chd=t:。在这个 URL 中，“cht=bvg”表示是柱状图；“chs=300x200”表

示生成的图表尺寸为 300×200；“chxt＝x，y”表示要显示 x、y 轴坐标；“chxr＝1，0，1000”表示在 x 轴上显示刻度范围为 0～1000；“chxl＝0：|GOOG|IBM|XOM|JNJ|MSFT|CAT”表示在 y 轴显示 6 个公司的股票代码；“chd＝t：”是要显示的数据，其中“t”是代表文本数据格式，与参数 piece 拼接好后，完整的格式应该为“chd＝t：546.29，196.52，97.355，97.42，39.60，102.67”。生成的图表如图 9.12 所示。

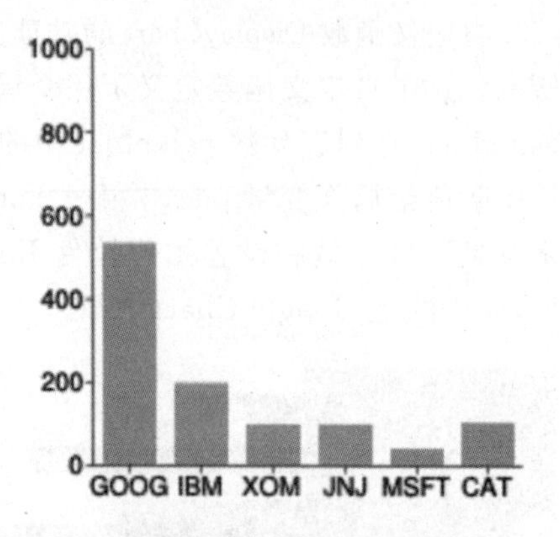

图 9.12　Google Chart 生成的图表

WebStock 示例的全部逻辑模块如图 9.13 所示。

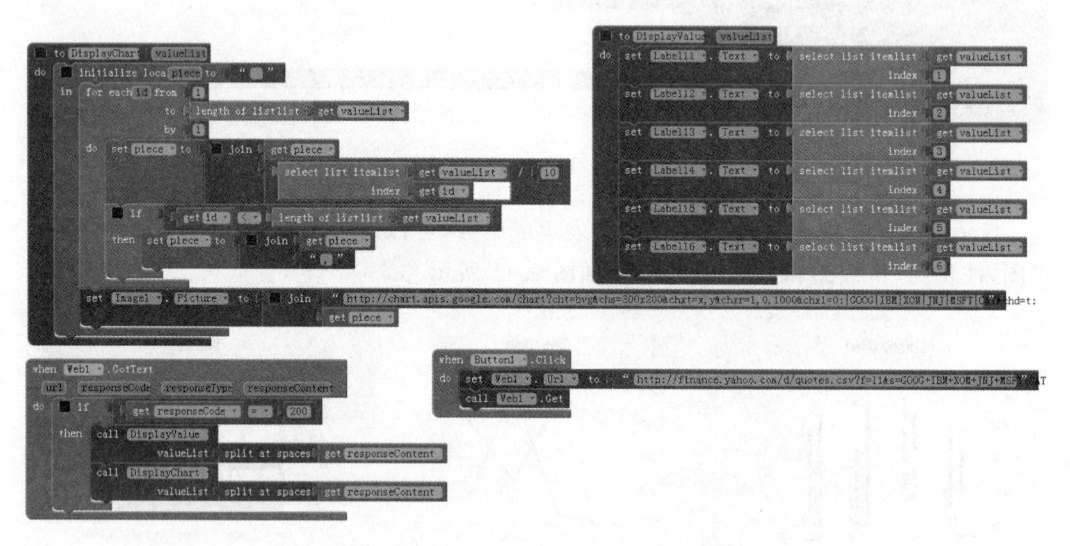

图 9.13　WebStock 示例的全部逻辑模块

9.2　蓝牙通信

9.2.1　技术简介

如图 9.14 所示，蓝牙(Bluetooth)是一种支持设备短距离通信(一般 10m 内)的无线电技术，支持移动电话、PDA、无线耳机、笔记本电脑、相关外设等众多设备之间进行无线信息交换。蓝牙技术可以有效地简化移动终端设备之间的通信，也能够简化设备与互联网之间的通信，从而使数据传输变得更加迅速高效。例如把蓝牙技术引入手机和笔记本电脑中，就可以省去手机与笔记本电脑之间的连接电缆，直接通过蓝牙的无线通道进行数据传输。

图 9.14　蓝牙

蓝牙技术规定两个设备进行蓝牙通信时，必须将设备分为“主端”和“从端”才可以。蓝牙设备可以在两个角色间切换，平时工作在从端模式，等待其他主设备来连接；需要时可以转换为主端模式，向其他设备发起呼叫请求。蓝牙通信前必须由主端进行“查找”，发起“配对”过程，连接成功后双方才可收发数据。

为了让两个设备在查找过程中可以发现对方，需要将蓝牙设置成为“可见”模式，如图 9.15 所示。这个“可见”模式一般有 2 分钟的时限，超过这个时限，蓝牙又自动变回“不可见”的模式。

然后找出周围处于“可见”模式的蓝牙设备，在找到目标设备后，就可以发起“配对”请求，如图 9.16 所示。

图 9.15　蓝牙的可见性设置

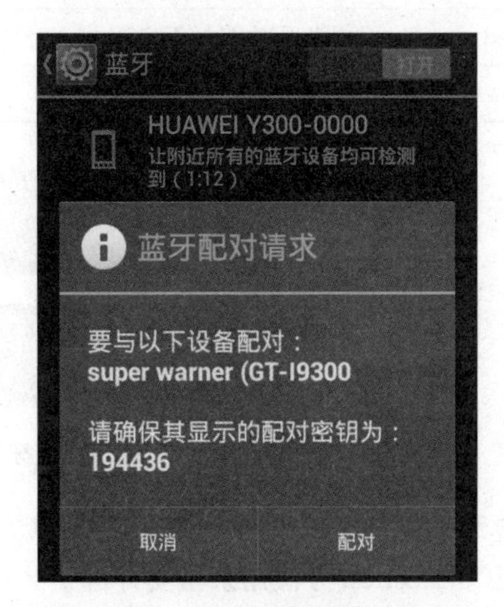

图 9.16　蓝牙配对请求

配对请求会同时出现在两个手机设备上，并显示“配对密钥”。在用户确认进行配对后，配对过程就完成了，信任信息会被记录下来，这样在下次呼叫时则不再需要重新配对。

蓝牙设备以主端模式发起呼叫时，需要知道对方的蓝牙地址、配对密码等信息。在通信状态下，主端和从端设备都可以发起断链请求，用以断开蓝牙链路。

9.2.2　蓝牙控件

在 AI2 中，支持蓝牙通信的控件有蓝牙客户端（BluetoothClient）和蓝牙服务端（BluetoothServer），都是非可视化控件，如图 9.17 所示。蓝牙客户端用来发起通信连接请求，而蓝牙服务端则负责接受通信连接请求。

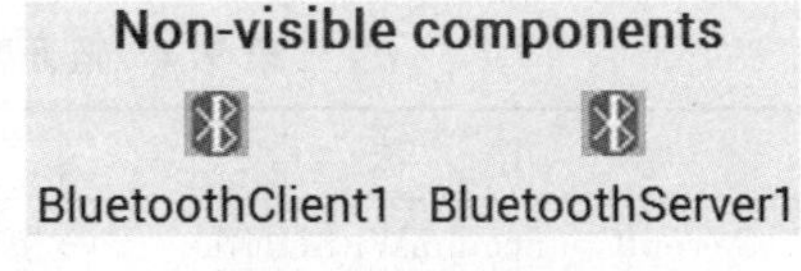

图 9.17　蓝牙客户端和蓝牙服务端控件

AddressesAndNames 属性是蓝牙客户端的专有属性，表示已配对蓝牙设备的地址和名称。蓝牙客户端和蓝牙服务端的共有属性如表 9.3 所示。

蓝牙客户端的专有方法是 Connect 和 IsDevicePaired，如图 9.18 所示。Connect 方法通过指定蓝牙地址 address 与另一个蓝牙设备建立连接；IsDevicePaired 方法用来检测是否与指定的设备完成配对。

表 9.3　蓝牙客户端和蓝牙服务端的共有属性

属　性	说　明
CharacterEncoding	接收信息的字符编码方式
DelimiterByte	使用 ReceiveText、ReceiveSignedBytes、ReceiveUnsignedBytes 等方法时的结束符
HighByteFirst	是否采用高位优先传递的传输方式
Secure	是否采用简易安全配对机制
Available	Android 设备的蓝牙可用性
Enabled	蓝牙功能是否启用
IsConnected	是否已建立连接

call BluetoothClient1 . Connect
address

call BluetoothClient1 . IsDevicePaired
address

图 9.18　蓝牙客户端的专有方法

蓝牙服务端的专有方法是 AcceptConnection 和 StopAccepting，如图 9.19 所示。AcceptConnection 方法用来接受外部蓝牙连接；StopAccepting 方法表示不再接受外部连接请求。

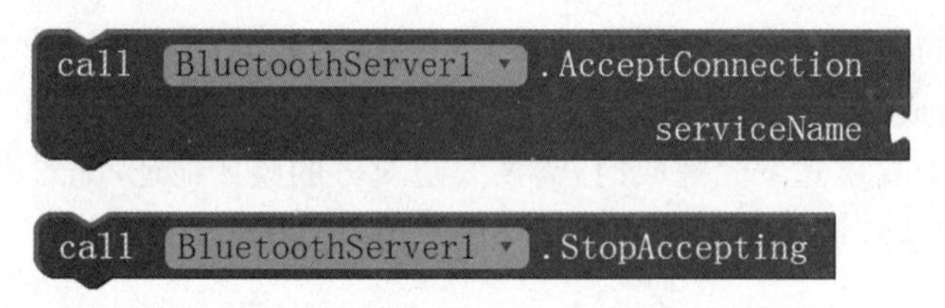

图 9.19　蓝牙服务端的专有方法

蓝牙客户端和蓝牙服务端的共有方法如表 9.4 所示。

表 9.4　蓝牙客户端和蓝牙服务端的共有方法

方　法	说　明
AcceptConnectionWithUUID	接受指定 uuid 的蓝牙连接请求
BytesAvailableToReceive	在不阻塞的情况下可接收的字节数(估计值)
Disconnect	断开已经连接的蓝牙设备
ReceiveSigned1ByteNumber	从连接的蓝牙设备接收一个字节长度的有符号数
ReceiveSigned2ByteNumber	从连接的蓝牙设备接收两个字节长度的有符号数
ReceiveSigned4ByteNumber	从连接的蓝牙设备接收四个字节长度的有符号数

续表

方 法	说 明
ReceiveSignedBytes	从连接的蓝牙设备接收多个字节的有符号数的值，如果 numberOfBytes 小于0，则一直读取直到遇到结束符
ReceiveText	从连接的蓝牙设备接收一个字符串，如果 numberOfBytes 小于0，则一直读取直到遇到结束符
ReceiveUnsigned1ByteNumber	从连接的蓝牙设备接收一个字节长度的无符号数
ReceiveUnsigned2ByteNumber	从连接的蓝牙设备接收两个字节长度的无符号数
ReceiveUnsigned4ByteNumber	从连接的蓝牙设备接收四个字节长度的无符号数
ReceiveUnsignedBytes	从连接的蓝牙设备接收多个字节的无符号数的值，如果 numberOfBytes 小于0，则一直读取直到遇到结束符
Send1ByteNumber	向连接的蓝牙设备发送一个字节长度的数
Send2ByteNumber	向连接的蓝牙设备发送两个字节长度的数
Send4ByteNumber	向连接的蓝牙设备发送四个字节长度的数
SendBytes	向连接的蓝牙设备发送列表
SendText	向连接的蓝牙设备发送字符串

蓝牙客户端没有可以支持的事件，蓝牙服务端只支持 ConnectionAccepted 事件，如图 9.20 所示。ConnectionAccepted 事件在蓝牙端服务端同意蓝牙客户端的连接请求后产生。

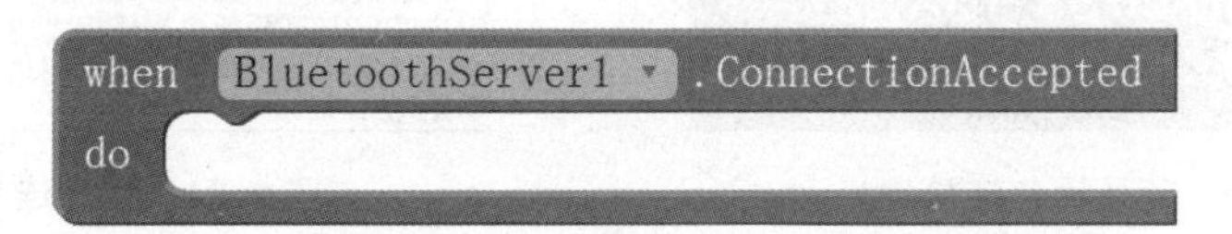

图 9.20 蓝牙服务端的 ConnectionAccepted 事件

9.2.3 蓝牙通信示例

下面通过 Bluetooth 示例说明如何使用蓝牙客户端和蓝牙服务端，实现一个简单的蓝牙聊天软件，如图 9.21 所示。示例的昵称是随机产生的，用于标识在聊天过程中的不同用户。

图 9.21 Bluetooth 示例的运行界面

Bluetooth 示例将蓝牙客户端和蓝牙服务端集成在一个应用程序中。在示例启动后，会在应用的上方显示“蓝牙应用”的字样，当完成蓝牙连接后，会根据角色显示“蓝牙客户端”或“蓝牙服务端”，如图 9.22 所示。

Bluetooth 示例进行调试时需要两部手

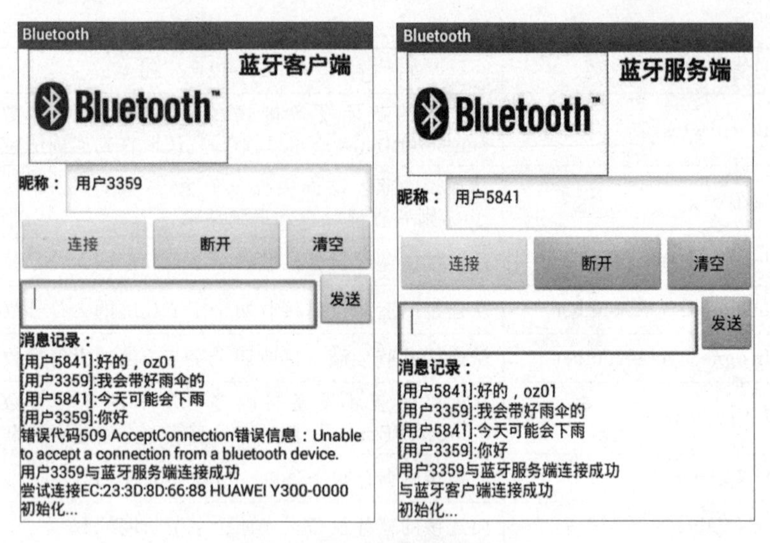

图 9.22　蓝牙连接的不同角色

机，不但要开启手机的蓝牙功能，还要完成蓝牙的配对过程。

在完成蓝牙的配对后，单击 Bluetooth 示例界面上的“连接”按钮，选择已经完成配对的蓝牙设备连接地址，如图 9.23 所示。如果两个手机的蓝牙连接成功，示例的“消息记录”栏中将显示如图 9.24 所示的提示信息。

图 9.23　蓝牙设备连接地址

消息记录：
错误代码509 AcceptConnection错误信息：Unable to accept a connection from a bluetooth device.
用户3359与蓝牙服务端连接成功
尝试连接EC:23:3D:8D:66:88 HUAWEI Y300-0000
初始化...

图 9.24　蓝牙连接成功

如图 9.25 所示，在界面编辑器中，将蓝牙客户端和蓝牙服务端控件的 CharacterEncoding 属性设置为 UTF-8，保证蓝牙通信可以发送中文信息；DelimiterByte 属性的值设置为 0；Secure 属性的值设置为 true，启用简易安全配对机制。Clock1 控件的 TimerAlwaysFires 设置为 true；TimerEnabled 设置为 false；TimerInterval 属性的值设置为 1000。

在逻辑编辑器中，首先定义全局变量 isServer，用来判定在蓝牙连接过程中的角色，初始值设置为 false，如图 9.26 所示。

屏幕页的初始化过程中，首先使用 random integer 方法生成随机昵称，昵称的形式是“用户＋数字”，例如“用户 1200”或“用户 3323”。然后调用自定义函数 Init，如图 9.27 所示。

自定义的 Init 函数主要用来初始化一些基础设置，除了在屏幕页初始化的时候会被调用，在蓝牙连接失败和断开蓝牙连接时也都会被调用。如图 9.28 所示，在 Init 函数中，首先调用蓝牙服务器的 Acceptconnection 方法清空蓝牙的外部服务名称，将蓝牙服务器恢复到未连接状态；然后设置全局变量 isServer 为 false；再设置 Clock1 的 TimerEnabled 属性为 false，停止时钟运行；最后调用自定义的 Log 函数，将“初始化…”显示在界面上。

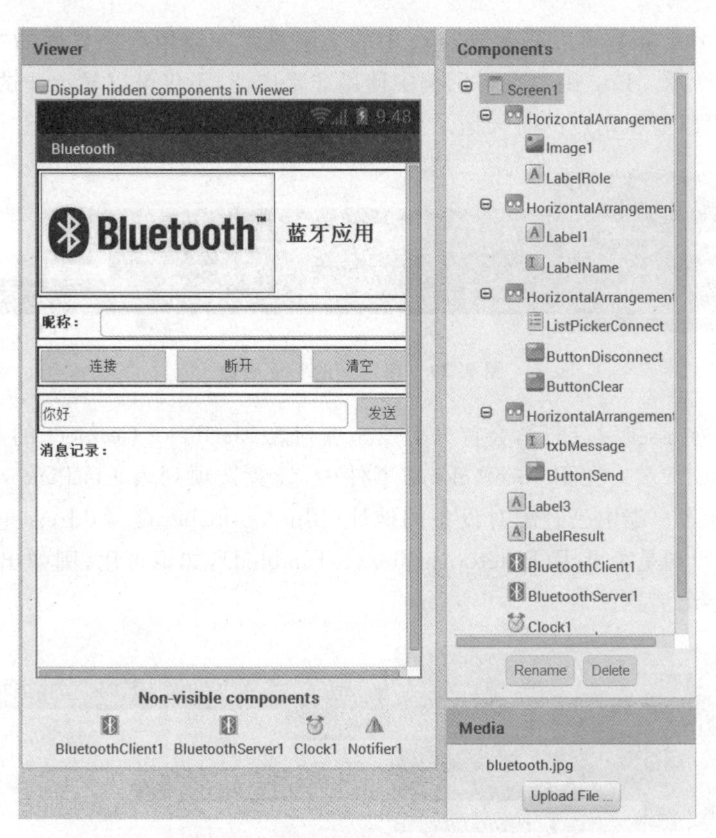

图 9.25　**Bluetooth** 示例界面设计图

```
initialize global isServer to false
```

图 9.26　定义全局变量 **isServer**

```
when Screen1 .Initialize
do  set LabelName . Text to  join  " 用户 "
                                   random integer from 1000 to 9999
    call Init
```

图 9.27　屏幕页的初始化过程

```
to Init
do  call BluetoothServer1 .AcceptConnection
                              serviceName " "
    set global isServer to false
    set Clock1 . TimerEnabled to false
    call Log
           text " 初始化... "
```

图 9.28　自定义的 **Init** 函数

自定义的Log函数可以将参数text中的文字显示在应用程序界面的“消息记录”栏中，如图9.29所示。Log函数在本示例中使用非常广泛，不仅可以显示调试信息、蓝牙的连接情况，还可以显示用户的聊天记录等内容。

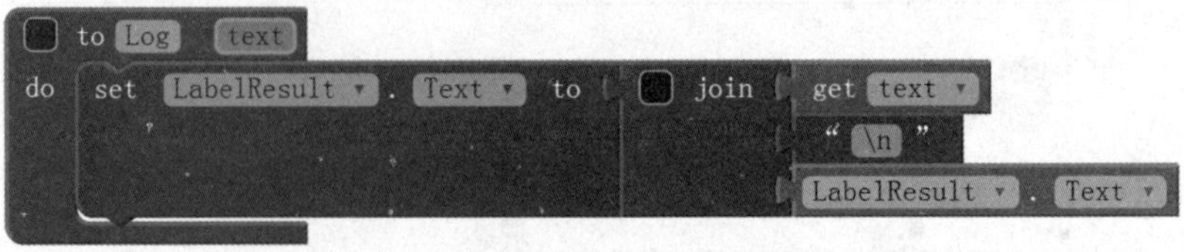

图9.29　自定义的Log函数

在用户单击“连接”按钮后，会首先引发选项列表ListPickerConnect的BeforePicking事件，如图9.30所示。在BeforePicking事件中，设置选项列表ListPickerConnect中的列表项，为蓝牙客户端中已经配对设备的地址(BluetoothClient1.AddressesAndNames)；并判断蓝牙客户端是否可用(BluetoothClient1.Enabled)，如不可用，则弹出“请开启手机的蓝牙功能”浮动消息。

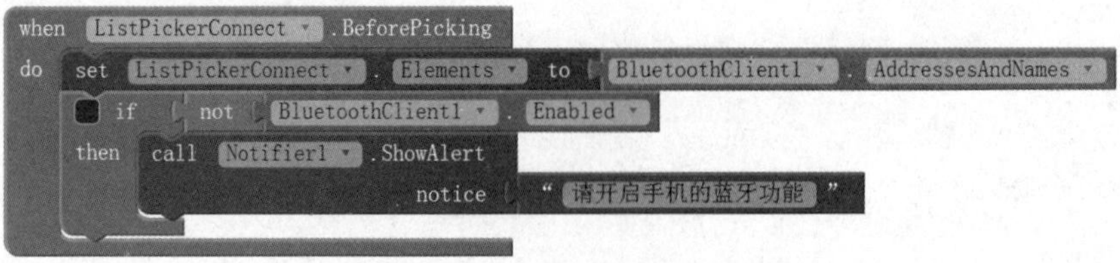

图9.30　BeforePicking事件

在用户从选项列表ListPickerConnect中选择需要连接的蓝牙设备地址后，会引发选项列表ListPickerConnect的AfterPicking事件，如图9.31所示。AfterPicking事件首先判断蓝牙服务器模块是否正在接受其他应用的蓝牙客户端模块的连接(BluetoothServer1.IsAccepting)，如果是，则停止连接过程(BluetoothServer1.StopAccepting)。

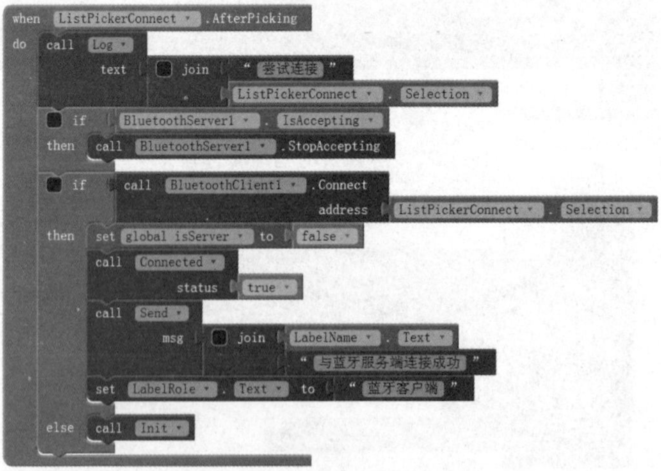

图9.31　AfterPicking事件

然后，根据选项列表 ListPickerConnect 中的选择调用蓝牙客户端的 Connect 方法，根据蓝牙地址信息连接蓝牙服务器。因为蓝牙服务器可能没有启动或者其他原因导致连接失败，所以根据蓝牙客户端 Connect 方法的返回值判断连接过程是否成功。如果连接失败，则调用自定义的 Init 函数；如果连接成功，要调用自定义的 Send 函数向蓝牙服务端发送连接成功信息，并调用自定义的 Connected 函数，更改界面部分按钮的可点击状态，启动时钟。

自定义的 Connected 函数主要功能是根据参数 status（布尔值）修改界面“连接”按钮、“断开”按钮和“发送”按钮的可点击状态，并控制时钟的启动和停止，如图 9.32 所示。

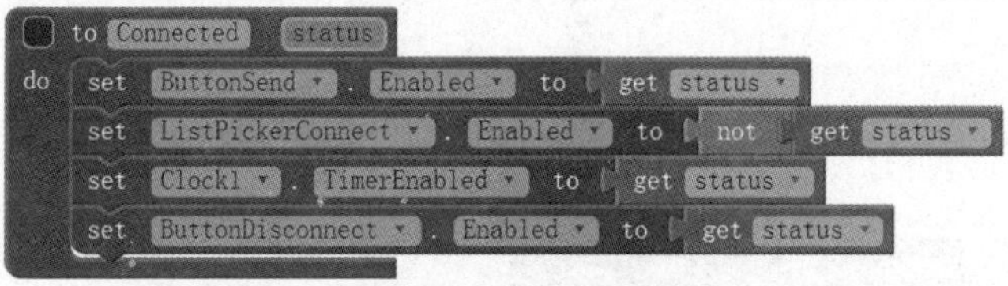

图 9.32　自定义的 Connected 函数

如果应用程序的角色是蓝牙服务端，在同意蓝牙客户端的连接请求后，会引发 ConnectionAccepted 事件，如图 9.33 所示。在 ConnectionAccepted 事件中，全局变量 isServer 会被设置成 true，表示角色变更为“蓝牙服务端”；然后同样会调用自定义的 Connected 函数修改按钮的可点击性和启动时钟。

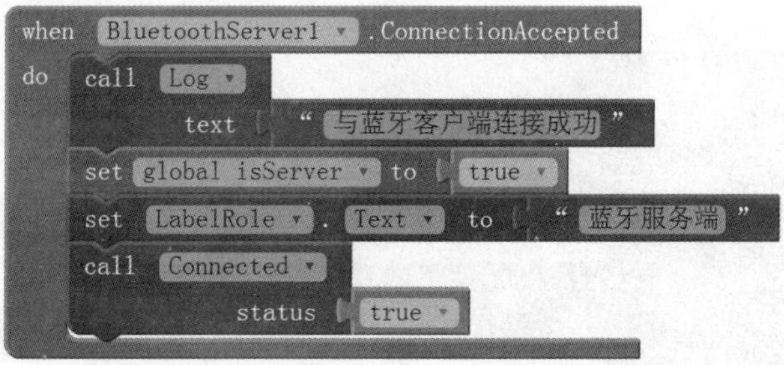

图 9.33　蓝牙服务端 ConnectionAccepted 事件

在时钟 Clock1 的 Timer 事件中，如果全局变量 isServer 的值为 true，则调用蓝牙服务端的数据接收函数；如果全局变量 isServer 的值为 false，则调用蓝牙客户端的数据接收函数。在调用数据接收方法 ReceiveText 前，先要调用 BytesAvailableToReceive 方法获取可接收的数据量，然后根据这个“可接收的数据量”接收蓝牙通信的数据，如图 9.34 所示。

在“发送”按钮 ButtonSend 的单击事件中调用自定义的 Send 函数，可将固定格式的信息发送到蓝牙连接的另一端，信息的格式是“[昵称]:信息”，如图 9.35 所示。

自定义的 Send 函数首先要判断发送者的角色，如果是蓝牙服务端，则调用服务端的 SendText 函数；如果是蓝牙客户端，则调用客户端的 SendText 函数，如图 9.36 所示。同时，还要把发送的信息显示在“消息记录”栏中。

```
when Clock1 .Timer
do  if  get global isServer
    then  if  call BluetoothServer1 .BytesAvailableToReceive > 0
          then  call Log
                  text  call BluetoothServer1 .ReceiveText
                          numberOfBytes  call BluetoothServer1 .BytesAvailableToReceive
    else  if  call BluetoothClient1 .BytesAvailableToReceive > 0
          then  call Log
                  text  call BluetoothClient1 .ReceiveText
                          numberOfBytes  call BluetoothClient1 .BytesAvailableToReceive
```

图 9.34　时钟 Clock1 的 Timer 事件

```
when ButtonSend .Click
do  call Send
      msg  join  " [ "
                 LabelName . Text
                 " ]: "
                 txbMessage . Text
```

图 9.35　“发送”按钮的单击事件

```
to Send msg
do  if  get global isServer
    then  call BluetoothServer1 .SendText
            text  get msg
    else  call BluetoothClient1 .SendText
            text  get msg
    call Log
      text  get msg
```

图 9.36　自定义的 Send 函数

“断开”按钮 ButtonDisconnect 的单击事件直接调用自定义的 Disconnect 函数，如图 9.37 所示。

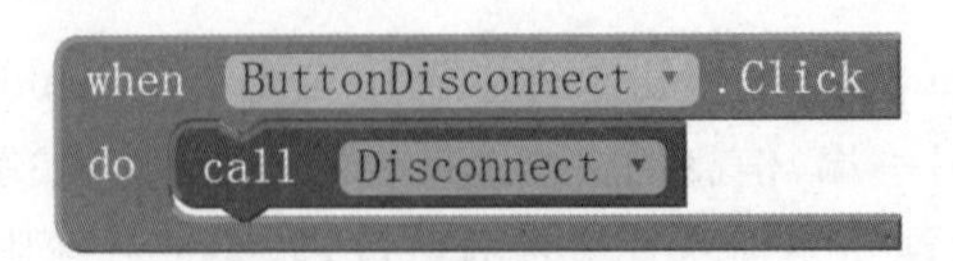

图 9.37　“断开”按钮的单击事件

自定义的 Disconnect 函数也要根据角色调用不同的 Disconnect 方法，并调用自定义的 Connected 函数和 Init 函数，如图 9.38 所示。

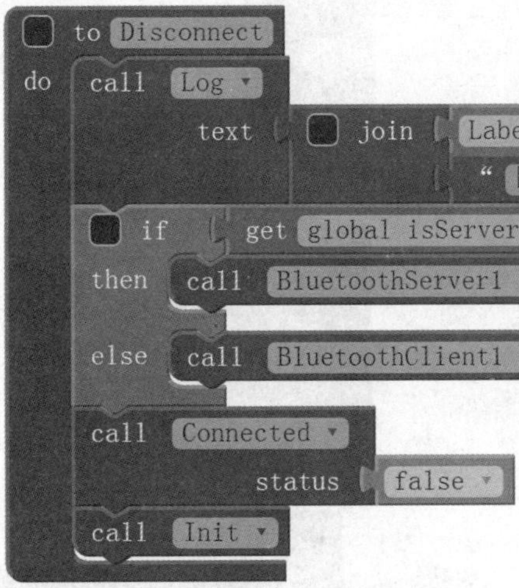

to Disconnect
do call Log
text join LabelName . Text
" 断开蓝牙连接 "
if get global isServer
then call BluetoothServer1 .Disconnect
else call BluetoothClient1 .Disconnect
call Connected
status false
call Init

图 9.38 自定义的 Disconnect 函数

"清空"按钮 ButtonClear 的单击事件只是将标签 LabelResult 的 Text 属性设置为空，用以清除"消息记录"中的所有信息，如图 9.39 所示。

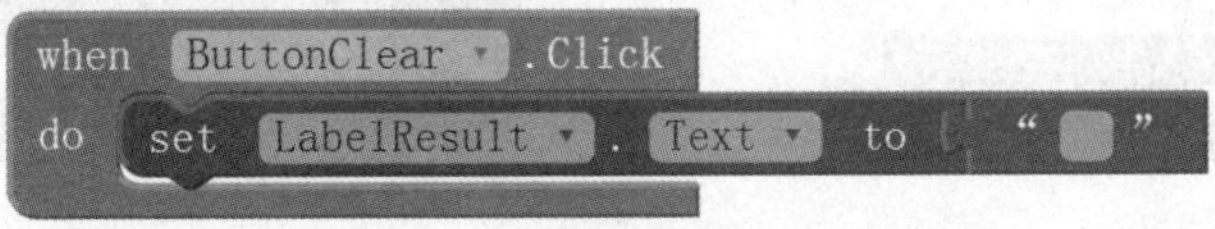

when ButtonClear .Click
do set LabelResult . Text to " "

图 9.39 "清空"按钮的单击事件

最后一个模块是屏幕页的错误事件(Screen1. ErrorOccurred)模块，如图 9.40 所示，在这个事件中将捕获的异常和错误显示在"消息记录"栏中。

when Screen1 .ErrorOccurred
component functionName errorNumber message
do call Log
text join " 错误代码 "
get errorNumber
" "
get functionName
" 错误信息: "
get message

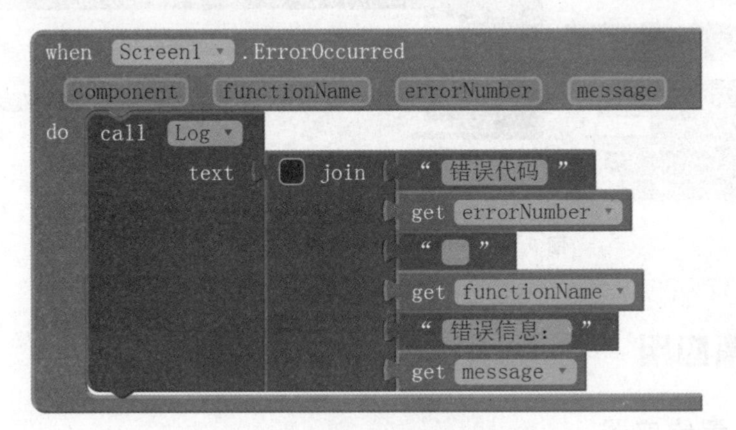

图 9.40 屏幕页的错误事件

Bluetooth 示例的全部逻辑模块如图 9.41 所示。

图 9.41 Bluetooth 示例的全部逻辑模块

9.3 地图应用

9.3.1 位置传感器

位置服务（Location-Based Services，LBS）又称定位服务或基于位置的服务，融合了GPS定位、移动通信、导航等多种技术，提供与空间位置相关的综合应用服务。定位服务可以获取用户终端的位置信息，Android 系统支持 GPS、WiFi 和基站信号 3 种定位方式。

位置传感器(LocationSensor)采用上述 3 种定位技术，可以获取手机的经度、纬度和海拔等数据。位置传感器是非可视化控件，如图 9.42 所示。

图 9.42 位置传感器

位置传感器支持较多属性，包括定位精度、定位硬件、经纬度、海拔等信息，如表 9.5 所示。

表 9.5 位置传感器的属性及说明

属性	说明
Accuracy	设备的精确度，单位为米
AvailableProviders	可用的位置服务提供硬件
CurrentAddress	当前所在位置地址
Enabled	是否启用位置服务
HasAccuracy	是否可返回设备精确度
HasAltitude	是否可返回设备高度
HasLongitudeLatitude	是否可返回设备经纬度
Latitude	纬度
Longitude	经度
Altitude	海拔高度
ProviderLocked	锁定位置服务提供者
ProviderName	位置服务提供者名称
TimeInterval	每隔多长时间显示一次定位信息
DistanceInterval	每隔多远距离显示一次定位信息

位置传感器支持位置改变事件(LocationChanged)和位置服务提供者状态改变事件(StatusChanged)，如图 9.43 所示。位置改变事件在手机的经度、纬度和高度发生变化时产生，一般用来获取这三项数值。位置服务提供者状态改变事件在位置服务提供者的状态发生变化时产生，用来获取位置服务提供者的基本信息和状态信息。

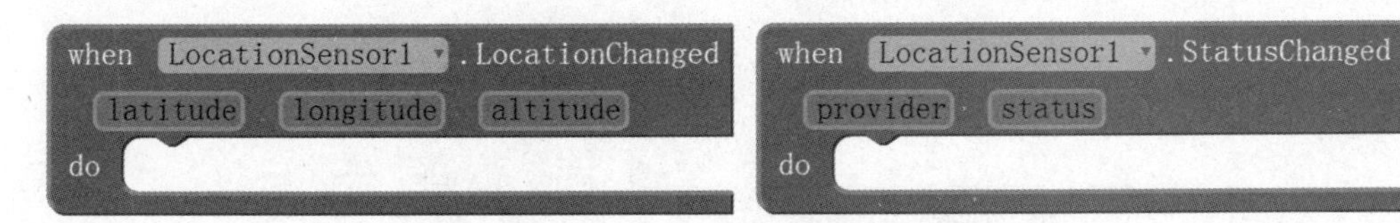

图 9.43 位置传感器支持的事件

位置传感器支持 LatitudeFromAddress 方法和 LongitudeFromAddress 方法。LatitudeFromAddress 方法可以从地址中获取经度信息，LongitudeFromAddress 方法可

以从地址中获取纬度信息，如图 9.44 所示。

为了能更好地理解位置传感器的事件和属性，下面通过 LocationSensor 示例介绍如何获取位置信息和服务提供者信息。LocationSensor 示例可以获取到手机的经度、纬度、海拔信息、服务提供者和状态信息，如图 9.45 所示。

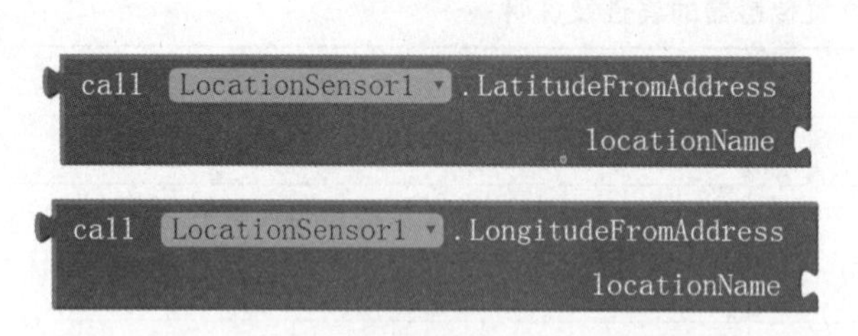

图 9.44　位置传感器支持的方法

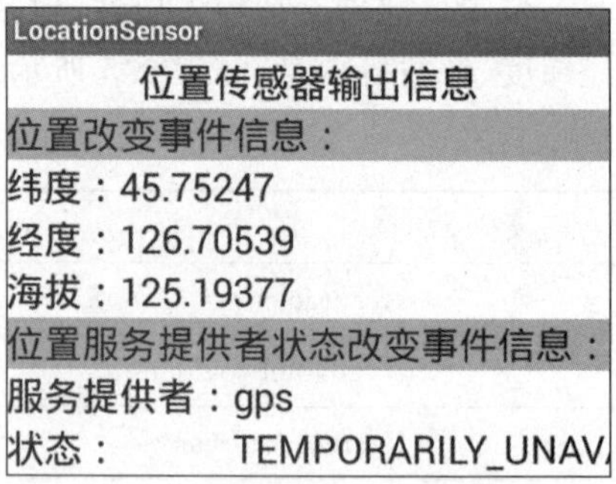

LocationSensor
位置传感器输出信息
位置改变事件信息：
纬度：45.75247
经度：126.70539
海拔：125.19377
位置服务提供者状态改变事件信息：
服务提供者：gps
状态：　TEMPORARILY_UNAV

图 9.45　LocationSensor 示例的运行界面

在界面编辑器中，LocationSensor 示例中可视化控件只有标签，非可视化控件有表格布局和位置传感器，如图 9.46 所示。

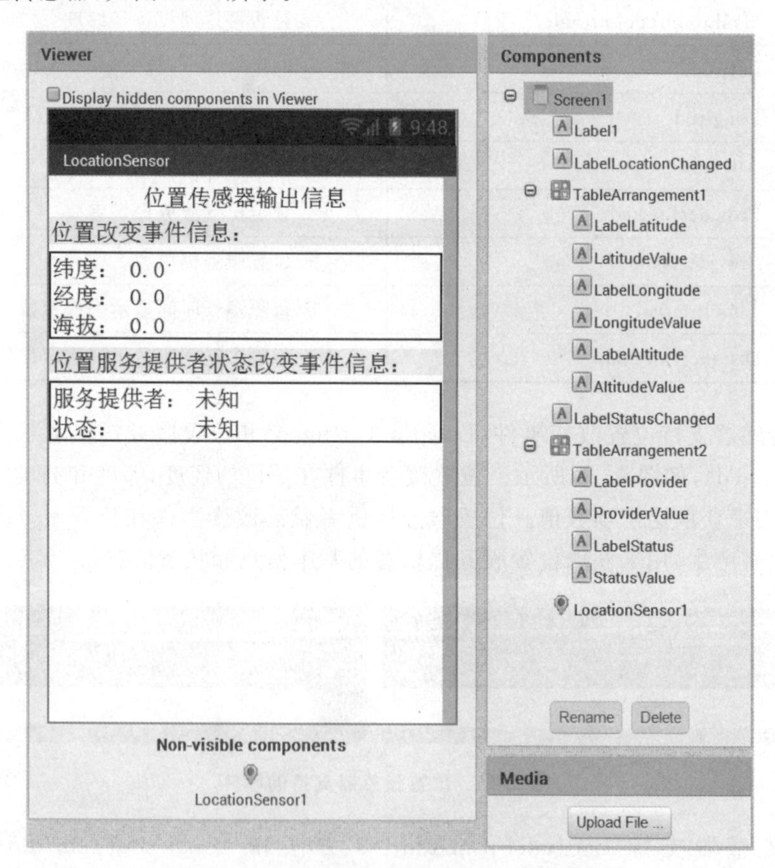

图 9.46　LocationSensor 示例界面设计图

LocationSensor 示例的逻辑模块比较简单，只有两个关于位置传感器控件的事件模块，LocationSensor 示例的全部逻辑模块如图 9.47 所示。

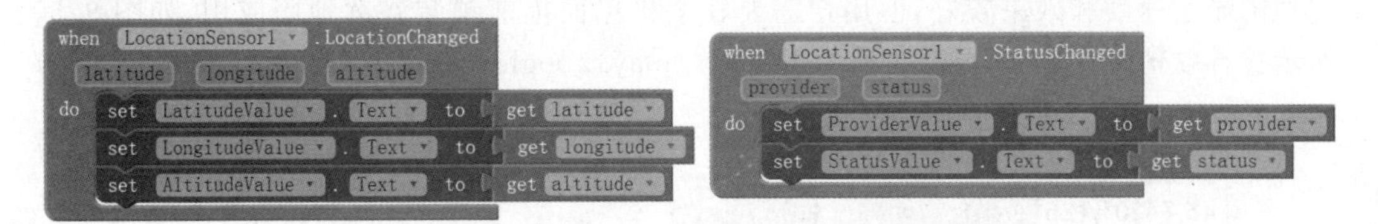

图 9.47　LocationSensor 示例的全部逻辑模块

9.3.2　谷歌地图

谷歌地图是谷歌公司提供的电子地图服务，可以提供含有政区、交通和商业信息的地图，提供不同分辨率的卫星照片，并且可显示地形和等高线地形视图。图 9.48 所示是 Android 手机中的谷歌地图。

图 9.48　Android 手机中的谷歌地图

在 AI2 中使用谷歌地图一般有两种途径，一种是使用网页浏览器（WebViewer），另一种是使用程序启动器（ActivityStarter）。

使用 WebViewer 是在浏览器中打开谷歌地图，只需将 URL 链接地址传递给 WebViewer 控件的 GoToUrl 方法，就可以在 Web 浏览器中打开谷歌地图。例如，要获取经纬度为（45.76，126.70）的谷歌地图，GoToUrl 方法的参数构成为"http://maps.google.com/maps? q=45.76,126.70"，WebViewer 中的显示效果如图 9.49 所示。这种方法虽然简单易用，但其显示速度和效果并不十分理想。

使用 ActivityStarter 可以在新的屏幕页中打开谷歌地图，只需将 URI 参数传递给 ActivityStarter 控件的 DataUri 方法，就可以在新的屏幕页中打开谷歌地图。这种方法的地图显示速度和效果较好，但用户需要在手机里面提前预装谷歌地图应用，如图 9.50 所示。谷歌地图应用的下载地址为 https://play.google.com/store/apps/details?id=com.google.android.apps.maps。

图 9.49　手机浏览器的谷歌地图

图 9.50　谷歌地图

9.3.3　程序启动器

程序启动器(ActivityStarter)是启动其他应用程序的控件，可以用来启动其他 AI2 程序、摄像头程序、Web 搜索程序或谷歌地图。程序启动器是非可视化控件，如图 9.51 所示。

程序启动器只有一个 AfterActivity 事件，如图 9.52 所示。打开屏幕页(Activity)后产生该事件，其参数 result 常用于获取屏幕页的传递值。

Non-visible components

ActivityStarter1

图 9.51　程序启动器

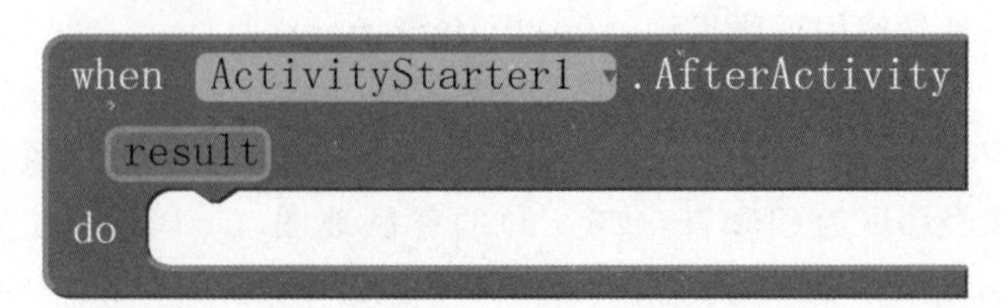

图 9.52　AfterActivity 事件

ActivityStarter 支持 StartActivity 和 ResolveActivity 方法，如图 9.53 所示。StartActivity 方法用来启动目标屏幕页，在相关参数设置完毕后，调用该方法可以在手机上直接打开新的应用程序。ResolveActivity 用来获取屏幕页的解析结果，如果没有明确指定需要打开哪个应用程序，则需要由 Android 系统来确定，这个方法可以在正式打开程序前，尝试获取 Android 系统的解析结果。如果 ResolveActivity 方法的解析结果为空，则表示没有可以被打开的应用程序。

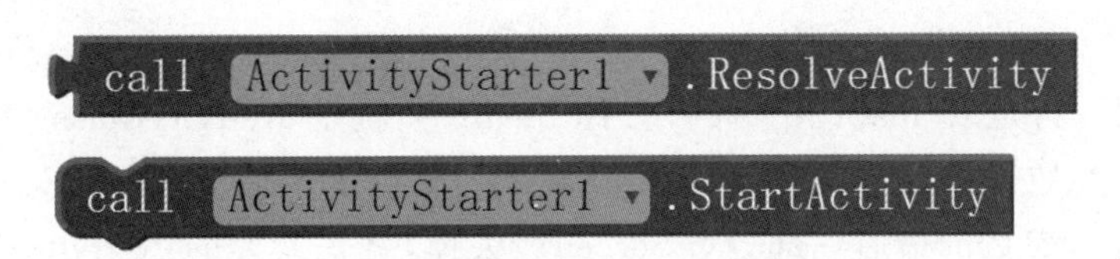

图 9.53　ActivityStarter 的方法

通过设置 ActivityStarter 的属性，可以启动不同的应用程序，每项属性的含义如表 9.6 所示。

表 9.6　ActivityStarter 属性及说明

属　性	说　明	属　性	说　明
Action	动作	ExtraValue	键值
ActivityClass	类名	Result	结果返回值
ActivityPackage	包名称	ResultName	结果返回值名称
DataUri	通用资源符	ResultType	结果返回值类型
DataType	数据类型	ResultUri	返回值的通用资源标识或数据
ExtraKey	键名		

下面将启动的应用程序分为 5 类，介绍如何设置程序启动器的属性值，进而启动不同类型的应用程序。

1. 启动其他 AI2 应用程序

启动其他 AI2 应用程序只需要设置两个参数，即 ActivityPackage 和 ActivityClass，但要找到这两个参数值，还是颇费周折的。

首先要从 AI2 中下载目标程序的源代码，需要的两个参数值就在程序的源代码中。源代码文件的扩展名是 aia，可以视其为压缩包文件，使用通用的压缩软件（例如“360 压缩”软件）将其解压缩。然后找到 youngandroidproject/project.properties 文件，这个文件是保存应用程序基础数据的文件，打开这个文件，以“main”开头的第一行就是需要的内容。

为了说明如何获取 ActivityPackage 和 ActivityClass 参数，下面以 LocationSensor 示例的 project.properties 文件内容进行说明。

```
main=appinventor.ai_warnersuper.LocationSensor.Screen1
name=LocationSensor
assets=../assets
source=../src
build=../build
versioncode=1
versionname=1.0
useslocation=False
```

文件的第一行是以“main”开始的,去掉“main=”就是ActivityClass参数,也就是说ActivityClass参数的值应该是appinventor. ai_warnersuper. LocationSensor. Screen1。将ActivityClass参数的最后一部分(. Screen1)去掉,就是需要的ActivityPackage参数,因此ActivityPackage参数为appinventor. ai_warnersuper. LocationSensor。

2. 启动手机中已有的应用程序

启动手机中已有的应用程序需要设置Action、ActivityPackage和ActivityClass 3个参数。下面以摄像头程序为例,说明如何启动手机中已有的应用程序。

摄像头程序是手机中必备的内置软件,用来控制手机摄像头进行录像和拍照。如果要找到需要的参数,则需对基于代码的Android程序具有一定的了解,这方面的内容可以参考笔者的另一本Android书籍《Android应用程序开发(第2版)》。这里将直接给出需要的参数,如表9.7所示。

表9.7 启动手机程序的参数值

参数	值	参数	值
Action	android. intent. action. MAIN	ActivityClass	com. android. camera. Camera
ActivityPackage	com. google. android. camera		

3. 启动Web搜索程序

这里假设需要搜索的内容是greatwall,则需要设置的参数共五个,分别是Action、ExtraKey、ExtraValue、ActivityPackage和ActivityClass,具体参数设置如表9.8所示。

表9.8 启动Web搜索程序的参数值

参 数	值
Action	android. intent. action. WEB_SEARCH
ExtraKey	query
ExtraValue	greatwall
ActivityPackage	com. google. android. providers. enhancedgooglesearch
ActivityClass	com. google. android. providers. enhancedgooglesearch. Launcher

4. 启动浏览器，并打开指定的网页

启动手机中内置的 Web 浏览器，并打开指定链接地址的网页，需要设置参数 Action 和 DataUri 的值。Action 参数设置为 android. intent. action. VIEW，表示调用手机内部程序浏览指定的内容，但具体会打开哪个程序，还是要根据所指定的“浏览内容”确定。笔者将第二个参数 DataUri 设置为 http://android. hrbeu. edu. cn，其实只要出现“http”的字样，Android 系统就会调用系统内部的 Web 浏览器。启动浏览器打开网页的参数值如表 9.9 所示。

5. 启动谷歌地图，显示指定地点

启动谷歌地图并显示指定地点需要设置的参数依然为 Action 和 DataUri。DataUri 的中的参数为 geo:0,0&q=Potala Palace，其中，Potala Palace 是要显示在地图上的地点。启动谷歌地图并显示指定地点的参数值设置如表 9.10 所示。

表 9.9 启动浏览器打开网页的参数值

参数	值
Action	android. intent. action. VIEW
DataUri	http://android. hrbeu. edu. cn

表 9.10 启动谷歌地图的参数值

参数	值
Action	android. intent. action. VIEW
DataUri	geo:0,0&q=Potala Palace

9.3.4 梦幻旅游示例

DreamTour 示例可以浏览图片中的四大旅游胜地，并在谷歌地图中查看旅游胜地的位置。DreamTour 示例的运行界面如图 9.54 所示。

图 9.54 DreamTour 示例的运行界面

界面中“选择景点”标签下方的 4 个小图片是可以单击的按钮，单击不同的小图片会显示不同景点的名称和图片。4 个小图片分别是复活节岛石像、拉萨布达拉宫、纽约自由女神像和巴黎埃菲尔铁塔。选择不同的景点后单击“打开地图”按钮，就可以启动谷歌地图，并自动搜所选择的景点，然后将景点的位置信息显示在地图上。

如图 9.55 所示为 DreamTour 示例界面设计图，需要注意的是，在设置 ActivityStarter 的属性时，Action 属性是务必要设置的，而 DataUri 是在程序运行过程中根据用户选择进行动态设置的。ActivityClass 和 ActivityPackage 参数是选择性设置的，设置这两个参数，可以唯一指定要启动的程序；如果不设置，在手机中装有多个地图软件时，会要求用户进行选择，如图 9.56 所示。

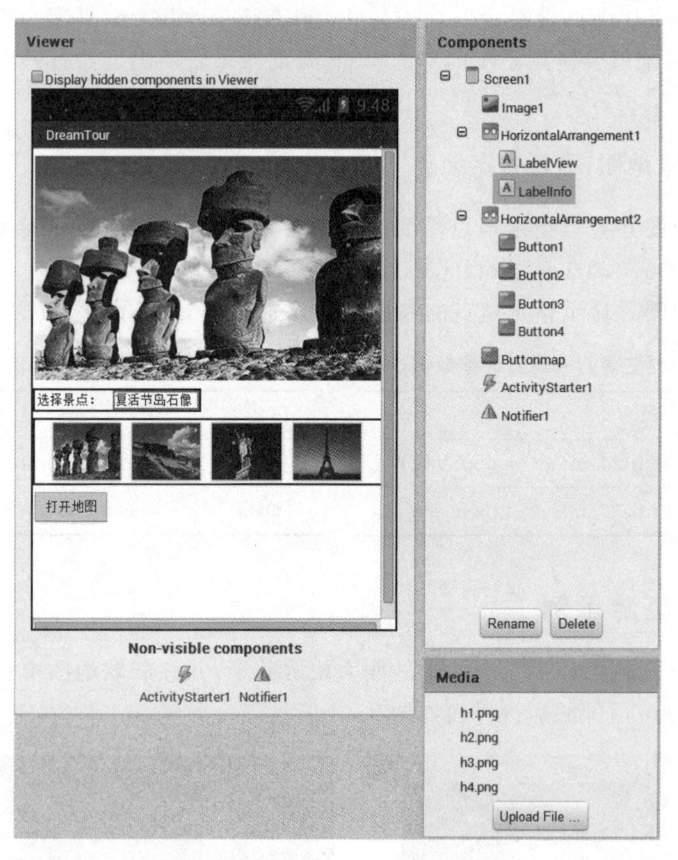

图 9.55　DreamTour 示例界面设计图

如果希望避免从多个地图软件中选择，参照表 9.11 设置 ActivityClass 和 ActivityPackage 参数，可以直接打开谷歌地图。

图 9.56　选择动作方式

表 9.11　启动谷歌地图的参数值

参数	值
Action	android.intent.action.VIEW
DataUri	geo:0,0&q=Isla de Pascua
ActivityClass	com.google.android.maps.MapsActivity
ActivityPackage	com.google.android.apps.maps

在模块编辑器中创建响应四个按钮的单击事件，根据用户单击的按钮不同，选择不同的图片在图像 Image1 上显示，并修改标签 LabelInfo 的显示内容属性 Text，如图 9.57 所示。

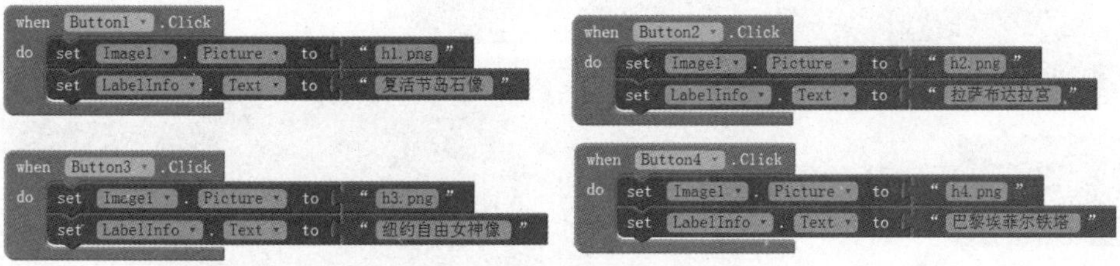

图 9.57　景点按钮单击事件

在单击 ButtonMap 按钮后，会调用 Notifier1 控件的 ShowChooseDialog 方法，打开选择对话框。ButtonMap 单击事件模块如图 9.58 所示。

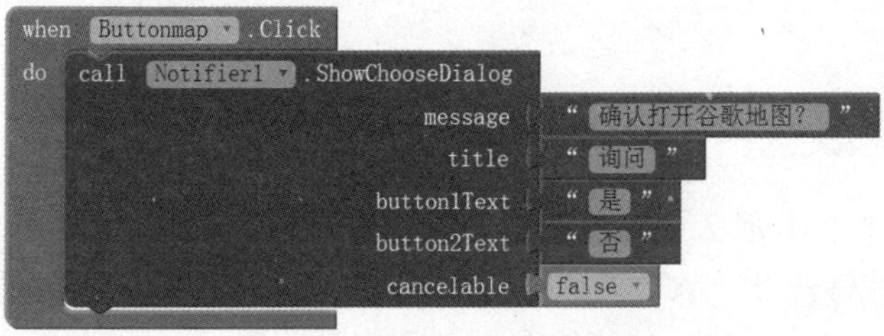

图 9.58　Buttonmap 按钮单击事件

根据 ShowChooseDialog 方法的参数设定，选择对话框的内容如图 9.59 所示。

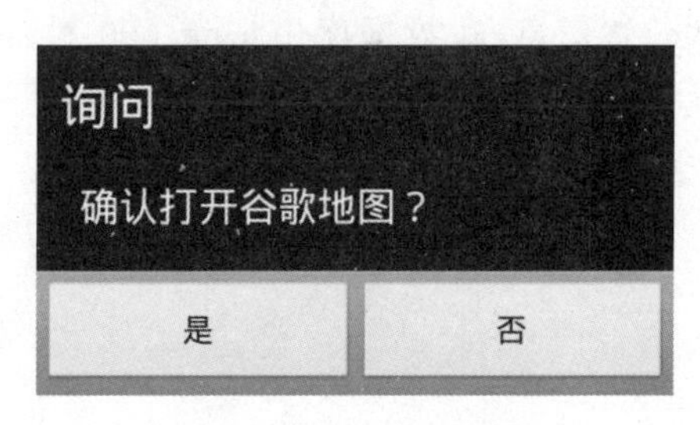

图 9.59　选择对话框

用户在选择对话框中做出抉择后，会触发 Notifier1 控件的 AfterChoosing 事件，根据参数 choice 的值判断用户的选择。因为用户可以选择的值只有“是”和“否”，因此只要判断 choice 的值是否为“是”。如果是，则设置 ActivityStarter1 的 DataUri 属性，然后调用 StartActivity 方法打开谷歌地图，如图 9.60 所示。

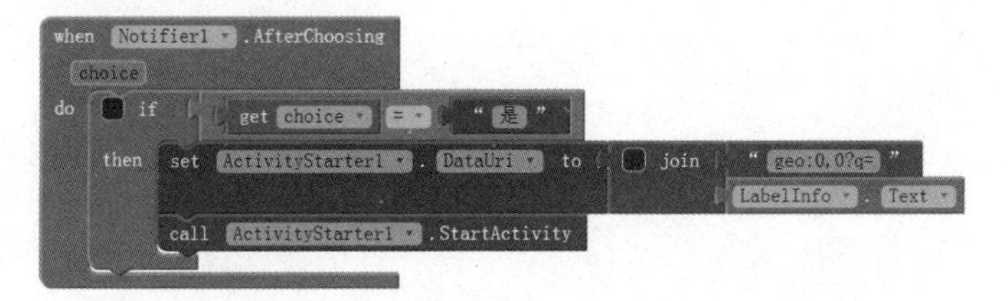

图 9.60　AfterChoosing 事件

DreamTour 示例的全部逻辑模块如图 9.61 所示。

```
when Notifier1 .AfterChoosing
  choice
do  if    get choice = "是"
    then  set ActivityStarter1 . DataUri to  join  "geo:0,0?q="
                                                   LabelInfo . Text
          call ActivityStarter1 .StartActivity

when Button1 .Click
do  set Image1 . Picture to "h1.png"
    set LabelInfo . Text to "复活节岛石像"

when Button3 .Click
do  set Image1 . Picture to "h3.png"
    set LabelInfo . Text to "纽约自由女神像"

when Button2 .Click
do  set Image1 . Picture to "h2.png"
    set LabelInfo . Text to "拉萨布达拉宫"

when Buttonmap .Click
do  call Notifier1 .ShowChooseDialog
                    message  "确认打开谷歌地图?"
                      title  "询问"
                button1Text  "是"
                button2Text  "否"
                 cancelable  false

when Button4 .Click
do  set Image1 . Picture to "h4.png"
    set LabelInfo . Text to "巴黎埃菲尔铁塔"
```

图 9.61　DreamTour 示例的全部逻辑模块

习题

1. 使用 Web 控件获取天气预报信息，并将获取到的数据显示在用户界面上。

2. 使用蓝牙控件开发一款数据库备份软件，可以将本地数据库的数据通过蓝牙传输到另一个手机设备上进行备份，并能够利用备份恢复数据。

3. 编程实现轨迹追踪软件。每间隔 60 秒，同时距离移动大于 1 米的情况下，记录一次位置信息，在数据库中记录 600 秒的行动轨迹，并可以尝试在谷歌地图上显示行动轨迹。

内置模块

内置模块(Build-In)中包含控制(Control)、逻辑(Logic)、数学(Math)、文本(Text)、列表(Lists)、颜色(Colors)、变量(Variables)和函数(Procedures)共 8 个模块集,每个模块集的使用说明如表 A.1~表 A.8 所示。

表 A.1　控制模块集使用说明

名　称	模块图示	说　明
if…then	if then	判断语句,若 if 的条件为 true,则执行 then 区域的语句,否则跳过此段。通过蓝色图标可以添加 else 的选项
for each	for each number from 1 to 5 by 1 do	循环语句,取介于 from 到 to 之间、间隔为 by 的每一数值执行一次 do 区域的语句
for each in list	for each item in list do	循环遍历列表,对于列表 list 中的每一个值执行 do 区域的语句
while	while test do	循环语句,当测试条件 test 为 true 时,执行 do 区域的语句,test 为 false 时退出循环
if then else	if then else	判断语句,若 if 区域的条件为 true,则返回 then 区域语句的结果值,否则返回 else 区域语句的结果值
do	do result	执行 do 区域的语句并返回 result 的值

续表

名　称	模块图示	说　明
evaluate but ignore result	evaluate but ignore result	执行连接区域的语句，但是忽略其返回值
open another screen	open another screen screenName	打开screenName参数指定的屏幕页
open another screen with start value	open another screen with start value screenName startValue	打开screenName参数指定的屏幕页，并向其传递由startValue指定的参数
get start value	get start value	返回当前屏幕页启动时传递的值
close screen	close screen	关闭当前屏幕页
close screen with value	close screen with value result	关闭当前屏幕页，并返回result指定的值
close application	close application	关闭当前的应用程序
get plain start text	get plain start text	返回当前屏幕页启动时传递的文本值
close screen with plain text	close screen with plain text text	关闭当前屏幕页，并返回text文本值

表A.2　逻辑模块集使用说明

名称	模块图示	说　明
true	true ▾	布尔值为真
false	false ▾	布尔值为假
not	not	取反运算
=、≠	= ▾　✓ =　≠	通过下拉列表选择判断的方式，判断两个参数是否相等（或不相等），参数可以是数字、字符串或列表
and	and ▾	逻辑与运算，若测试条件有一个为假，则运算结果为假（false），否则为真（true）
or	or ▾	逻辑或运算，若测试条件有一个为真，则运算结果为真（true），否则为假（false）

表 A.3 数学模块集使用说明

名称	模块图示	说明
number	 123	定义一个数值型常量
=、≠、≤、≥、<、>	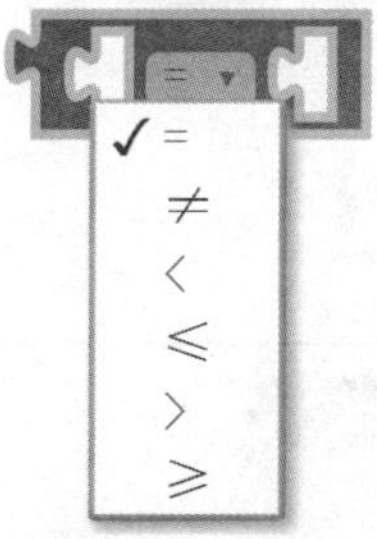 = ▾ ✓ = ≠ < ≤ > ≥	根据判断结果返回 true 或 false，支持的判断有等于(=)、不等于(≠)、小于等于(≤)、大于等于(≥)、小于(<)及大于(>)
+	 +	对两数值进行加法运算，并返回结果，蓝色图标可以修改参与加法运算的值的个数
−	 −	对两数值进行减法运算，并返回结果
×	 ×	对两数值进行乘法运算，并返回结果
/	 /	对两数值进行除法运算，并返回结果
^	 ^	若第二个参数的值是 n，返回第一个参数的 n 次方
random integer	 random integer from 1 to 100	返回一个指定范围的随机整数，通过 from 和 to 设置随机数的取值范围
random fraction	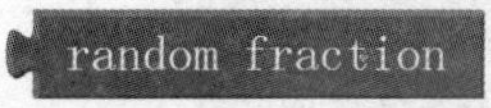 random fraction	返回一个 0～1 之间的随机小数
random set seed	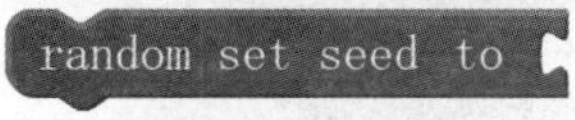 random set seed to	指定随机数生成器的种子
min、max	 min ▾ ✓ min max	返回最小值(或最大值)，蓝色图标可以修改参数的个数
sqrt、abs、−、log、e^、round、ceiling、floor	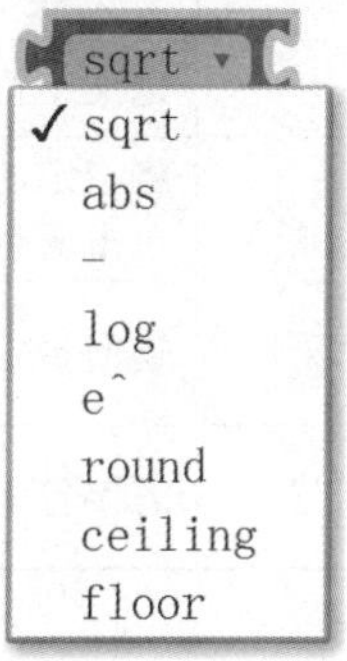 sqrt ▾ ✓ sqrt abs − log e^ round ceiling floor	数学运算，支持平方根(sqrt)、绝对值(abs)、取反(−)、对数(log)、e 的次方(e^)、四舍五入取整(round)、向上取整(ceiling)及向下取整(floor)

续表

名　　称	模块图示	说　　明
modulo、remainder、quotient	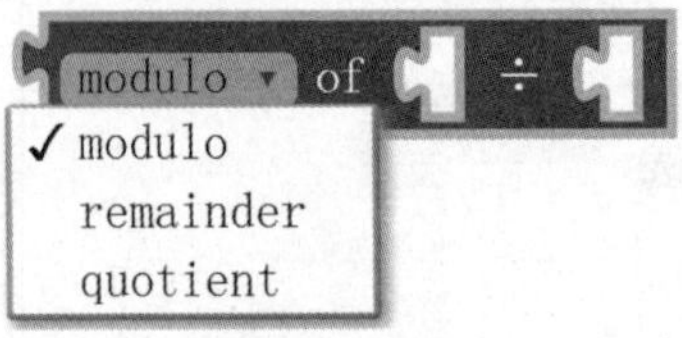 modulo ▾ of ÷ ✓modulo remainder quotient	除法和取余，支持 quotient(返回除法商的整数部分)、module(返回除法结果的余数，结果与第二个数字同号)、remainder(返回除法结果的余数，返回结果与第一个数字同号)
sin、cos、tan、asin、acos、atan	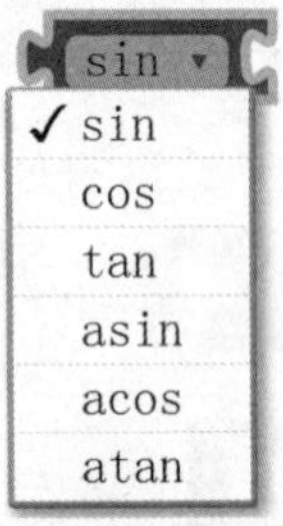 sin ▾ ✓sin cos tan asin acos atan	三角函数，支持正弦(sin)、余弦(cos)、正切(tan)、反正弦(asin)及反余弦(scos)
atan2	 atan2 y x	计算 y/x 的反正切值
convert	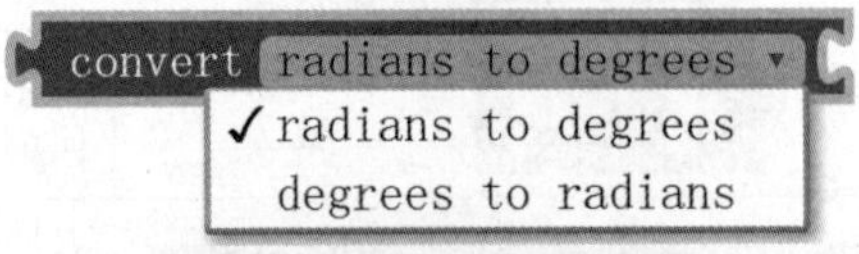 convert radians to degrees ▾ ✓radians to degrees degrees to radians	弧度和弦转换函数，支持弧度转化为角度(radians to degrees)和角度转换为弦度(degrees to radias)
format as decimal	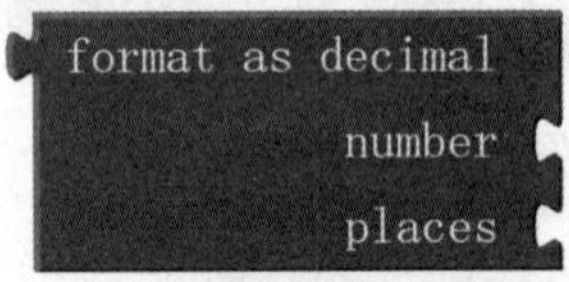 format as decimal number places	将数字(number)转化为有指定小数(places)位的值，若小数过多则采用四舍五入的方法，不够则补 0，places 的值必须为正数
is a number?	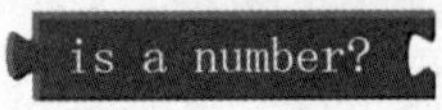 is a number?	判断是否为数值，若是则返回 true，否则返回 false

表 A.4　Text 模块集使用说明

名　　称	模块图示	说　　明
text string	" "	定义字符串常量
join	 join	将指定的多个字符串连接成一个新的字符串，单击蓝色的图标可以添加字符串的个数
length	 length	返回指定字符串的长度，包括空格符的个数
is empty	 is empty	若字符串的长度为 0 返回 true，否则返回 false

续表

名　　称	模块图示	说　　明
compare texts	compare texts < ▾ ✓< = >	字符串比较,支持第一个字符串是否小于第二个字符串(<)、两个字符串是否相等(=)、第一个字符串是否大于第二个字符串(>)
trim	trim	删除指定字符串首位的空格
upcase、downcase	upcase ▾ ✓upcase downcase	大小写转换,支持将字符串中的所有字母转换为大写字母(upcase)、将字符串中的所有字母转换为小写字母(downcase)
starts at	starts at text piece	获取字符串 piece 在字符串 text 中的位置,若成功匹配则返回 piece 字符串的首字母在 text 中的位置,如果未找到 piece 则返回 0
contains	contains text piece	若字符串 text 中包含字符串 piece,则返回 true,否则返回 false
split	split at first ▾ text ✓split at first split at first of any split split at any	拆分字符串,支持多种拆分字符串的方法
split at spaces	split at spaces	利用空格拆分字符串
segment	segment text start length	从字符串 text 的开始点 start 开始截取长度为 length 的字符串
replace all	replace all text segment replacement	将字符串 text 中的字符串 segment 替换为字符串 replacement

表 A.5　列表模块集使用说明

名　　称	模块图示	说　　明
create empty list	create empty list	新建一个空列表,当单击蓝色图标加入一个列表项时成为 make a list
make a list	make a list	新建一个列表,单击蓝色的图标可以添加列表项的个数
add items to list	add items to list list item	在列表的末尾插入指定的列表项

续表

名　称	模块图示	说　明
is in list?	is in list? thing list	判断 thing 是否在列表中，如果在列表中，返回 true，否则返回 false
length of list	length of list list	返回列表的长度
is list empty?	is list empty? list	判断列表是否为空，若为空则返回 true，否则返回 false
pick a random item	pick a random item list	随机取出列表中的一个列表项
index in list thing	index in list thing list	返回列表项 thing 在列表中位置索引值，若 thing 不存在于列表中，则返回 0
select list item	select list item list index	返回列表 index 索引位置的列表项
insert list item	insert list item list index item	将列表项 item 插入列表中的 index 索引位置
replace list item	replace list item list index replacement	用 replacement 替换列表中索引位置为 index 的列表项
remove list item	remove list item list index	删除列表中索引 index 位置的列表项
append to list	append to list list1 list2	将列表 list2 中的列表项添加到列表 list1 的后面，list2 中的列表项不变
copy list	copy list list	复制列表
is a list	is a list? thing	判断 thing 是否为列表，若是则返回 true，否则返回 false
list to csv row	list to csv row list	将列表中的列表项转化为 CSV 表格的一行，并将该行文本返回，返回的文本尾部没有换行符
list to csv table	list to csv table list	将列表中的列表项以行优先的方式填充到 CSV 表格，并将该表格的文本值，表格中每行的元素以逗号隔开，换行时以“\r\n”隔开

续表

名 称	模块图示	说 明
list from csv row	list from csv row text	将 csv 表格中的一行转化为一个列表返回
list from csv table	list from csv table text	将 csv 表格中的内容以行优先的次序转换为列表返回,以\n 或 CRFT(\r\n)区分不同的行
lookup in pairs	lookup in pairs key pairs notFound	返回列表 pairs 中与关键字 key 相关联的值,若未找到则返回 notFound 的值

表 A.6 颜色模块集使用说明

名 称	模块图示	说 明
color		提供了 13 种基本的颜色模块
make color	make color make a list 255 0 0	自定义颜色,由 3 个或 4 个参数组成,前三个参数代表 RGB 三原色的强度,第一个参数代表红色(R),第二个参数代表绿色(G),第三个参数代表蓝色(B),若有第四个参数则代表 alpha 值或者颜色的透明度
split color	split color	将颜色 color 分解为创建该颜色的 RGB 值

表 A.7 变量模块集使用说明

名 称	模块图示	说 明
initialize global	initialize global name to	定义全局变量,name 为变量名
get	get global name	获取全局变量 name 的值
set	set global name to	设置全局变量 name 的值
initialize local	initialize local name to in	定义局部变量,name 为变量名,单击蓝色图标可以增加局部变量的数量

表 A.8　函数模块集使用说明

名　称	模块图示	说　明
procedure	to procedure do	创建无返回值的函数，单击蓝色图标可以添加参数的个数
call	call procedure ▾	调用无返回值的函数
procedure result	to procedure result	创建具有返回值的函数
call	call procedure ▾	调用具有返回值的函数

附录 B

控 件 库

控件库(Palette)中包含常用控件(User Interface)、屏幕布局(Layout)、媒体(Media)、动画(Drawing and Animation)、传感器(Sensors)、社交(Social)、存储(Storage)、通信(Connectivity)和乐高机器人(LEGO MINIDSTORMS)9 个子类,共 51 个控件,每个控件拥有多个事件、方法和属性。

B.1 常用控件

常用控件子类共有 11 个控件,包括按钮(Button)、复选框(Checkbox)、时钟(Clock)、图像(Image)、标签(Label)、选项列表(ListPicker)、通知控件(Notifier)、密码框(PasswordTextBox)、滑动条(Slider)、文本框(TextBox)和网页浏览器(WebViewer),各控件的事件、属性和方法如表 B.1~表 B.11 所示。

1. 按钮

按钮是最基本的控件,主要提供单击式的触发操作,实现基本的人机交互功能。

表 B.1 按钮控件的模块说明

模块名称	模块	模块说明
Button(实例)	Button1	按钮实例
Click(事件)	when Button1 .Click do	单击事件
LongClick(事件)	when Button1 .LongClick do	长单击事件
GotFocus(事件)	when Button1 .GotFocus do	获取焦点事件
LostFocus(事件)	when Button1 .LostFocus do	失去焦点事件

续表

模块名称	模块	模块说明
属性	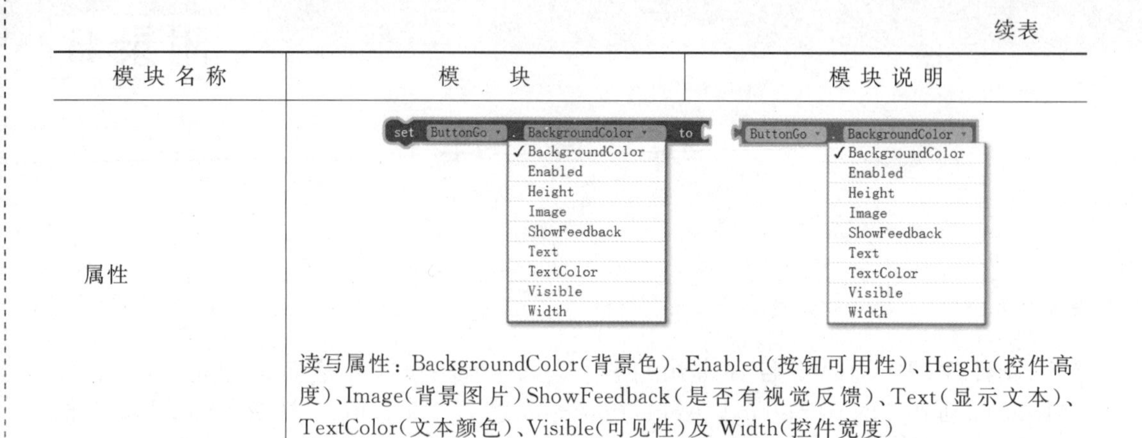 读写属性：BackgroundColor（背景色）、Enabled（按钮可用性）、Height（控件高度）、Image（背景图片）ShowFeedback（是否有视觉反馈）、Text（显示文本）、TextColor（文本颜色）、Visible（可见性）及 Width（控件宽度）	

2. 复选框

复选框是可以同时选中多项的选项框，供用户进行多项选择时使用，在程序中起到条件识别的作用。

表 B.2　复选框控件的模块说明

模块名称	模块	模块说明
CheckBox（实例）	CheckBox1	复选框的一个实例
Changed（事件）	when CheckBox1 .Changed do	复选框状态改变事件（选中或者取消选中）
GotFocus（事件）	when CheckBox1 .GotFocus do	获取焦点事件
LostFocus（事件）	when CheckBox1 .LostFocus do	失去焦点事件
属性	set CheckBox1 . BackgroundColor to（BackgroundColor、Checked、Enabled、FontSize、Height、Text、TextColor、Visible、Width）；CheckBox1 . Checked（BackgroundColor、Checked、Enabled、FontSize、Height、Text、TextColor、Visible、Width） 读写属性：BackgroundColor（背景色）、Checked（是否选中）、Enabled（复选框可用性）、Height（控件高度）、FontSize（字体大小）、Text（显示文本）、TextColor（文本颜色）、Visible（控件可见性）及 Width（控件宽度）	

3. 时钟

时钟是非可视化组件，可以获取当前时间、格式化输出时间、对时间进行运算，还可以在固定的时间间隔触发事件。

表 B.3 时钟控件的模块说明

模块名称	模块	模块说明
Clock(实例)	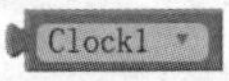 Clock1	时钟实例
Timer(事件)	 when Clock1 .Timer do	触发事件
SystemTime(方法)	 call Clock1 .SystemTime	手机的内部系统时间,单位为毫秒
Now(方法)	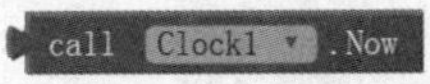 call Clock1 .Now	从手机时钟读取当前时间
AddSeconds(方法)	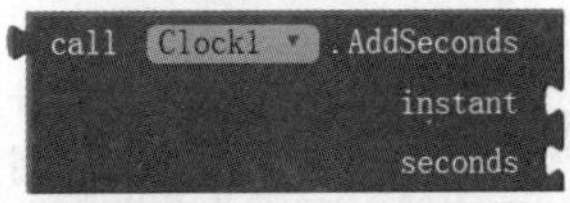 call Clock1 .AddSeconds instant seconds	计算 instant 上增加若干秒以后的时间点
AddMinutes(方法)	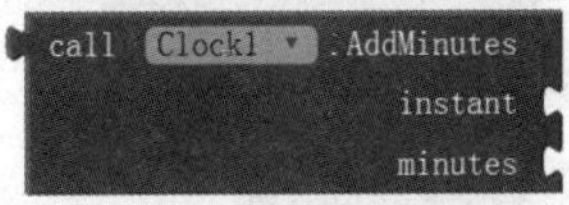 call Clock1 .AddMinutes instant minutes	计算 instant 上增加若干分钟以后的时间点
AddHours(方法)	 call Clock1 .AddHours instant hours	计算 instant 增加若干小时以后的时间点
AddDays(方法)	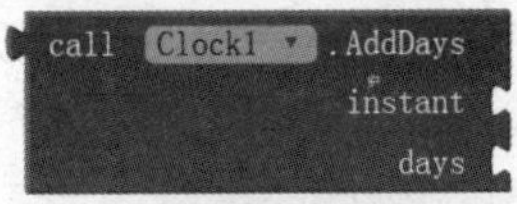 call Clock1 .AddDays instant days	计算 instant 增加若干天以后的时间点
AddWeeks(方法)	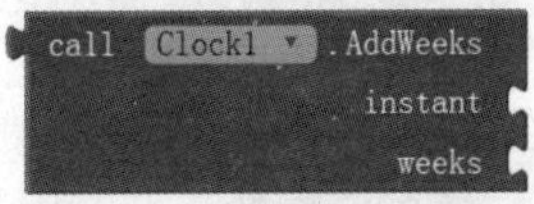 call Clock1 .AddWeeks instant weeks	计算 instant 增加若干周以后的时间点
AddMonths(方法)	 call Clock1 .AddMonths instant months	计算 instant 增加若干月以后的时间点
AddYears(方法)	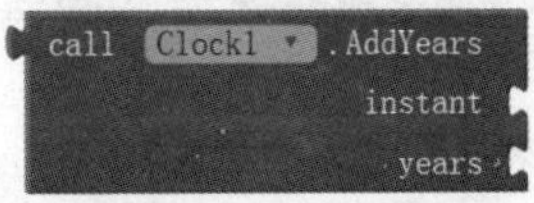 call Clock1 .AddYears instant years	计算 instant 增加计算若干年以后的时间点
DayOfMonth(方法)	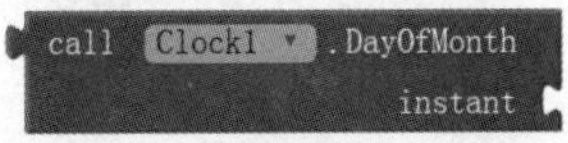 call Clock1 .DayOfMonth instant	获取 instant 时间点的日期,为 1~31 之间的数字
Duration(方法)	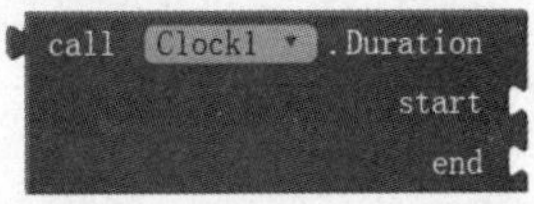 call Clock1 .Duration start end	计算两个时间点 start 和 end 的时间间隔,单位为毫秒
FormatDate(方法)	 call Clock1 .FormatDate instant	格式化输出 instant 时间点的日期

续表

模块名称	模块	模块说明
FormatDateTime（方法）	call Clock1 . FormatDateTime instant	格式化输出 instant 时间点的日期和时间
FormatTime（方法）	call Clock1 . FormatTime instant	格式化输出 instant 时间点的时间
GetMillis（方法）	call Clock1 . GetMillis instant	从 1970 年 1 月 1 日开始累计到现在的时间，单位为毫秒
Hour（方法）	call Clock1 . Hour instant	获取 instant 时间点的小时数
MakeInstant（方法）	call Clock1 . MakeInstant from	利用“月/日/年 时：分：秒”、“月/日/年”、“时：分”的格式定义时间点
MakeInstantFromMillis（方法）	call Clock1 . MakeInstantFromMillis millis	通过毫秒数定义时间点
Second（方法）	call Clock1 . Second instant	获取 instant 时间点的秒数
Minute（方法）	call Clock1 . Minute instant	获取 instant 时间点的分钟数
Weekday（方法）	call Clock1 . Weekday instant	获取 instant 时间点是周几，为 1（周日）到 7（周六）之间的数字
WeekdayName（方法）	call Clock1 . WeekdayName instant	获取 instant 时间点是周几
Month（方法）	call Clock1 . Month instant	获取 instant 时间点的月份数，为 1～12 之间的数字
MonthName（方法）	call Clock1 . MonthName instant	获取 instant 时间点的月份，用名称表述
Year（方法）	call Clock1 . Year instant	获取 instant 时间点的年份
属性	set Clock1 . TimerEnabled to（TimerAlwaysFires / ✓TimerEnabled / TimerInterval）　Clock1 . TimerInterval（TimerAlwaysFires / TimerEnabled / ✓TimerInterval） 读写属性：TimerAlwaysFires（是否允许多次触发）、TimerInterval（定时器的时间间隔，单位是毫秒）、TimerEnabled（时钟是否可用）	

4. 图像

图像控件用于在界面上显示各种图像文件，不支持事件。

表 B.4 图像控件的模块说明

模块名称	模块	模块说明
Image(实例)	Image1	图像实例
属性	set Image1 . Animation to (Animation / Height / Picture / Visible / Width)；Image1 . Height (Height / Picture / Visible / Width) 读写属性：Animation(动态图片)、Picture(图片背景)、Visible(控件可见性)、Width(控件的宽度)、Height(控件的高度) 只写属性：Animation(设置控件的动态图片)	

5. 标签

标签主要起到文字显示的作用，但标签不允许用户进行输入操作，只能够显示文字信息。

表 B.5 标签控件的模块说明

模块名称	模块	模块说明
Label(实例)	Label1	标签实例
属性	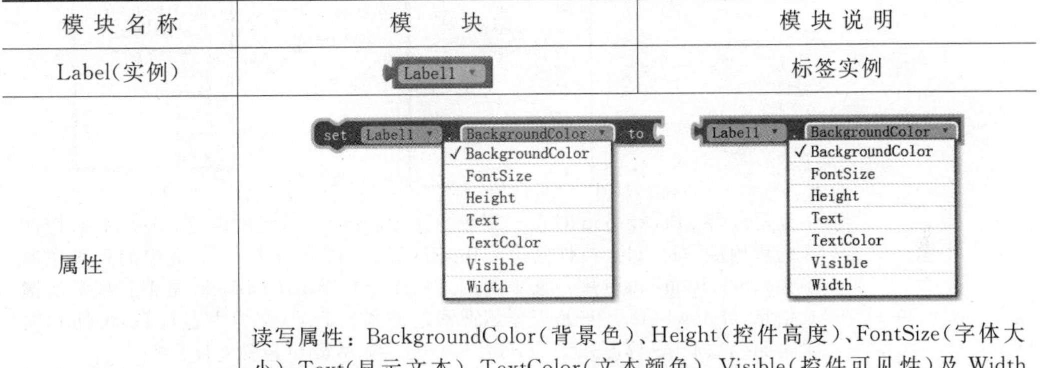 读写属性：BackgroundColor(背景色)、Height(控件高度)、FontSize(字体大小)、Text(显示文本)、TextColor(文本颜色)、Visible(控件可见性)及 Width(控件宽度)	

6. 选项列表

选项列表是从多个选项中选取某一个选项的控件，适合多选一的情况。

表 B.6 选项列表控件的模块说明

模块名称	模块	模块说明
ListPicker(实例)	ListPicker1	选项列表实例
BeforePicking(事件)	when ListPicker1 .BeforePicking do	选前事件，当点开选项列表，但没有选择其中某项时产生

续表

模块名称	模　　块	模块说明
AfterPicking(事件)	when ListPicker1 .AfterPicking do	选后事件，当点开选项列表并选中其中某项时产生
GotFocus(事件)	when ListPicker1 .GotFocus do	获取焦点事件
LostFocus(事件)	when ListPicker1 .LostFocus do	失去焦点事件
Open(方法)	call ListPicker1 .Open	打开选项列表供选择
属性	set ListPicker1 . BackgroundColor to ✓BackgroundColor Elements ElementsFromString Enabled Height Image Selection SelectionIndex ShowFeedback ShowFilterBar Text TextColor Title Visible Width ListPicker1 . BackgroundColor ✓BackgroundColor Elements Enabled Height Image Selection SelectionIndex ShowFeedback ShowFilterBar Text TextColor Title Visible Width 读写属性：BackgroundColor(背景色)、Elements(列表项内容)、Enabled(控件的可用性)、Height(控件高度)、Image(背景图片)、Selection(选中的列表项属性)、SelectionIndex(用户选中的列表项序号)、ShowfeedBack(是否有视觉反馈信息)、ShowFilterBar(是否显示搜索过滤条)、Text(文本内容)、TextColor(文本颜色)、Title(标题)、Visible(控件可见性)、Width(控件宽度) 只读属性：ElementsFromString(使用逗号分隔的字符串导入列表)	

7. 通知控件

通知控件用来显示对话框信息和浮动提示信息，并支持输出 Android 系统的 Log 日志。

表 B.7　通知控件的模块说明

模块名称	模　　块	模块说明
Notifier(实例)	Notifier1	通知控件实例
AfterChoosing(事件)	when Notifier1 .AfterChoosing choice do	用户在选择对话框中做出选择触发该事件，choice 是用户单击的选择按钮的文本值

续表

模块名称	模　　块	模块说明
AfterTextInput(事件)	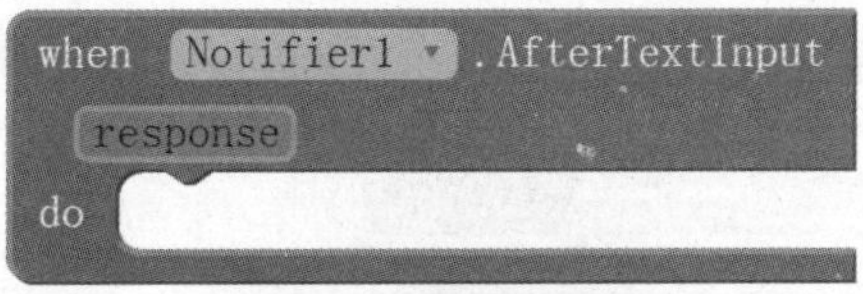 when Notifier1 .AfterTextInput response do	在文本对话框中输入文本值后,退出对话框时触发该事件,response是用户在文本对话框中输入的文本值
LogError(方法)	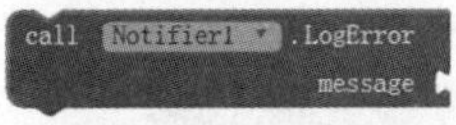 call Notifier1 .LogError message	Log日志的错误信息
LogInfo(方法)	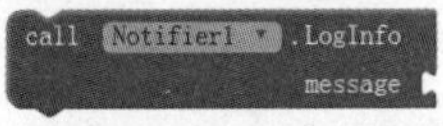 call Notifier1 .LogInfo message	Log日志的提示信息
LogWarning(方法)	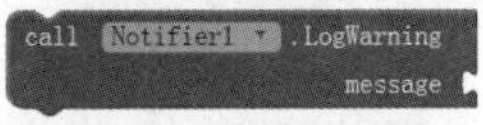 call Notifier1 .LogWarning message	Log日志的警告信息
ShowAlert(方法)	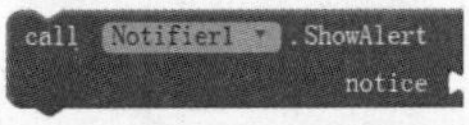 call Notifier1 .ShowAlert notice	显示浮动信息
ShowChooseDialog(方法)	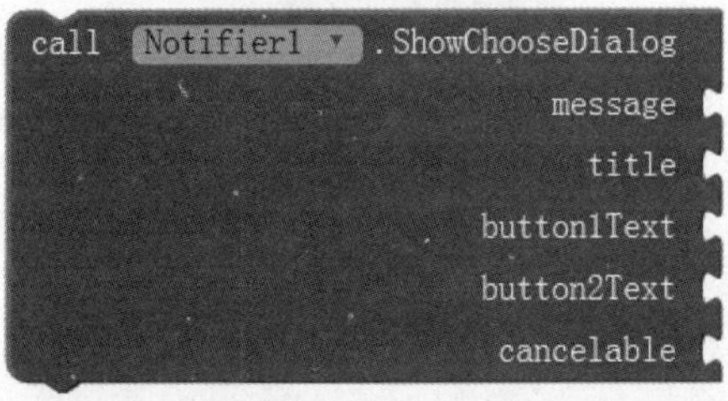 call Notifier1 .ShowChooseDialog message title button1Text button2Text cancelable	显示有两个或3个按钮的选择对话框,显示的信息是message,对话的标题为title,作为选择的两个按钮为button1Text和button2Text,如果cancelable为true,将会出现第三个按钮Cancel
ShowMessageDialog(方法)	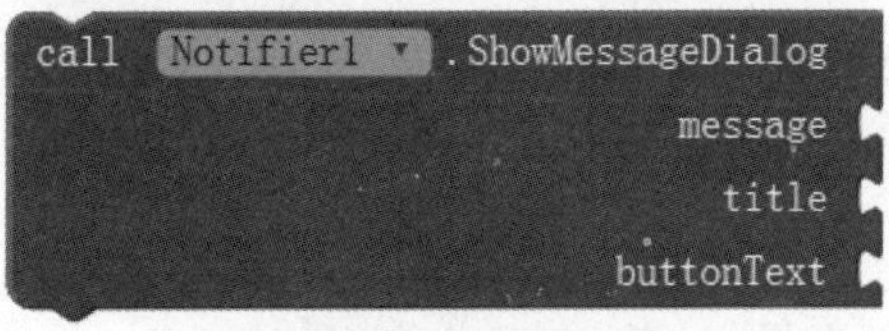 call Notifier1 .ShowMessageDialog message title buttonText	显示信息对话框,title为对话框的标题,buttonText为取消对话框的按钮
ShowTextDialog(方法)	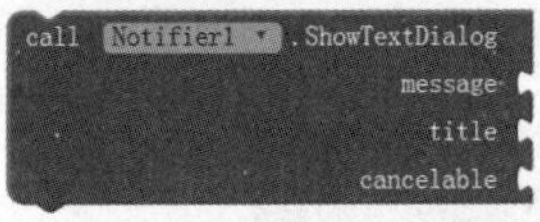 call Notifier1 .ShowTextDialog message title cancelable	显示文本对话框,message是对话框的提示信息,title为对话框的标题,如果cancelable为true,用户可以通过单击Cancel按钮选择取消
属性	 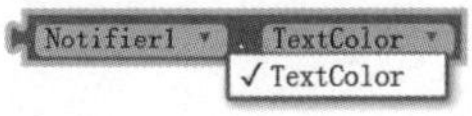 set Notifier1 . BackgroundColor to ✓BackgroundColor TextColor　Notifier1 . TextColor ✓TextColor 读写属性:TextColor(文本颜色) 只读属性:BackgroundColor(背景颜色)	

8. 密码框

密码框是一种特殊的文本框,一般用于接受用户输入密码。用户输入密码时,密码框会对输入的内容进行屏蔽处理。

表 B.8 密码框控件的模块说明

模块名称	模块	模块说明
PasswordTextBox（实例）	PasswordTextBox1	密码框实例
GotFocus（事件）	when PasswordTextBox1 .GotFocus do	获取焦点事件
LostFocus（事件）	when PasswordTextBox1 .LostFocus do	失去焦点事件
属性	set PasswordTextBox1 . BackgroundColor to（BackgroundColor / Enabled / FontSize / Height / Hint / Text / TextColor / Visible / Width） PasswordTextBox1 . BackgroundColor（BackgroundColor / Enabled / FontSize / Height / Hint / Text / TextColor / Visible / Width） 读写属性：BackgroundColor（控件的背景色）、FontSize（字体的大小）、Height（控件高度）、Enabled（控件的可用性）、Hint（用户提示信息）、Text（文本内容）、TextColor（文本颜色）、Visible（控件可见性）、Width（控件宽度）	

9. 滑动条

滑动条是一种供用户调整进度的控件，用户可以拖动调整拖动条的位置，可以通过滑动条调整改变字体的大小或者声音的大小。

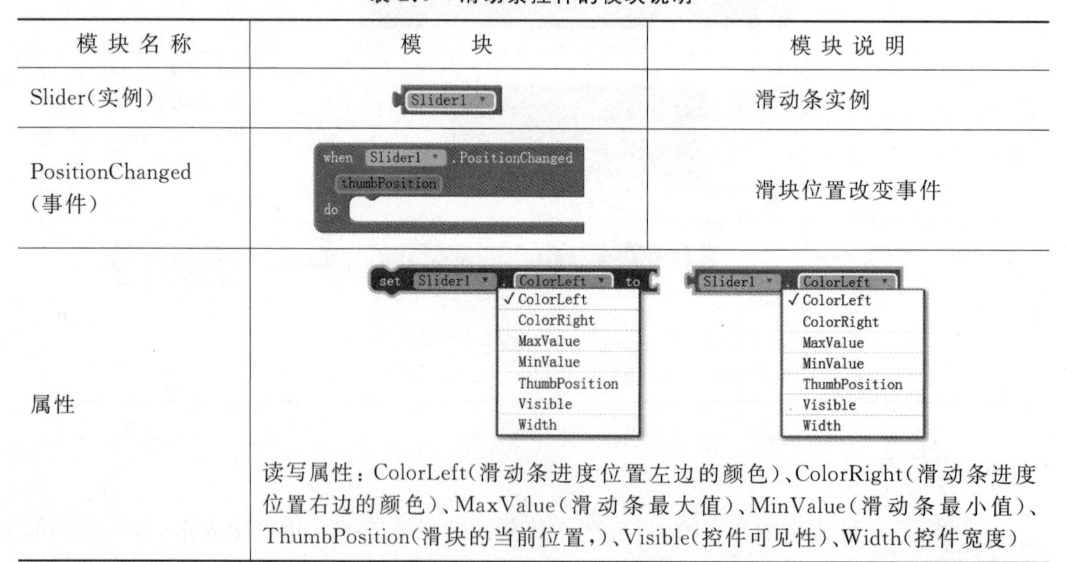

表 B.9 滑动条控件的模块说明

模块名称	模块	模块说明
Slider（实例）	Slider1	滑动条实例
PositionChanged（事件）	when Slider1 .PositionChanged thumbPosition do	滑块位置改变事件
属性	set Slider1 . ColorLeft to（ColorLeft / ColorRight / MaxValue / MinValue / ThumbPosition / Visible / Width） Slider1 . ColorLeft（ColorLeft / ColorRight / MaxValue / MinValue / ThumbPosition / Visible / Width） 读写属性：ColorLeft（滑动条进度位置左边的颜色）、ColorRight（滑动条进度位置右边的颜色）、MaxValue（滑动条最大值）、MinValue（滑动条最小值）、ThumbPosition（滑块的当前位置，）、Visible（控件可见性）、Width（控件宽度）	

10. 文本框

文本框是一种供用户输入文字的容器。虽然文本框可以显示文字信息，但其主要功能还是为用户提供输入信息的区域，比如登录框、搜索栏或编辑文字的写字板等。

表 B.10 文本框控件的模块说明

模块名称	模　块	模块说明
TextBox(实例)	 TextBox1	文本框实例
GotFocus(事件)	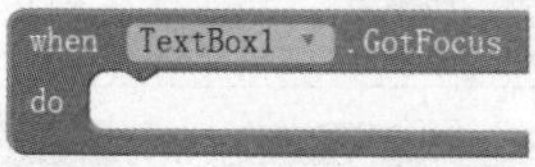 when TextBox1 .GotFocus do	获取焦点事件
LostFocus(事件)	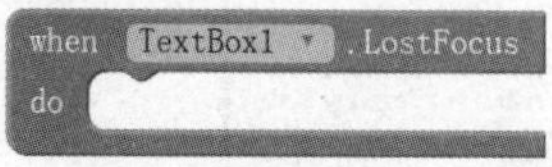 when TextBox1 .LostFocus do	失去焦点事件
HideKeyboard(方法)	 call TextBox1 .HideKeyboard	隐藏软键盘
属性	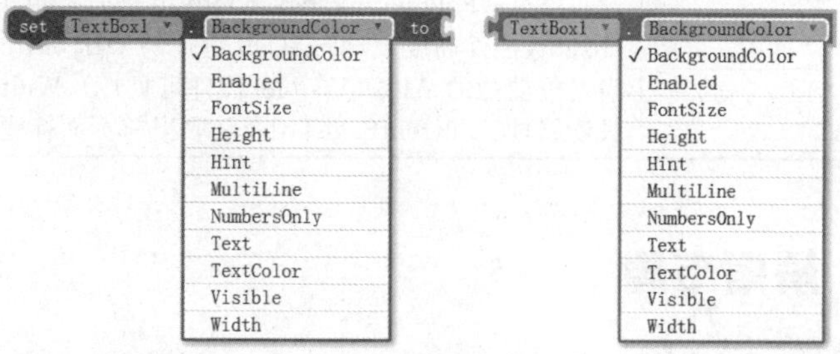 set TextBox1 . BackgroundColor to ✓BackgroundColor Enabled FontSize Height Hint MultiLine NumbersOnly Text TextColor Visible Width TextBox1 . BackgroundColor ✓BackgroundColor Enabled FontSize Height Hint MultiLine NumbersOnly Text TextColor Visible Width 读写属性：BackgroundColor(控件的背景色)、FontSize(文本框字体的大小)、Height(控件高度)、Enabled(控件的可用性)、Hint(用户提示信息)、MultiLine(如果 MultiLine 设置为 true，允许用户输入多行的信息，此时需要调用 HideKeyboard 方法隐藏软键盘)、NumbersOnly(如果设置为 true，只允许用户输入数字)、Text(文本内容)、TextColor(文本颜色)、Visible(控件可见性)及 Width(控件宽度)	

11. 网页浏览器

网页浏览器是用来显示网页的控件，使用者可以设置主页(HomeUrl)，也可以打开某个指定的页面，并支持在浏览记录中进行查看已打开过的页面。

表 B.11 网页浏览器控件的模块说明

模块名称	模　块	模块说明
WebViewer(实例)	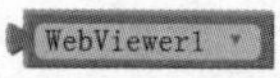 WebViewer1	网页浏览器实例
CanGoBack(方法)	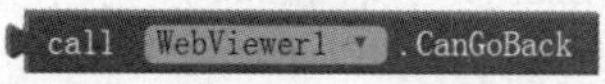 call WebViewer1 .CanGoBack	是否打开浏览历史记录中后一个页面
CanGoForward(方法)	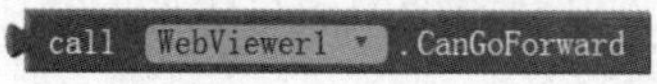 call WebViewer1 .CanGoForward	是否打开浏览历史记录中前一个页面

续表

模块名称	模块	模块说明
ClearLocations(方法)	 call WebViewer1 .ClearLocations	清除位置信息
GoBack(方法)	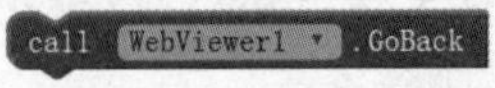 call WebViewer1 .GoBack	打开浏览历史记录中后一个页面
GoForward(方法)	 call WebViewer1 .GoForward	打开浏览历史记录中前一个页面
GoHome(方法)	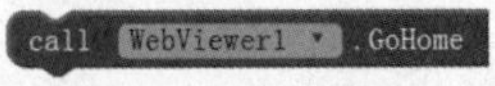 call WebViewer1 .GoHome	打开浏览器的主页
GoToUrl(方法)	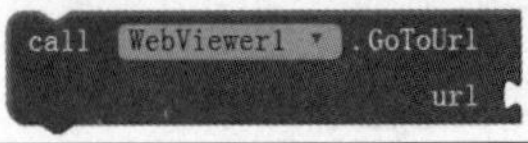 call WebViewer1 .GoToUrl url	跳转到指定 url 的页面
属性	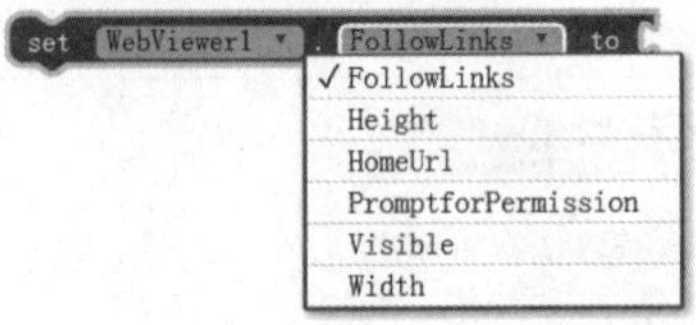 set WebViewer1 . FollowLinks to (✓FollowLinks, Height, HomeUrl, PromptforPermission, Visible, Width) WebViewer1 . CurrentPageTitle (✓CurrentPageTitle, CurrentUrl, FollowLinks, Height, HomeUrl, PromptforPermission, Visible, Width) 读写属性：FollowLinks(是否允许用户通过单击页面的链接计入其他页面)、Height(控件高度)、HomeUrl(主页的 Url)、PromptforPermission(是否允许访问定位功能的 API)、Visible(控件可见性)、Width(控件宽度) 只读属性：CurrentPageTitle(获取当前页面标题)、CurrentUrl(当前页面链接)	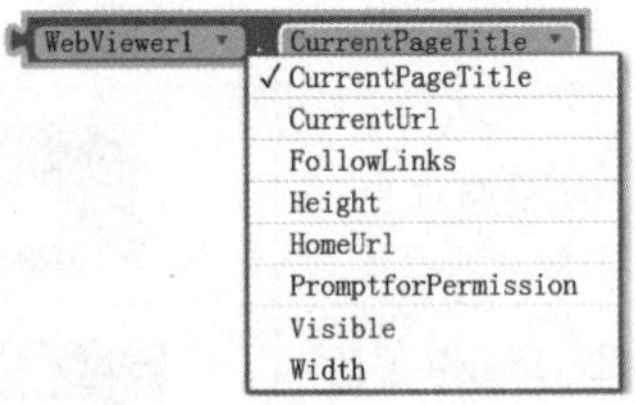

B.2 屏幕布局

屏幕布局子类共 3 个控件，包括水平布局（HorizontalArrangement）、垂直布局（VerticalArrangement）和表格布局（TableArrangement），各控件的事件、属性和方法如表 B.12～表 B.14 所示。

1. 水平布局

水平布局可以将多个控件横向排布，按照控件被放置在水平布局中的顺序从左到右排列。

表 B.12 水平布局控件的模块说明

模块名称	模块	模块说明
HorizontalArrangement（实例）	 HorizontalArrangement1	水平布局实例
属性	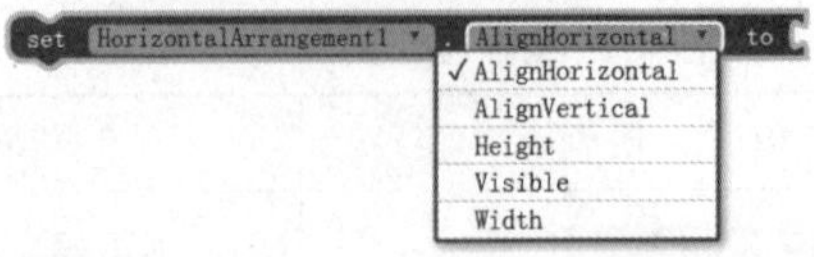 set HorizontalArrangement1 . AlignHorizontal to (✓AlignHorizontal, AlignVertical, Height, Visible, Width) HorizontalArrangement1 . AlignHorizontal (✓AlignHorizontal, AlignVertical, Height, Visible, Width) 读写属性：AlignHorizontal(控件在布局中水平方向的排布方式，可以左对齐、右对齐、居中或自动)、AlignVertical（控件在布局中竖直方向的排列方式，可以上对齐、下对齐、居中或自动)、Height(控件高度)、Visible(控件可见性)、Width(控件宽度)	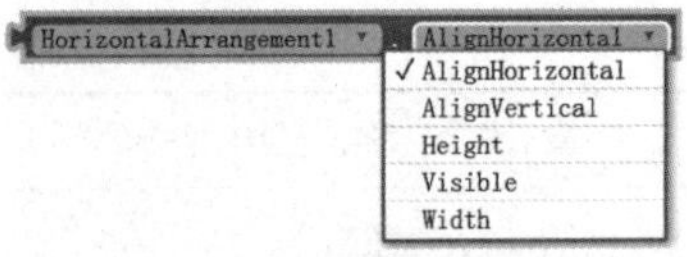

2. 垂直布局

垂直布局可以将多个控件纵向排布，按照控件被放置在垂直布局中的顺序从上到下排列。

表 B.13 垂直布局控件的模块说明

模块名称	模块	模块说明
VerticalArrangement（属性）	VerticalArrangement1	垂直布局实例
属性	set VerticalArrangement1 . AlignHorizontal to ✓AlignHorizontal AlignVertical Height Visible Width；VerticalArrangement1 . AlignHorizontal ✓AlignHorizontal AlignVertical Height Visible Width 读写属性：AlignHorizontal（控件在布局中水平方向的排布方式，可以左对齐、右对齐、居中或自动）、AlignVertical（控件在布局中竖直方向的排列方式，可以上对齐、下对齐、居中或自动）、Height（控件高度）、Visible（控件可见性）、Width（控件宽度）	

3. 表格布局

表格布局将屏幕划分为表格，通过指定行（Rows）和列（Columns）可以控制格子的数量。

表 B.14 表格布局控件的模块说明

模块名称	模块	模块说明
TableArrangement（实例）	TableArrangement1	表格布局实例
属性	set TableArrangement1 . Height to ✓Height Visible Width；TableArrangement1 . Height ✓Height Visible Width 读写属性：Height（控件高度）、Visible（控件可见性）、Width（控件宽度）	

B.3 媒体控件

媒体控件共 9 个控件，包括录像机（Camcorder）、相机（Camera）、选图工具（ImagePicker）、音频播放器（Player）、音效播放器（Sound）、录音机（SoundRecorder）、语音识别（SpeechRecognizer）、语音生成（TextToSpeech）和视频播放器（VideoPlayer），各控件的事件、属性和方法如表 B.15～表 B.23 所示。

1. 录像机

录像机的主要功能是利用手机的摄像头实现视频的录制。

表 B.15　录像机控件的模块说明

模块名称	模　块	模块说明
Camcorder(实例)	Camcorder1	录像机实例
AfterRecording(事件)	when Camcorder1 .AfterRecording clip do	录像结束后触发的事件，clip 代表视频的存储路径
RecordVideo(方法)	call Camcorder1 .RecordVideo	启动手机摄像头的录制功能

2. 相机

相机主要实现手机的拍照功能。

表 B.16　相机控件的模块说明

模块名称	模　块	模块说明
Camera(实例)	Camera1	相机实例
AfterPicture(事件)	when Camera1 .AfterPicture image do	拍照完成后触发的事件，image 是图片的存储路径
TakePicture(方法)	call Camera1 .TakePicture	实现相机的拍照功能

3. 选图工具

选图工具的主要功能是从手机相册的图片库中选取图片。

表 B.17　选图工具控件的模块说明

模块名称	模　块	模块说明
ImagePicker(实例)	ImagePicker1	选图工具实例
AfterPicking(事件)	when ImagePicker1 .AfterPicking do	选图后事件
BeforePicking(事件)	when ImagePicker1 .BeforePicking do	选图前事件
GotFocus(事件)	when ImagePicker1 .GotFocus do	获取焦点事件
LostFocus(事件)	when ImagePicker1 .LostFocus do	失去焦点事件

续表

模块名称	模块	模块说明
Open(方法)	 call ImagePicker1 .Open	打开选图工具浏览图片
属性	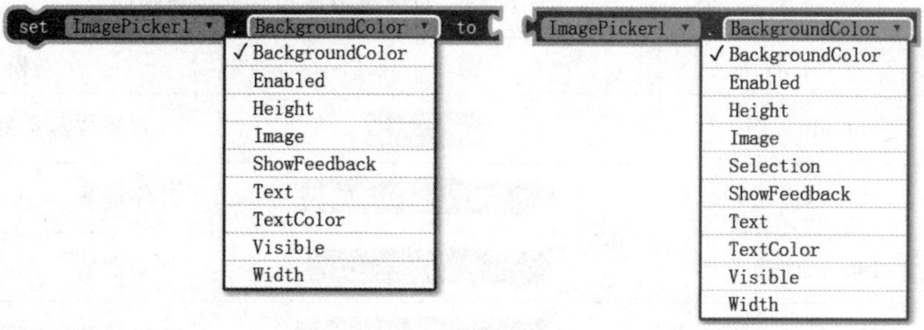 set ImagePicker1 . BackgroundColor to ✓BackgroundColor / Enabled / Height / Image / ShowFeedback / Text / TextColor / Visible / Width ImagePicker1 . BackgroundColor ✓BackgroundColor / Enabled / Height / Image / Selection / ShowFeedback / Text / TextColor / Visible / Width 读写属性：BackgroundColor(控件的背景色)、Enabled(控件的可用性)、Height(控件高度)、Image(背景图片)、ShowFeedBack(显示视觉反馈效果)、Text(文本内容)、TextColor(文本颜色)、Visible(控件可见性)、Width(控件宽度) 只读属性：Selection(返回所选取图片的路径)	

4. 音频播放器

音频播放器用来播放音频文件，一般用于播放时间较长的音频文件，如音乐、录音等。

表 B.18　音频播放器控件的模块说明

模块名称	模块	模块说明
Player(实例)	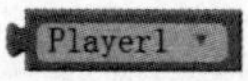 Player1	音频播放器实例
Completed(事件)	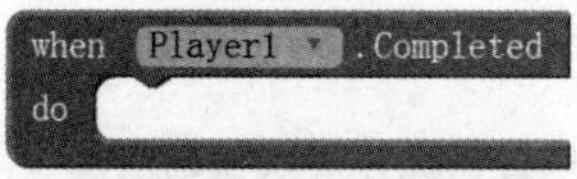 when Player1 .Completed do	播放完毕事件
Pause(方法)	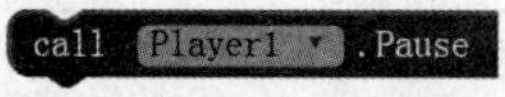 call Player1 .Pause	暂停播放
Start(方法)	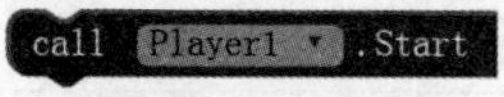 call Player1 .Start	开始播放
Stop(方法)	 call Player1 .Stop	停止播放
Vibrate(方法)	 call Player1 .Vibrate milliseconds	使手机震动，millisecondes 是震动时间，单位为毫秒
属性	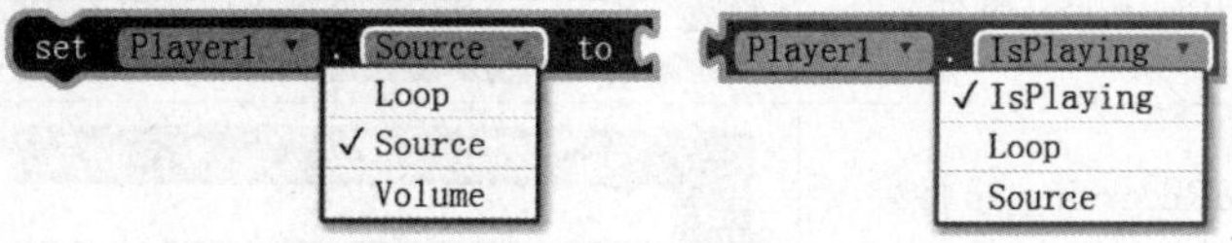 set Player1 . Source to Loop / ✓Source / Volume Player1 . IsPlaying ✓IsPlaying / Loop / Source 读写属性：Loop(是否循环播放)、Source(播放文件的路径)、Volume(设置播放的音量，为 1 到 100 之间的数字)、IsPlaying(播放器是否正在播放)	

5. 音效播放器

音效播放器一般可用来播放较短的音频文件或者控制手机的震动。

表 B.19 音效播放器控件的模块说明

模块名称	模块	模块说明
Sound(实例)	Sound1 ▾	音效播放器实例
Pause(方法)	call Sound1 ▾ .Pause	暂停播放
Play(方法)	call Sound1 ▾ .Play	开始播放
Resume(方法)	call Sound1 ▾ .Resume	暂停播放后继续播放
Stop(方法)	call Sound1 ▾ .Stop	停止播放
Vibrate(方法)	call Sound1 ▾ .Vibrate millisecs	使手机震动，millisec是震动时间，单位为毫秒
属性	set Sound1 ▾ . MinimumInterval ▾ to (✓MinimumInterval / Source)　Sound1 ▾ . MinimumInterval ▾ (✓MinimumInterval / Source) 读写属性：MinimumInterval(音频间最短时间间隔)、Source(播放的音效源)	

6. 录音机

录音机的主要功能是利用手机实现音频的录制。

表 B.20 录音机控件的模块说明

模块名称	模块	模块说明
SoundRecorder(实例)	SoundRecorder1 ▾	录音机实例
AfterSoundRecorded(事件)	when SoundRecorder1 ▾ .AfterSoundRecorded sound do	录制结束事件，sound代表音频的存储路径
StartedRecording(事件)	when SoundRecorder1 ▾ .StartedRecording do	开始录制事件
StoppedRecording(事件)	when SoundRecorder1 ▾ .StoppedRecording do	停止录制事件
Play(方法)	call SoundRecorder1 ▾ .Start	开始录制
Stop(方法)	call SoundRecorder1 ▾ .Stop	停止录制

7. 语音识别

语音识别的主要功能是利用语音识别技术将用户的语音信息转换为文字。

表 B.21 语音识别控件的模块说明

模块名称	模块	模块说明
SpeechRecognizer（实例）	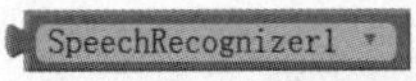 SpeechRecognizer1	语音识别实例
AfterGettingText(事件)	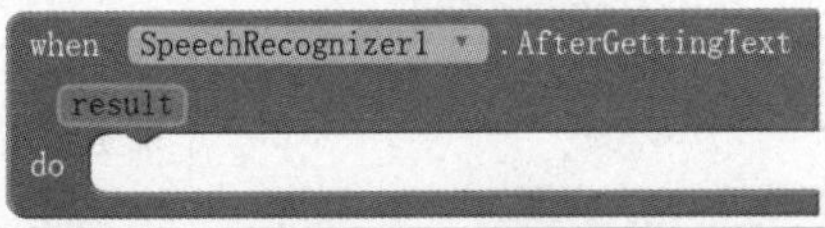 when SpeechRecognizer1 .AfterGettingText result do	获取文字后事件，其中 result 为识别出的文字结果
StartedGettingText(事件)	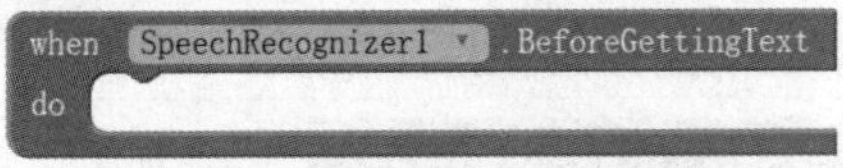 when SpeechRecognizer1 .BeforeGettingText do	启动前触发的事件
GetText(方法)	 call SpeechRecognizer1 .GetText	从语音中识别文字
属性	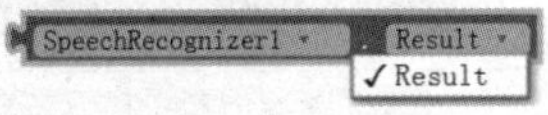 SpeechRecognizer1 . Result ✓Result 读属性：Result(语音识别出的文字)	

8. 语音生成

语音生成控件的主要功能是将文字转换为语音。

表 B.22 语音生成控件的模块说明

模块名称	模块	模块说明
TextToSpeech(实例)	 TextToSpeech1	语音生成控件实例
AfterGettingText(事件)	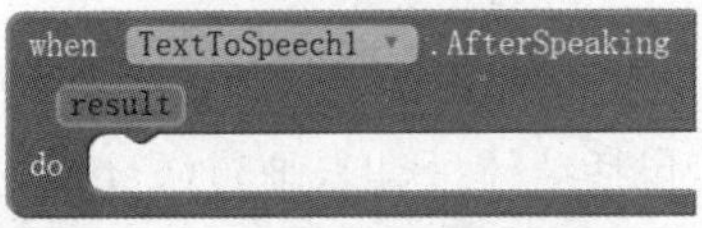 when TextToSpeech1 .AfterSpeaking result do	生成语音后事件，result 为转换的语音结果
StartedGettingText(事件)	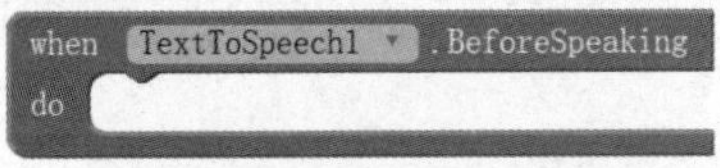 when TextToSpeech1 .BeforeSpeaking do	生成语音前事件
GetText(方法)	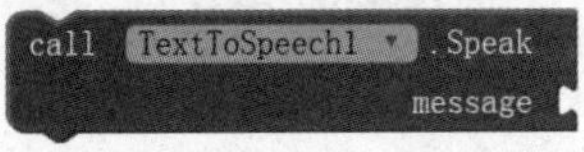 call TextToSpeech1 .Speak message	将文字转换为语音
属性	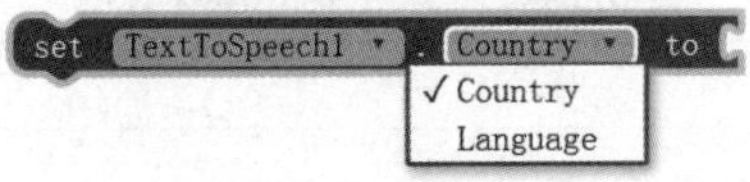 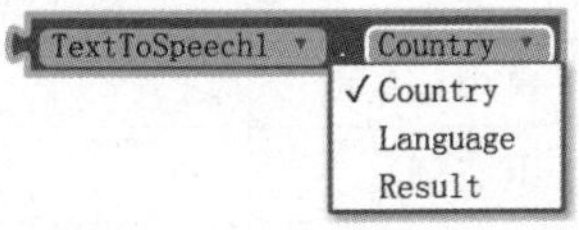 set TextToSpeech1 . Country to ✓Country Language TextToSpeech1 . Country ✓Country Language Result 读写属性：Country(产生的语言的国家代码)、Language(产生的语言的代码)、Result(未定)	

9. 视频播放器

视频播放器主要用于播放视频文件,提供基础的播放控制功能,包括播放、暂停、调整播放位置等。

表 B.23 视频播放器控件的模块说明

模块名称	模块	模块说明
VideoPlayer(实例)	VideoPlayer1	视频播放器实例
Complete(事件)	when VideoPlayer1 .Completed do	播放完毕事件
GetDuration(方法)	call VideoPlayer1 .GetDuration	获取视频长度
Pause(方法)	call VideoPlayer1 .Pause	暂停播放
SeekTo(方法)	call VideoPlayer1 .SeekTo ms	调整播放位置到所指定时间处
Start(方法)	call VideoPlayer1 .Start	开始播放
属性	set VideoPlayer1 . FullScreen to (✓FullScreen, Height, Source, Visible, Width) VideoPlayer1 . FullScreen (✓FullScreen, Height, Visible, Width) 读写属性:FullScreen(播放器是否全屏)、Height(视频播放器的高度)、Source(视频文件的路径)、Visible(视频播放器的可见性)、Width(视频播放器的宽度)	

B.4 动画控件

动画控件子类共3个控件,包括球体(Ball)、画布(Canvas)和图像精灵(ImageSprite),各控件的事件、属性和方法如表B.24~表B.26所示。

1. 球体

球体是球形状的图像精灵,可根据属性进行移动,也可以与其他图像精灵、球体或画布边缘产生碰撞事件,用户可对其进行触摸和拖曳操作。

表 B.24 球体控件的模块说明

模块名称	模块	模块说明
Ball(实例)	Ball1	球体实例
CollidedWith(事件)	when Ball1 .CollidedWith other do	碰撞事件,球体与其他精灵发生碰撞的事件

续表

模块名称	模　块	模块说明
Dragged（事件）	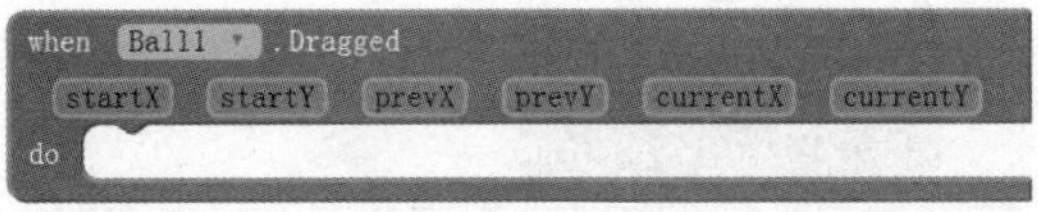 when Ball1 .Dragged startX startY prevX prevY currentX currentY do	拖曳事件，当手指在画布上拖曳球体时触发本事件。 startX、startY：拖曳事件开始时X、Y坐标值。 prevX、prevY：上一个拖曳事件产生时的X、Y坐标值。 currentX、currentY：拖曳结束时X、Y坐标轴数值
Flung（事件）	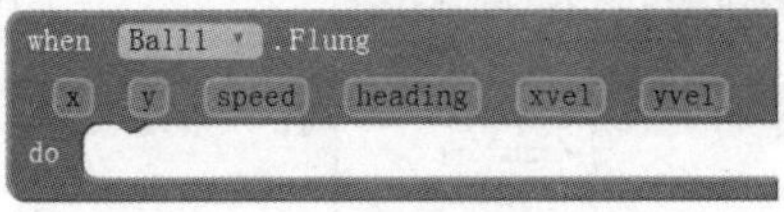 when Ball1 .Flung x y speed heading xvel yvel do	滑动事件，只有手指在画布上快速滑动时触发本事件。 x、y：滑动事件的初始坐标。 speed：滑动事件的速度（单位像素/毫秒）。 heading：滑动事件的角度（0～360）。 xvel、yvel：速度在X轴和Y轴的分量
EdgeReached（事件）	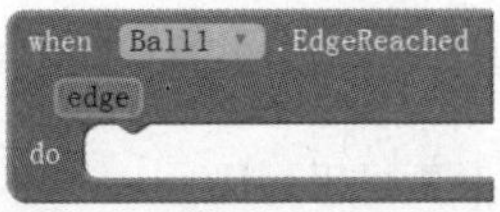 when Ball1 .EdgeReached edge do	触壁事件，当球与画布边缘时触发本事件，并返回所到达边缘的位置信息，其中edge值是返回的边缘位置信息
NoLonger CollIidedWith（事件）	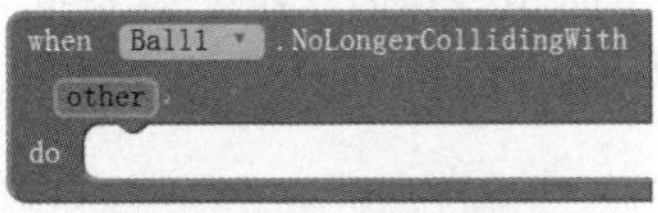 when Ball1 .NoLongerCollidingWith other do	不再碰撞事件，当球体与其他精灵从碰撞状态分离时触发本事件
Touched（事件）	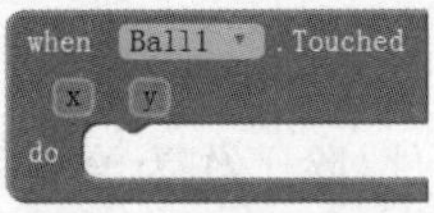 when Ball1 .Touched x y do	触摸事件，当用户对球进行触摸时触发本事件。 x、y：触控点的X、Y轴坐标值
TouchDown（事件）	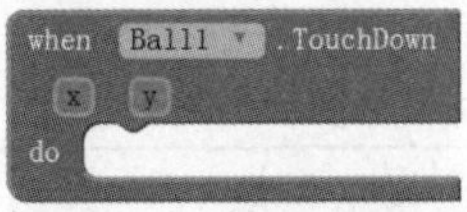 when Ball1 .TouchDown x y do	按下事件，当用户对球进行按下操作时触发本事件。 x、y：手指按下时触摸点的X、Y轴坐标值
TouchUp（事件）	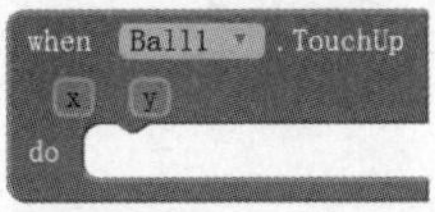 when Ball1 .TouchUp x y do	抬起事件，当用户对球进行按下操作后再抬起时触发本事件。 x、y：手指抬起时触摸点的X、Y轴坐标值
Boundce（方法）	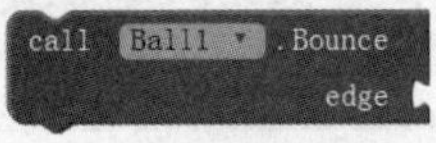 call Ball1 .Bounce edge	球体反弹，一般在球体与精灵碰撞后使用
CollidingWith（方法）	 call Ball1 .CollidingWith other	返回球体是否与指定精灵（other）发生碰撞

续表

模块名称	模　块	模块说明
MoveToBounds（方法）	call Ball1 . MoveIntoBounds	若球移动到画布边界外，可调用本方法将其拉回界内
MoveTo（方法）	call Ball1 . MoveTo x y	把球体移动到指定的位置(x,y)
PointInDirection（方法）	call Ball1 . PointInDirection x y	将球旋转指向坐标(x,y)
PointTowards（方法）	call Ball1 . PointTowards target	让球向目标精灵（target）移动
属性	set Ball1 . Enabled to Ball1 . Enabled ✓Enabled Heading Interval PaintColor Radius Speed Visible X Y Z 读写属性：Enabled（球体是否可用）、Heading（球体的方向，0 度向右移动，90 度时向上移动）、Interval（球体的移动频率，单位为毫秒）、PaintColor（球体的颜色）、Radius（球体的半径）、Speed（球体的移动速度，单位为像素）、Visible（球体是否可见）、X（水平方向上球体左边缘的坐标）、Y（竖直方向上球体上边缘的坐标）、Z（球体位置的 Z 坐标）	

2. 画布

画布是一种可在其上绘制图像的控件，除了作为绘制图形的承载体以外，还经常作为游戏的背景画面。

表 B.25　画布控件的模块说明

模块名称	模　块	模块说明
Canvas（实例）	Canvas1	画布实例
Dragged（事件）	when Canvas1 . Dragged startX startY prevX prevY currentX currentY draggedSprite do	拖曳事件。 startX、startY：拖曳起始位置的坐标值。 prevX、prevY：上一拖曳事件的坐标值。 currentX、currentY：当前拖曳点的坐标值。 draggedSprite：被拖曳的精灵实例

续表

模块名称	模 块	模块说明
Flung(事件)	when Canvas1 .Flung x y speed heading xvel yvel flungSprite do	快速滑动事件。 x、y：滑动事件初始坐标。 speed：滑动事件的速度(单位像素/毫秒)。 heading：滑动事件的角度(0～360)。 xvel、yve：速度在X轴和Y轴的分量。 flungSprite：被快速滑动的精灵
Touched(事件)	when Canvas1 .Touched x y touchedSprite do	触碰事件。 x、y：触控点的X、Y轴坐标值。 touchedSprite：被触控的精灵
TouchDown(事件)	when Canvas1 .TouchDown x y do	按下事件。 x、y：手指按下时触控点的X、Y轴坐标值
TouchUp(事件)	when Canvas1 .TouchUp x y do	抬起事件。 x、y：手指抬起时触碰点的X、Y轴坐标值
Clear(方法)	call Canvas1 .Clear	清空画布元素，如果画布上已设置图片，此图片会被清除
DrawCircle(方法)	call Canvas1 .DrawCircle x y r	在画布上绘制圆形图案，其中，x和y为圆心坐标，r为半径
DrawLine(方法)	call Canvas1 .DrawLine x1 y1 x2 y2	在画布上从($x1$,$y1$)点到($x2$,$y2$)点绘制直线
DrawPoint(方法)	call Canvas1 .DrawPoint x y	在画布上绘制圆点图案，位置坐标为(x,y)
DrawText(方法)	call Canvas1 .DrawText text x y	在画布上坐标为(x,y)的位置显示文本text的内容
DrawTextAtAngle(方法)	call Canvas1 .DrawTextAtAngle text x y angle	在画布上坐标为(x,y)的位置以angle角度显示文本text的内容

续表

模块名称	模　块	模块说明
GetBackgroundPixelColor(方法)	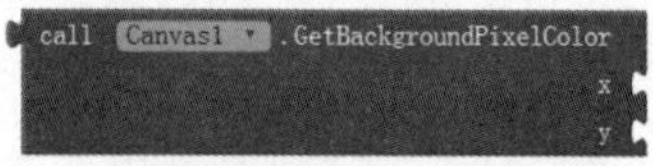 call Canvas1 . GetBackgroundPixelColor x y	获取画布上坐标为(x,y)点的背景色
GetPixelColor(方法)	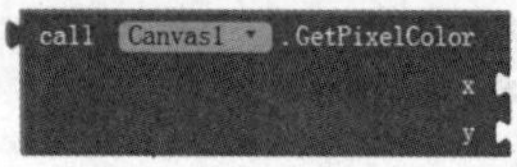 call Canvas1 . GetPixelColor x y	获取画布上坐标为(x,y)的点的颜色
SaveAs(方法)	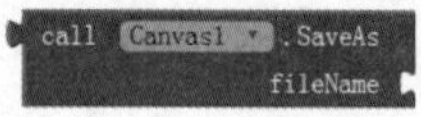 call Canvas1 . SaveAs fileName	将画布当前状态截图存储在sd卡上,文件名为fileName(只能是JPEG、JPG、PNG文件),并返回该文件的完整存储路径
Save(方法)	 call Canvas1 . Save	将画布当前状态截图存储在sd卡上,并返回该文件完整的存储路径
SetBackgroundPixelColor(方法)	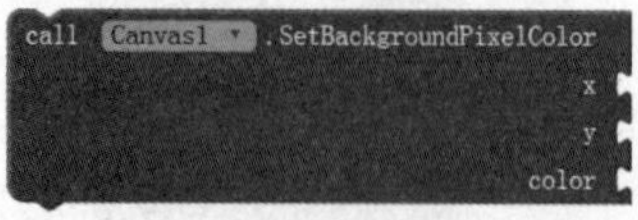 call Canvas1 . SetBackgroundPixelColor x y color	设置画布某个点的背景颜色,x和y表示画布上的坐标点
属性	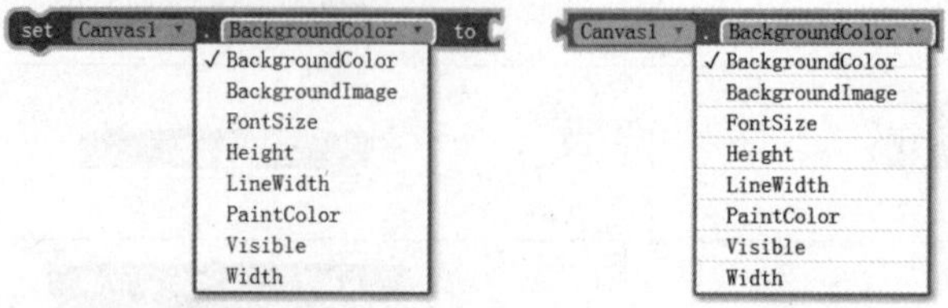 set Canvas1 . BackgroundColor to ✓BackgroundColor BackgroundImage FontSize Height LineWidth PaintColor Visible Width Canvas1 . BackgroundColor ✓BackgroundColor BackgroundImage FontSize Height LineWidth PaintColor Visible Width 读写属性:BackgroundColor(画布背景色)、BackgroundColor(画布背景图片)、FontSize(画布字体大小)、Height(画布的高度)、LineWidth(画笔宽度)、PaintColor(画笔颜色)、Visible(画布可见性)、Width(画布的宽度)	

3. 图像精灵

图像精灵是一种可在画布中自由移动的图像,并可与球体(Ball)、其他图像精灵和画布边缘产生碰撞事件,图像精灵经常用于开发游戏。

表 B.26　图像精灵控件的模块说明

模块名称	模　块	模块说明
ImageSprite(实例)	 ImageSprite1	图像精灵实例
CollidedWith(事件)	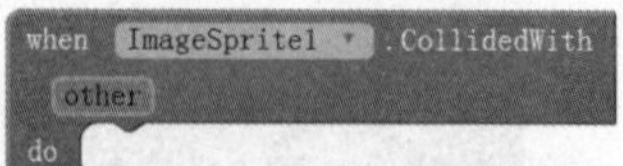 when ImageSprite1 . CollidedWith other do	碰撞事件,图像精灵与其他精灵发生碰撞的事件

续表

模块名称	模　　块	模块说明
Dragged(事件)	when ImageSprite1 .Dragged startX startY prevX prevY currentX currentY do	拖曳事件,当手指在画布上拖曳图像精灵时触发本事件。 startX、startY:拖曳事件开始时X、Y坐标值。 prevX、prevY:上一个拖曳事件产生时的X、Y坐标值。 currentX、 currentY:拖曳结束时X、Y坐标轴数值;
Flung(事件)	when ImageSprite1 .Flung x y speed heading xvel yvel do	滑动事件,只有手指在画布上快速滑动时触发本事件。 x、y:滑动事件初始坐标。 speed:滑动事件的速度(单位像素/毫秒)。 heading:滑动事件的角度(0～360)。 xvel、yve:速度在X轴和Y轴的分量
EdgeReached(事件)	when ImageSprite1 .EdgeReached edge do	触壁事件,当画布精灵与画布边缘时触发本事件,并返回所到达边缘的位置信息,edge值是返回的边缘位置信息
NoLonger CollidingWith(事件)	when ImageSprite1 .NoLongerCollidingWith other do	不再碰撞事件,当图像精灵与其他精灵从碰撞状态分离时触发本事件
Touched(事件)	when ImageSprite1 .Touched x y do	触摸事件,当用户对图像精灵进行触摸时触发本事件。 x、y:触控点的X、Y轴坐标值
TouchDown(事件)	when ImageSprite1 .TouchDown x y do	按下事件,当用户对图像精灵进行按下操作时触发本事件。 x、y:手指按下时触摸点的X、Y轴坐标值

续表

模块名称	模　　块	模块说明
TouchUp(事件)	when ImageSprite1 .TouchUp x y do	抬起事件，当用户对图像精灵进行按下操作后再抬起时触发本事件。 x、y：手指抬起时触摸点的X、Y轴坐标值
Boundce(方法)	call ImageSprite1 .Bounce edge	图像精灵反弹，一般在图像精灵与精灵碰撞后使用
CollidingWith(方法)	call ImageSprite1 .CollidingWith other	返回图像精灵是否与指定精灵(other)发生碰撞
MoveIntoBounds(方法)	call ImageSprite1 .MoveIntoBounds	若图像精灵移动到画布边界外，可调用本方法将其拉回界内
MoveTo(方法)	call ImageSprite1 .MoveTo x y	把图像精灵移动到指定的位置(x,y)
PointInDirection(方法)	call ImageSprite1 .PointInDirection x y	将图像精灵旋转指向坐标(x,y)
PointTowards(方法)	call ImageSprite1 .PointTowards target	让图像精灵向指定的目标精灵(target)移动
属性	set ImageSprite1 . Enabled to ImageSprite1 . Enabled ✓Enabled Heading Height Interval Picture Rotates Speed Visible Width X Y Z 读写属性：Enabled(是否可用)、Heading(球移动的方向，0度向右移动，90度时向上移动)、Height(控件的高度)、Interval(移动频率，单位为毫秒)、Picture(背景图片)、Rotates(若设置为true，图像精灵按Heading指定的方向旋转；若设置为false，当heading方向改变时，仍绕其中心旋转)、Speed(移动速度，单位为像素)、Visible(是否可见)、Width(控件的宽度)、X(水平方向上图像精灵左边缘的坐标)、Y(竖直方向上图像精灵上边缘的坐标)、Z(图像精灵位置的Z坐标)	

B.5 传感器控件

感应器控件共 5 个控件，包括 AccelerometerSensor、BarcodeScanner、LocationSensor、NearField 和 OrientationSensor，各控件的事件、属性和方法如表 B. 27～表 B. 31 所示。

1. 加速传感器

加速传感器的主要功能是获取手机加速度感应器的状态，并侦测设备三维空间的晃动情况。

表 B. 27 加速传感器控件的模块说明

模块名称	模块	模块说明
AccelerometerSensor(实例)	 AccelerometerSensor1	加速度传感器实例
AccelerationChanged(事件)	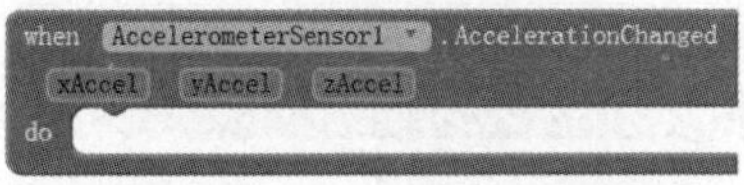 when AccelerometerSensor1 .AccelerationChanged xAccel yAccel zAccel do	加速度感应器的值改变事件
Shaking(事件)	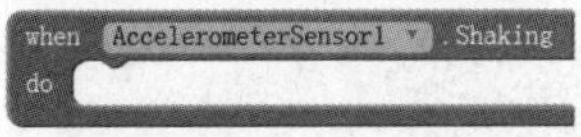 when AccelerometerSensor1 .Shaking do	手机晃动事件
属性	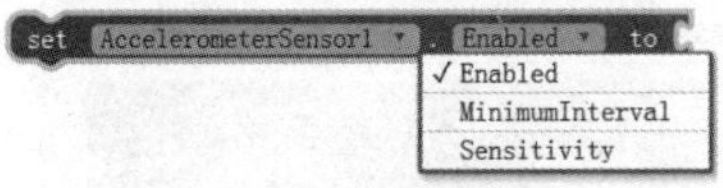 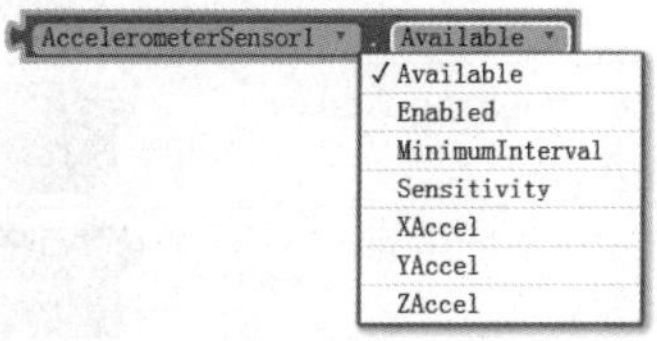 set AccelerometerSensor1 . Enabled to ✓Enabled MinimumInterval Sensitivity AccelerometerSensor1 . Available ✓Available Enabled MinimumInterval Sensitivity XAccel YAccel ZAccel 读写属性：Enabled(加速感应器的可用性)、MinimumInterval(手机震动的最小时间间隔)、Sensitivity(加速感应器的敏感性) 只读属性：Available(是否存在方向加速度传感器)、XAccel(加速度传感器 X 轴的变化量)、YAccel(加速度传感器 Y 轴的变化量)、ZAccel(加速度传感器 Z 轴的变化量)	

2. 条形码扫描器

条形码扫描器的主要功能是实现条形码扫描。

表 B. 28 条形码扫描器控件的模块说明

模块名称	模块	模块说明
BarcodeScanner(实例)	 BarcodeScanner1	条形码扫描器实例
AfterScan(事件)	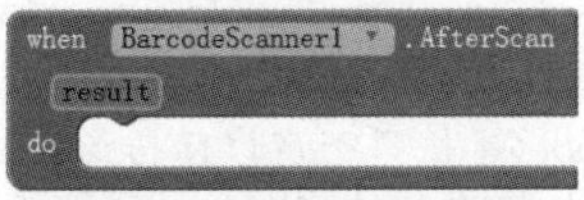 when BarcodeScanner1 .AfterScan result do	扫描条形码后事件，result 是扫描的结果
DoScan(方法)	 call BarcodeScanner1 .DoScan	启动摄像头进行扫描

续表

模块名称	模　块	模块说明
属性	BarcodeScanner1 . Result ✓Result 只读属性：Result（返回扫描结果）	

3. 位置传感器

位置传感器的主要功能是使用设备的GPS或者其他定位方法（移动基站或无线网络）获取手机的当前位置信息。

表B.29　位置传感器控件的模块说明

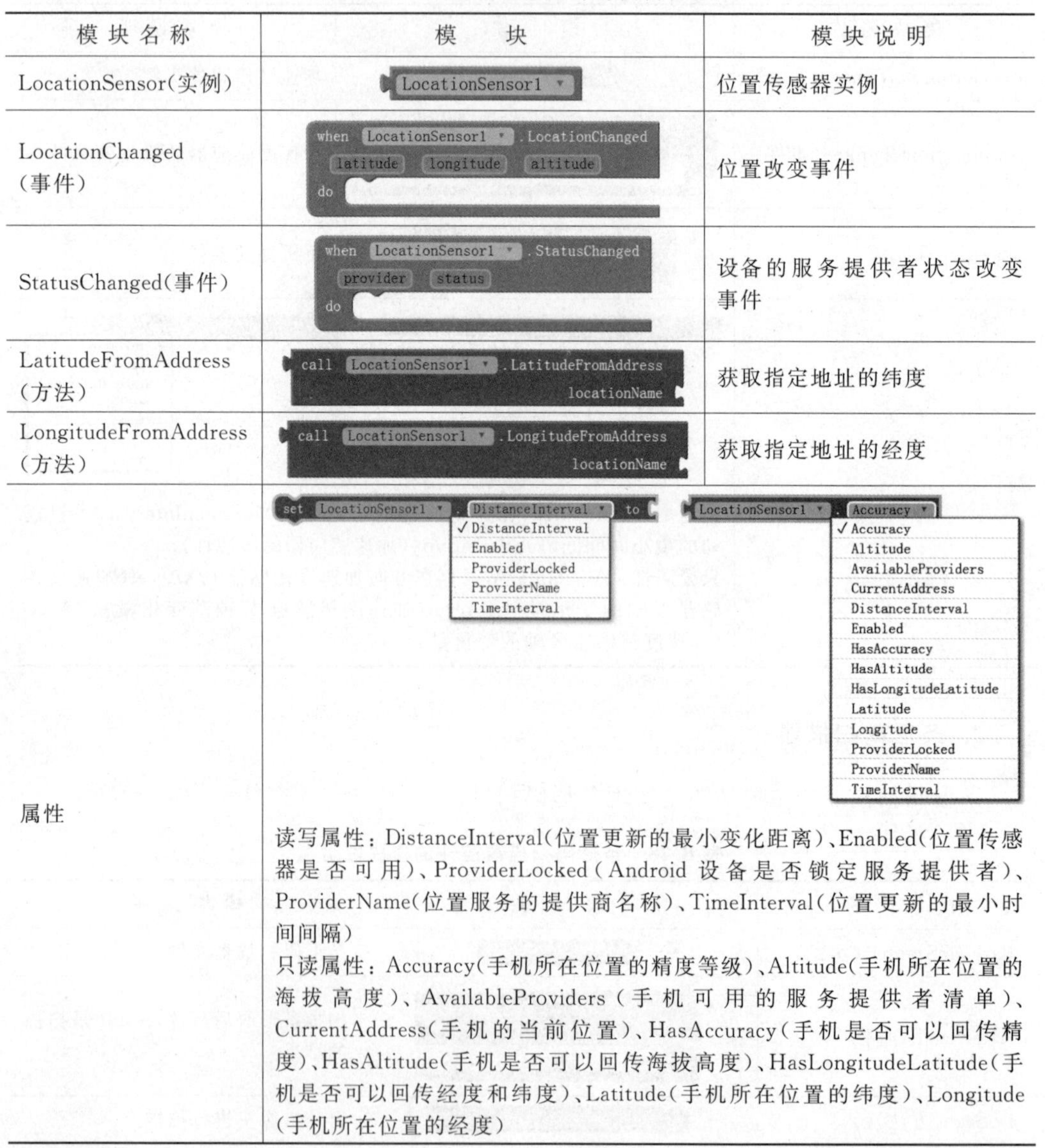

模块名称	模　块	模块说明
LocationSensor（实例）	LocationSensor1	位置传感器实例
LocationChanged（事件）	when LocationSensor1 .LocationChanged latitude longitude altitude do	位置改变事件
StatusChanged（事件）	when LocationSensor1 .StatusChanged provider status do	设备的服务提供者状态改变事件
LatitudeFromAddress（方法）	call LocationSensor1 .LatitudeFromAddress locationName	获取指定地址的纬度
LongitudeFromAddress（方法）	call LocationSensor1 .LongitudeFromAddress locationName	获取指定地址的经度
属性	set LocationSensor1 . DistanceInterval to ✓DistanceInterval Enabled ProviderLocked ProviderName TimeInterval LocationSensor1 . Accuracy ✓Accuracy Altitude AvailableProviders CurrentAddress DistanceInterval Enabled HasAccuracy HasAltitude HasLongitudeLatitude Latitude Longitude ProviderLocked ProviderName TimeInterval 读写属性：DistanceInterval（位置更新的最小变化距离）、Enabled（位置传感器是否可用）、ProviderLocked（Android设备是否锁定服务提供者）、ProviderName（位置服务的提供商名称）、TimeInterval（位置更新的最小时间间隔） 只读属性：Accuracy（手机所在位置的精度等级）、Altitude（手机所在位置的海拔高度）、AvailableProviders（手机可用的服务提供者清单）、CurrentAddress（手机的当前位置）、HasAccuracy（手机是否可以回传精度）、HasAltitude（手机是否可以回传海拔高度）、HasLongitudeLatitude（手机是否可以回传经度和纬度）、Latitude（手机所在位置的纬度）、Longitude（手机所在位置的经度）	

4. 近场通信

近场通信控件提供了手机在彼此靠近的情况下进行数据交换的功能。

表 B.30 近场通信控件的模块说明

模块名称	模块	模块说明
Nearfield(实例)	NearField1	近场通信实例
TagRead(事件)	when NearField1 .TagRead message do	一个新的标签被检测到,只支持纯文本标签
TagWritten(事件)	when NearField1 .TagWritten do	写入一个新的标签
属性	set NearField1 . ReadMode to (✓ReadMode, TextToWrite) NearField1 . LastMessage (✓LastMessage, ReadMode, TextToWrite, WriteType) 读写属性:ReadMode(读标签的模式)、TextToWrite(将要写入标签的内容) 只读属性:LastMessage(最后通信的信息)、WriteType(写标签的类型)	

5. 方向传感器

方向传感器用来获取与方向相关的数据,包括倾斜角、方位角、倾斜程度、翻转角和转动角。

表 B.31 方向传感器控件的模块说明

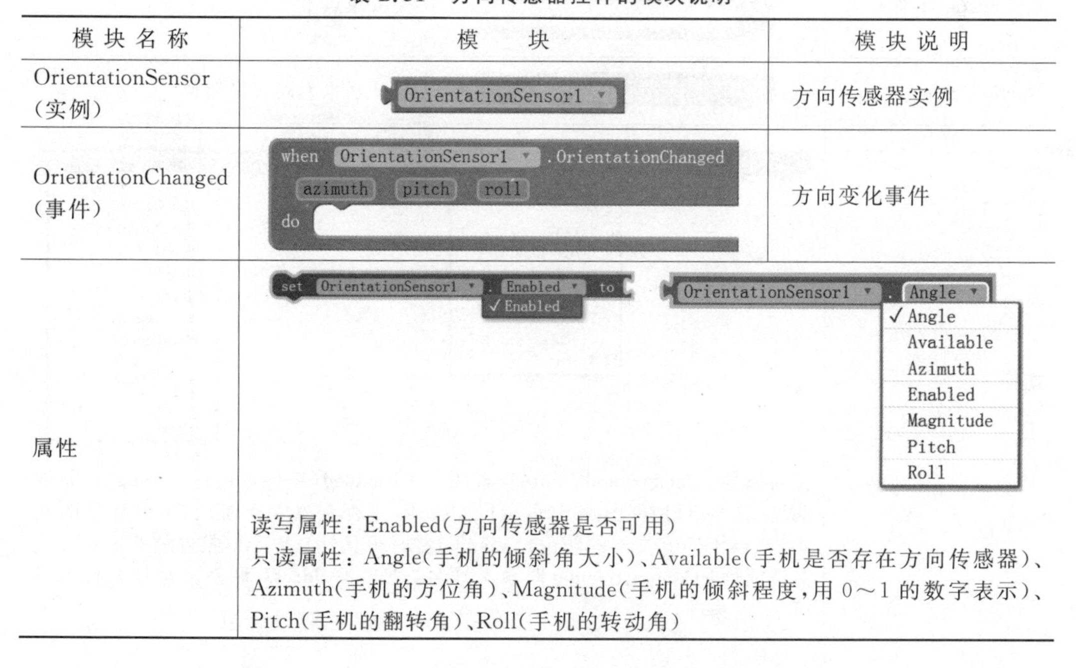

模块名称	模块	模块说明
OrientationSensor(实例)	OrientationSensor1	方向传感器实例
OrientationChanged(事件)	when OrientationSensor1 .OrientationChanged azimuth pitch roll do	方向变化事件
属性	set OrientationSensor1 . Enabled to (✓Enabled) OrientationSensor1 . Angle (✓Angle, Available, Azimuth, Enabled, Magnitude, Pitch, Roll) 读写属性:Enabled(方向传感器是否可用) 只读属性:Angle(手机的倾斜角大小)、Available(手机是否存在方向传感器)、Azimuth(手机的方位角)、Magnitude(手机的倾斜程度,用0~1的数字表示)、Pitch(手机的翻转角)、Roll(手机的转动角)	

B.6 社交控件

社交控件子类共 6 个控件，包括选取联系人(ContactPicker)、邮件地址工具(EmailPicker)、拨号(PhoneCall)、选取号码(PhoneNumberPicker)、短信息(Texting)和推特(Twitter)，各控件的事件、属性和方法如表 B.32～表 B.37 所示。

1. 选取联系人

选取联系人的功能是让用户从手机的通讯录获得联系人信息，这些信息包括联系人的姓名、头像和电子邮件地址。

表 B.32 选取联系人控件的模块说明

模块名称	模块	模块说明
ContactPicker(实例)	ContactPicker1	选取联系人实例
afterPicking(事件)	when ContactPicker1 .AfterPicking do	选择后事件，在用户选择目标联系人后产生
BeforePicking(事件)	when ContactPicker1 .BeforePicking do	选择前事件，在用户打开通讯录，但尚未选择目标联系人时产生
GotFocus(事件)	when ContactPicker1 .GotFocus do	获取焦点事件
LostFocus(事件)	when ContactPicker1 .LostFocus do	失去焦点事件
Open(方法)	call ContactPicker1 .Open	打开联系人列表供选择
属性	set ContactPicker1 . BackgroundColor to ✓BackgroundColor / Enabled / Height / Image / ShowFeedback / Text / TextColor / Visible / Width ContactPicker1 . BackgroundColor ✓BackgroundColor / ContactName / EmailAddress / Enabled / Height / Image / Picture / ShowFeedback / Text / TextColor / Visible / Width 读写属性：BackgroundColor(背景颜色)、Enabled(控件可用性)、Height(控件高度)、Image(控件图片)、ShowFeedBack(是否有视觉反馈)、Text(显示的文本)、TextColor(文本的颜色)、Visible(控件可见性)、Width(控件的宽度) 只读属性：ConstactName(联系人姓名)、EmailAddress(联系人地址)、Picture(联系人头像)	

2. 邮件地址工具

邮件地址工具在用户输入联系人的电子邮件地址时提供自动完成邮件地址输入的功能。

表 B.33 邮件地址工具控件的模块说明

模块名称	模块	模块属性
ContactPicker(实例)	EmailPicker1	邮件地址工具实例
GotFocus(事件)	when EmailPicker1 .GotFocus do	获取焦点事件
LostFocus(事件)	when EmailPicker1 .LostFocus do	失去焦点事件
属性	set EmailPicker1 . BackgroundColor to (BackgroundColor / Enabled / FontSize / Height / Hint / Text / TextColor / Visible / Width) EmailPicker1 . BackgroundColor (BackgroundColor / Enabled / FontSize / Height / Hint / Text / TextColor / Visible / Width) 读写属性：BackgroundColor(背景颜色)、Enabled(控件可用性)、FontSize(字体大小)、Height(控件高度)、Hint(用户提示信息)、Text(显示文本)、TextColor(文本颜色)、Visible(控件可见性)、Width(控件宽度)	

3. 拨号

拨号是一个非可视化控件，用于向指定的电话号码拨打电话。

表 B.34 拨号控件的模块说明

模块名称	模块	模块属性
PhoneCall1(实例)	PhoneCall1	拨号控件实例
MakePhoneCall(方法)	call PhoneCall1 .MakePhoneCall	调用手机的拨号界面，拨打 PhoneNumber 属性中的电话号码
属性	set PhoneCall1 . PhoneNumber to (PhoneNumber) PhoneCall1 . PhoneNumber (PhoneNumber) 读写属性：PhoneNumber(要拨打的电话号码)	

4. 选取号码

选取号码控件可以获取手机通讯录中的联系人信息，这些信息包括联系人的姓名、头像、电子邮件地址和电话号码。

表 B.35 选取号码控件的模块说明

模块名称	模块	模块属性
PhoneNumberPicker(实例)	PhoneNumberPicker1	选取号码控件实例
AfterPicking(事件)	when PhoneNumberPicker1 .AfterPicking do	选择后事件，在用户选择目标联系人后产生
BeforePicking(事件)	when PhoneNumberPicker1 .BeforePicking do	选择前事件，在用户打开通讯录，但是尚未选择目标联系人时产生
GotFocus(事件)	when PhoneNumberPicker1 .GotFocus do	获取焦点事件
LostFocus(事件)	when PhoneNumberPicker1 .LostFocus do	失去焦点事件
Open(方法)	call PhoneNumberPicker1 .Open	打开联系人列表供选择
属性	set PhoneNumberPicker1 . BackgroundColor to ✓BackgroundColor / Enabled / Height / Image / ShowFeedback / Text / TextColor / Visible / Width PhoneNumberPicker1 . BackgroundColor ✓BackgroundColor / ContactName / EmailAddress / Enabled / Height / Image / PhoneNumber / Picture / ShowFeedback / Text / TextColor / Visible / Width 读写属性：BackgroundColor(控件的背景颜色)、Enabled(控件的可用性)、Height(控件的高度)、Image(控件的背景图片)、ShowFeedBack(是否有视觉反馈)、Text(控件显示的文本)、TextColor(控件显示的文本的颜色)、Visible(控件的可见性)、Width(控件的宽度) 只读属性：ConstactName(目标联系人姓名)、EmailAddress(目标联系人地址)、Picture(目标联系人头像)、PhoneNumber(目标联系人电话号码)	

5. 短信息

短信息控件主要用来发送和接收短信息。

表 B.36 短信息控件的模块说明

模块名称	模　　块	模块属性
Texting(实例)	Texting1	短信息实例
MessageReceived(事件)	when Texting1 .MessageReceived number messageText do	信息接收事件，在接收短信后产生，number 是发送方的电话号码，messageText 是短信息内容
SendMessage(方法)	call Texting1 .SendMessage	发送短信息
属性	set Texting1 . GoogleVoiceEnabled to ✓GoogleVoiceEnabled Message PhoneNumber ReceivingEnabled 读写属性：GoogleVoicdEnabled(是否允许使用GoogleVoice服务)、Message(短信的内容)、PhoneNumber(发短信的目标电话号码)、ReceivingEnabled(是否允许接收短信)	Texting1 . GoogleVoiceEnabled ✓GoogleVoiceEnabled Message PhoneNumber ReceivingEnabled

6. 推特

推特是一个社交网络和一个微博客服务，可以让用户更新不超过140个字符的消息，通过该模块可以调用Twitter的服务。

表 B.37 推特控件的模块说明

模块名称	模　　块	模块说明
Twitter(实例)	Twitter1	推特实例
DirectMessageReceived(事件)	when Twitter1 .DirectMessagesReceived messages do	通过 RequestDirectMessages 方法获取所查询的信息的事件
FollowersReceived(事件)	when Twitter1 .FollowersReceived followers2 do	通过 RequestFollowers 方法获取所查询的在线好友名单的事件
FriendTimelineReveived(事件)	when Twitter1 .FriendTimelineReceived timeline do	通过 RequestFriendTime 方法获取所查询的信息所产生的事件
IsAuthorized(事件)	when Twitter1 .IsAuthorized do	用户登录验证通过或验证该用户已存在的事件
MentionsReceived(事件)	when Twitter1 .MentionsReceived mentions do	登录用户调用 RequestMentions 后获取结果时产生的事件
SearchSuccessful(事件)	when Twitter1 .SearchSuccessful searchResults do	Twitter 中搜索成功事件

续表

模块名称	模　块	模块说明
Authorize（方法）	 call Twitter1 .Authorize	给用户呈现一个Twitter的登录页面
CheckAuthorized（方法）	 call Twitter1 .CheckAuthorized	检测用户输入的用户名及密码信息是否正确
DeAuthorize（方法）	 call Twitter1 .DeAuthorize	退出已登录的Twitter应用程序
DirectMessage（方法）	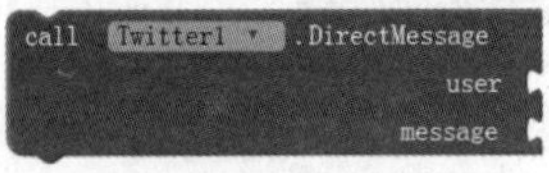 call Twitter1 .DirectMessage user message	向用户（user）发送消息（message）
Follow（方法）	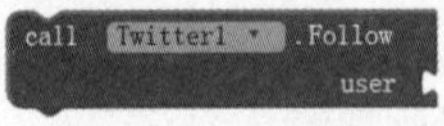 call Twitter1 .Follow user	关注指定的使用者（user）
RequestDirectMessages（方法）	 call Twitter1 .RequestDirectMessages	接收最新的消息
RequestFollowers（方法）	 call Twitter1 .RequestFollowers	获取正在关注我的用户列表
RequestFriendTimeline（方法）	 call Twitter1 .RequestFriendTimeline	获取关注我的用户的最新消息
RequestMentions（方法）	 call Twitter1 .RequestMentions	获取有关其他人以及登录用户的最新消息列表
SearchTwitter（方法）	 call Twitter1 .SearchTwitter query	在Twitter中搜索内容
StopFollowing（方法）	 call Twitter1 .StopFollowing user	取消对指定用户（user）的关注
Tweet（方法）	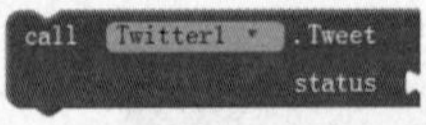 call Twitter1 .Tweet status	发布消息
TweetWithImage（方法）	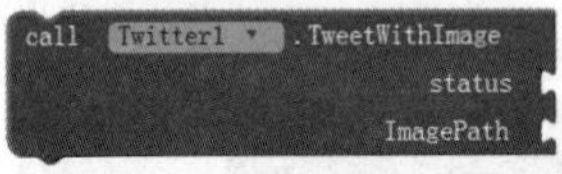 call Twitter1 .TweetWithImage status ImagePath	发布带有图片（ImagePath）的消息
属性	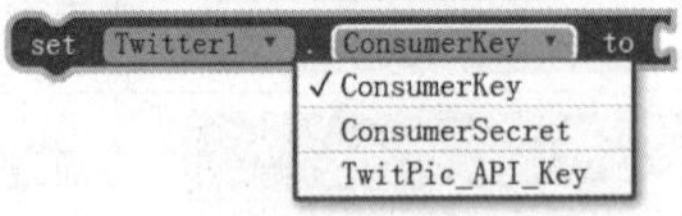 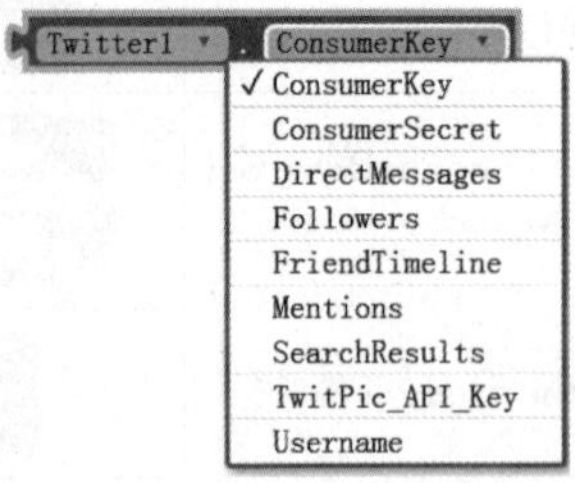 set Twitter1 . ConsumerKey to（✓ConsumerKey / ConsumerSecret / TwitPic_API_Key） Twitter1 . ConsumerKey（✓ConsumerKey / ConsumerSecret / DirectMessages / Followers / FriendTimeline / Mentions / SearchResults / TwitPic_API_Key / Username） 读写属性：ConsumerKey（Twitter用来确认用户身份密钥）、ConsumerSecret（Twitter用来确认用户身份的密码）、PhoneNumber（上传图片的密钥） 只读属性：DirectMessages（登录用户的最近消息列表）、Followers（登录用户的粉丝列表）、FriendTimeline（用户关注的好友的20个最新的消息列表）、Mentions（登录用户的提醒消息列表）、SearchResults（SearchTwitter方法的搜索结果列表）、Username（授权用户的用户名）	

B.7 存储控件

存储子类同有3个控件，包括FusiontablesControl、TinyDB、TinyWebDB，各控件的事件、属性和方法如表B.38～表B.40所示。

1. 融合表控制器

融合表控制器的主要功能是使用谷歌提供的API查询、创建和修改融合表。

表 B.38 融合表控制器模块的模块说明

模块名称	模块	模块说明
FusiontablesControl(实例)	FusiontablesControl1	融合表控制器实例
GotResult(事件)	when FusiontablesControl1 .GotResult result do	返回查询结果事件，查询的结果(result)以CSV格式返回
DoQuery(方法)	call FusiontablesControl1 .DoQuery	该方法已经被弃用，被SentQuery取代
ForgetLogin(方法)	call FusiontablesControl1 .ForgetLogin	丢弃用户的账户名，当访问融合表时强制进行重新认证
SendQuery(方法)	call FusiontablesControl1 .SendQuery	执行查询融合表的操作
属性	set FusiontablesControl1 . ApiKey to ✓ApiKey Query　FusiontablesControl1 . ApiKey ✓ApiKey Query 读写属性：ApiKey(谷歌API的KEY)、Query(发送给谷歌融合表API的请求)	

2. 微型数据库

微型数据库是提供基于标签(关键字)进行数据存储和读取的数据库。

表 B.39 微型数据库控件的模块说明

模块名称	模块	模块说明
TinyDB(实例)	TinyDB1	微型数据库实例
ClearAll(方法)	call TinyDB1 .ClearAll	清空所有数据
ClearTag(方法)	call TinyDB1 .ClearTag tag	删除指定关键字tag的条目
GetTags(方法)	call TinyDB1 .GetTags	返回数据库中所有关键字的列表

续表

模块名称	模块	模块说明
StoreValue(方法)	call TinyDB1 . StoreValue tag valueToStore	将数据存储到指定的关键字中，tag是关键字；valueToStore是要存储的数据，可以是字符串或列表
GetValue(方法)	call TinyDB1 . GetValue tag valueIfTagNotThere	检索指定标签tag下的数据，如果指定的tag不存在，则返回valueIfTagNotThere的值

3. 微型网络数据库

微型网络数据库是存储在网络中的微型数据库，支持根据关键字的数据存储和获取。

表B.40 微型网络数据库控件的模块说明

模块名称	模块	模块说明
TinyWebDB(实例)	TinyWebDB1	微型网络数据库实例
GotValue(事件)	when TinyWebDB1 . GotValue tagFromWebDB valueFromWebDB do	获取数据事件，tagFromWebDB是获取数据的标签，valueFromWebDB是获取数据的值
ValueStored(事件)	when TinyWebDB1 . ValueStored do	数据存储事件
WebServiceError(事件)	when TinyWebDB1 . WebServiceError message do	网络数据库服务出错事件
GetValue(方法)	call TinyWebDB1 . GetValue tag	从网络数据库服务器中获取给定标签为tag的数据
StoreValue(方法)	call TinyWebDB1 . StoreValue tag valueToStore	向网络数据库中存储标签为tag的数据
属性	set TinyWebDB1 . ServiceURL to ✓ServiceURL　TinyWebDB1 . ServiceURL ✓ServiceURL 读写属性：ServiceURL(微型网络数据库的URL值)	

B.8 通信控件

通信控件子类共有4个控件，包括程序启动器(ActivityStarter)、蓝牙客户端(BluetoothClient)、蓝牙服务端(BlutoothServer)和网页操作(Web)，各控件的事件、属性和方法如表 B.41～表 B.44 所示。

1. 程序启动器

程序启动器组件是一个不可见控件，通过该控件可以调用第三方应用程序。

表 B.41 程序启动器控件的模块说明

模块名称	模块	模块说明
ActivityStarter(实例)	ActivityStarter1	程序启动器实例
AfterActivity(事件)	when ActivityStarter1 .AfterActivity result do	程序启动后事件
ResolveActivity(方法)	call ActivityStarter1 .ResolveActivity	返回被调用的第三方应用程序的名称，若未找到则返回空字符串。通过本方法可以确认第三方应用程序是否已安装在手机中
StartActivity(方法)	call ActivityStarter1 .StartActivity	启动第三方应用程序
属性	set ActivityStarter1 . Action to（✓Action、ActivityClass、ActivityPackage、DataType、DataUri、ExtraKey、ExtraValue、ResultName）；ActivityStarter1 . Action（✓Action、ActivityClass、ActivityPackage、DataType、DataUri、ExtraKey、ExtraValue、Result、ResultName、ResultType、ResultUri） 读写属性：Action(调用第三方应用程序的执行动作)、ActivityClass(调用第三方应用程序的类名称)、ActivityPackage(调用第三方应用程序的包名称)、DataType(调用第三方应用程序的数据类型)、DataUri(调用第三方应用程序的数据统一资源定位符)、ExtraKey(传递给第三方应用程序的键名称)、ExtraValue(传递给第三方应用程序的键值)、ResultName(结果的名称) 只读属性：Result(结果的内容)、ResultType(结果数据类型)、ResultUri(结果的资源定位符)	

2. 蓝牙客户端

蓝牙客户端基于蓝牙通信功能，实现与蓝牙服务端的连接。

表 B.42 蓝牙客户端控件的模块说明

模块名称	模块	模块说明
BluetoothClient (实例)	BluetoothClient1	蓝牙客户端实例
BytesAvailableToReceive (方法)	call BluetoothClient1 .BytesAvailableToReceive	在不阻塞的情况下预计可接收的字节数

续表

模块名称	模块	模块说明
Connect（方法）	call BluetoothClient1 .Connect address	通过指定的地址蓝牙 address 与另一个蓝牙设备建立连接，成功则返回 true
ConnectWithUUID（方法）	call BluetoothClient1 .ConnectWithUUID address uuid	通过指定的 address 和 UUID 与另一个蓝牙设备建立连接，成功则返回 true
Disconnect（方法）	call BluetoothClient1 .Disconnect	断开已经连接的蓝牙设备
IsDevicePaired（方法）	call BluetoothClient1 .IsDevicePaired address	检测是否与指定的设备完成配对
ReceiveSigned1ByteNumber（方法）	call BluetoothClient1 .ReceiveSigned1ByteNumber	从连接的蓝牙设备接收一个字节长度的有符号数
ReceiveSigned2ByteNumber（方法）	call BluetoothClient1 .ReceiveSigned2ByteNumber	从连接的蓝牙设备接收两个字节长度的有符号数
ReceiveSigned4ByteNumber（方法）	call BluetoothClient1 .ReceiveSigned4ByteNumber	从连接的蓝牙设备接收四个字节长度的有符号数
ReceiveSignedBytes（方法）	call BluetoothClient1 .ReceiveSignedBytes numberOfBytes	从连接的蓝牙设备接收多个字节的有符号数的值，如果 numberOfBytes 小于 0，则一直读取直到遇到结束符
ReceiveText（方法）	call BluetoothClient1 .ReceiveText numberOfBytes	从连接的蓝牙设备接收一个字符串，如果 numberOfBytes 小于 0，则一直读取直到遇到结束符
ReceiveUnsigned1ByteNumber（方法）	call BluetoothClient1 .ReceiveUnsigned1ByteNumber	从连接的蓝牙设备接收一个字节长度的无符号数
ReceiveUnsigned2ByteNumber（方法）	call BluetoothClient1 .ReceiveUnsigned2ByteNumber	从连接的蓝牙设备接收两个字节长度的无符号数
ReceiveUnsigned4ByteNumber（方法）	call BluetoothClient1 .ReceiveUnsigned4ByteNumber	从连接的蓝牙设备接收四个字节长度的无符号数
ReceiveUnsignedBytes（方法）	call BluetoothClient1 .ReceiveUnsignedBytes numberOfBytes	从连接的蓝牙设备接收多个字节的无符号数的值，如果 numberOfBytes 小于 0，则一直读取直到遇到结束符
Send1ByteNumber（方法）	call BluetoothClient1 .Send1ByteNumber number	向连接的蓝牙设备发送一个字节长度的数
Send2ByteNumber（方法）	call BluetoothClient1 .Send2ByteNumber number	向连接的蓝牙设备发送两个字节长度的数

续表

模块名称	模　　块	模块说明
Send4ByteNumber(方法)	call BluetoothClient1 . Send4ByteNumber number	向连接的蓝牙设备发送四个字节长度的数
SendBytes(方法)	call BluetoothClient1 . SendBytes list	向连接的蓝牙设备发送列表
SendText(方法)	call BluetoothClient1 . SendText text	向连接的蓝牙设备发送字符串
属性	set BluetoothClient1 . HighByteFirst to (CharacterEncoding, DelimiterByte, ✓HighByteFirst, Secure) BluetoothClient1 . AddressesAndNames (✓AddressesAndNames, Available, CharacterEncoding, DelimiterByte, Enabled, HighByteFirst, IsConnected, Secure) 读写属性：CharacterEncoding(接收信息的字符编码方式)、DelimiterByte(使用 ReceiveText、ReceiveSignedBytes、ReceiveUnsignedBytes 等方法时的结束符)、HighByteFirst(是否采用高位优先传递的传输方式)、Secure(是否采用简易安全配对机制) 只读属性：AddressesAndNames(已配对蓝牙设备的地址和名称)、Available(Android 设备上的蓝牙可用性)、Enabled(蓝牙功能是否启用)、IsConnected(是否已建立连接)	

3. 蓝牙服务端

蓝牙服务端基于蓝牙通信功能，实现与蓝牙客户端的连接。

表 B.43　蓝牙服务端控件的模块说明

模块名称	模　　块	模块说明
BluetoothServer(实例)	BluetoothServer1	蓝牙服务端实例
ConnectionAccepted(事件)	when BluetoothServer1 . ConnectionAccepted do	蓝牙端服务接受连接后事件
AcceptConnection(方法)	call BluetoothServer1 . AcceptConnection serviceName	接受外部蓝牙连接
AcceptConnectionWithUUID(方法)	call BluetoothServer1 . AcceptConnectionWithUUID serviceName uuid	接受指定 uuid 的蓝牙连接请求
BytesAvailableToReceive(方法)	call BluetoothServer1 . BytesAvailableToReceive	在不阻塞的情况下可接收的字节数(估计值)
Disconnect(方法)	call BluetoothServer1 . Disconnect	断开已经连接的蓝牙设备

续表

模块名称	模　　块	模块说明
ReceiveSigned1ByteNumber（方法）	call BluetoothServer1 .ReceiveSigned1ByteNumber	从连接的蓝牙设备接收一个字节长度的有符号数
ReceiveSigned2ByteNumber（方法）	call BluetoothServer1 .ReceiveSigned2ByteNumber	从连接的蓝牙设备接收两个字节长度的有符号数
ReceiveSigned4ByteNumber（方法）	call BluetoothServer1 .ReceiveSigned4ByteNumber	从连接的蓝牙设备接收四个字节长度的有符号数
ReceiveSignedBytes（方法）	call BluetoothServer1 .ReceiveSignedBytes numberOfBytes	从连接的蓝牙设备接收多个字节的有符号数的值，如果 numberOfBytes 小于 0，则一直读取直到遇到结束符
ReceiveText（方法）	call BluetoothServer1 .ReceiveText numberOfBytes	从连接的蓝牙设备接收一个字符串，如果 numberOfBytes 小于 0，则一直读取直到遇到结束符
ReceiveUnsigned 1ByteNumber（方法）	call BluetoothServer1 .ReceiveUnsigned1ByteNumber	从连接的蓝牙设备接收一个字节长度的无符号数
ReceiveUnsigned 2ByteNumber（方法）	call BluetoothServer1 .ReceiveUnsigned2ByteNumber	从连接的蓝牙设备接收两个字节长度的无符号数
ReceiveUnsigned 4ByteNumber（方法）	call BluetoothServer1 .ReceiveUnsigned4ByteNumber	从连接的蓝牙设备接收四个字节长度的无符号数
ReceiveUnsignedBytes（方法）	call BluetoothServer1 .ReceiveUnsignedBytes numberOfBytes	从连接的蓝牙设备接收多个字节的无符号数的值，如果 numberOfBytes 小于 0，则一直读取直到遇到结束符
Send1ByteNumber（方法）	call BluetoothServer1 .Send1ByteNumber number	向连接的蓝牙设备发送一个字节长度的数
Send2ByteNumber（方法）	call BluetoothServer1 .Send2ByteNumber number	向连接的蓝牙设备发送两个字节长度的数
Send4ByteNumber（方法）	call BluetoothServer1 .Send4ByteNumber number	向连接的蓝牙设备发送四个字节长度的数
SendBytes（方法）	call BluetoothServer1 .SendBytes list	向连接的蓝牙设备发送列表
SendText（方法）	call BluetoothServer1 .SendText text	向连接的蓝牙设备发送字符串
StopAccepting（方法）	call BluetoothServer1 .StopAccepting	不再接受外部连接请求

续表

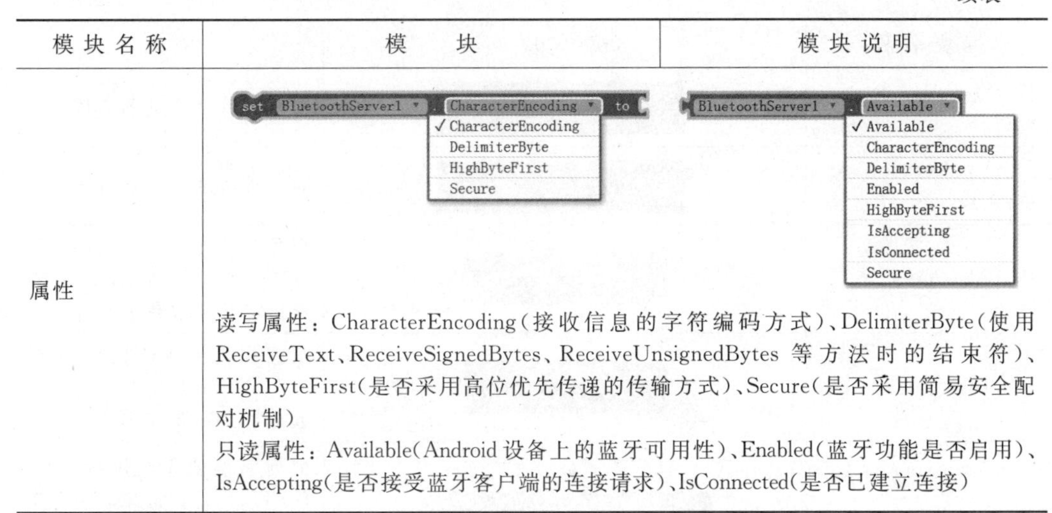

模块名称	模　　块	模块说明
属性	读写属性：CharacterEncoding（接收信息的字符编码方式）、DelimiterByte（使用ReceiveText、ReceiveSignedBytes、ReceiveUnsignedBytes等方法时的结束符）、HighByteFirst（是否采用高位优先传递的传输方式）、Secure（是否采用简易安全配对机制） 只读属性：Available（Android设备上的蓝牙可用性）、Enabled（蓝牙功能是否启用）、IsAccepting（是否接受蓝牙客户端的连接请求）、IsConnected（是否已建立连接）	

4. 网页操作

网页操作控件实现了在后台进行HTTP获取和提交等功能。

表B.44　网页操作控件的模块说明

模块名称	模　　块	模块说明
Web（实例）	Web1	浏览器实例
GotFile（事件）	when Web1 .GotFile url responseCode responseType fileName do	SaveResponse属性设置为true时，Get方法的响应将产生文件，并触发此事件
GotText（事件）	when Web1 .GotText url responseCode responseType responseContent do	SaveResponse属性设置为false时，Get方法的相应的内容并触发此事件
BuildRequestData（方法）	call Web1 .BuildRequestData list	将有两个元素的子列表的转换为格式化的字符串
ClearCookies（方法）	call Web1 .ClearCookies	清空Cookies
Delete（方法）	call Web1 .Delete	根据属性Url的值执行一个HTTP DELETE的请求，并得到一个新的应答
Get（方法）	call Web1 .Get	执行一个HTTP GET请求，并根据属性SaveResponse获取响应。如果SaveResponse为true，将响应保存成文件，并引发GetFile事件；如果SaveResponse为false，将引发Text事件

续表

模块名称	模　　块	模块说明
HtmlTextDecode（方法）	call Web1 .HtmlTextDecode htmlText	对 html 文本值进行解码
JsonTextDecode（方法）	call Web1 .JsonTextDecode jsonText	对 Json 文本值进行解码
PostFile（方法）	call Web1 .PostFile path	根据属性值 Url 执行一个 HTTP POST 请求，path 参数指定 Post 文件的路径
PostText（方法）	call Web1 .PostText text	根据属性值 Url 执行一个 HTTP POST 请求，text 参数指定 Post 的文本值
PostTextWithEncoding（方法）	call Web1 .PostTextWithEncoding text encoding	根据属性值 Url 执行一个 HTTP POST 请求，text 参数指定 Post 的文本内容，文本内容使用 encoding 指定的参数进行编码
PutFile（方法）	call Web1 .PutFile path	根据属性值 Url 执行一个 HTTP PUT 请求，path 参数指定 Post 文件的路径
PutText（方法）	call Web1 .PutText text	根据属性值 Url 执行一个 HTTP POST 请求，text 参数指定 Post 的文本值，text 的内容使用 UTF-8 编码
PutTextWithEncoding（方法）	call Web1 .PutTextWithEncoding text encoding	根据属性值 Url 执行一个 HTTP POST 请求，text 参数指定 Post 的文本值，text 的内容使用 encoding 指定的编码方式编码
UriEncode（方法）	call Web1 .UriEncode text	编码字符串，使它可以在 URL 中使用
属性	set Web1 . AllowCookies to （✓AllowCookies / RequestHeaders / ResponseFileName / SaveResponse / Url）；Web1 . AllowCookies （✓AllowCookies / RequestHeaders / ResponseFileName / SaveResponse / Url） 读写属性：AllowCookies（是否保存响应信息的 cookies）、RequestHeaders（请求头信息）、ResponseFileName（返回信息的存储文件的位置信息）、SaveResponse（是否将返回的信息存储在一个文件中）、Url（request 请求的 Url 值）	

B.9　乐高机器人控件

乐高机器人控件子类共 7 个控件，包括 Nxt 颜色感应器（NxtColorSensor）、Nxt 通信命令（NxtDirectCommands）、Nxt 电机（NxtDrive）、Nxt 光感应器（NxtLightSensor）、Nxt 声音感应器（NxtSoundSensor）、Nxt 触摸感应器（NxtTouchSensor）和 Nxt 超声波感应器（NxtUltrasonicSensor），各控件的事件、属性和方法如表 B. 45～表 B. 51 所示。

1. Nxt 颜色感应器

Nxt 颜色感应器控件用来控制乐高 NXT 机器人上的颜色感应器。

表 B. 45　Nxt 颜色感应器控件的模块说明

模块名称	模　块	模块说明
NxtColorSensor（实例）	NxtColorSensor1	Nxt 颜色感应器实例
AboveRange（事件）	when NxtColorSensor1 .AboveRange do	当光值高于指定的范围时触发该事件
BelowRange（事件）	when NxtColorSensor1 .BelowRange do	当光值低于指定的范围时触发该事件
ColorChanged（事件）	when NxtColorSensor1 .ColorChanged color do	检测到颜色发生改变时触发该事件
WithinRange（事件）	when NxtColorSensor1 .WithinRange do	当光值在指定的范围内时触发该事件
GetColor（方法）	call NxtColorSensor1 .GetColor	返回颜色感应器所检测到的颜色
GetLightLevel（方法）	call NxtColorSensor1 .GetLightLevel	返回光值强度（介于 0～1023 的整数）
属性	set NxtColorSensor1 . AboveRangeEventEnabled to（✓AboveRangeEventEnabled、BelowRangeEventEnabled、BottomOfRange、ColorChangedEventEnabled、DetectColor、GenerateColor、TopOfRange、WithinRangeEventEnabled）；NxtColorSensor1 . AboveRangeEventEnabled（✓AboveRangeEventEnabled、BelowRangeEventEnabled、BottomOfRange、ColorChangedEventEnabled、DetectColor、GenerateColor、TopOfRange、WithinRangeEventEnabled） 读写属性：AboveRangeEventEnabled（当 DetectColor 属性设置为 false 且光值大于 TopOfRange 时是否触发 AboveRange 事件）、BelowRangeEventEnabled（当 DetectColor 属性设置为 false 且光值低于 BottomOfRange 时是否触发 BelowRange 事件）、BottomOfRange（设置触发 WithinRange、BelowRange、AboveRange 等事件的最小值）、ColorChangedEventEnabled（当检测到颜色发生变化时，设定是否触发 ColorChanged 事件）、DetectColor（设定颜色感应器是检测颜色还是光值，设为 true 时检测颜色变化，反之检测光值变化）、GenerateColor（设定颜色感应器是否发光）、TopOfRange（设置触发 WithinRange、BelowRange、AboveRange 等事件的最大值）、WithinRangeEventEnabled（当 DetectColor 属性设置为 false 且光值介于 BottomOfRange 与 TopOfRange 之间时，是否触发 WithinRange 事件）	

2. Nxt 通信命令

Nxt 通信命令定义了对 NXT 智慧机器人的通信命令，通过该命令集可以直接对机器人进行控制。

表 B.46　Nxt 通信命令控件的模块说明

模块名称	模　块	模块说明
NxtDirectCommands（实例）	NxtDirectCommands1 ▾	Nxt 通信命令实例
DeleteFile（方法）	call NxtDirectCommands1 ▾ .DeleteFile fileName	删除机器人上的文件
DownloadFile（方法）	call NxtDirectCommands1 ▾ .DownloadFile source destination	将文件下载到机器人上
GetBatteryLevel（方法）	call NxtDirectCommands1 ▾ .GetBatteryLevel	获得机器人的电池电量
GetBrickName（方法）	call NxtDirectCommands1 ▾ .GetBrickName	获得 NXT 主机名称
GetCurrentProgramName（方法）	call NxtDirectCommands1 ▾ .GetCurrentProgramName	获得机器人正在运行的程序名称
GetFirmwareVersion（方法）	call NxtDirectCommands1 ▾ .GetFirmwareVersion	获得机器人固件和通信协议版本号
GetInputValues（方法）	call NxtDirectCommands1 ▾ .GetInputValues sensorPortLetter	从机器人指定的输入端读取信息
GetOutputState（方法）	call NxtDirectCommands1 ▾ .GetOutputState motorPortLetter	读取机器人指定输出端的状态
KeepAlive（方法）	call NxtDirectCommands1 ▾ .KeepAlive	使机器人保持开机状态
ListFiles（方法）	call NxtDirectCommands1 ▾ .ListFiles wildcard	以列表的方式返回机器人中符合条件 wildcard 的文件
LsGetStatus（方法）	call NxtDirectCommands1 ▾ .LsGetStatus sensorPortLetter	获取指定端口的低速通信状态
LsRead（方法）	call NxtDirectCommands1 ▾ .LsRead sensorPortLetter	从机器人指定输入端读取串行通信的信息
LsWrite（方法）	call NxtDirectCommands1 ▾ .LsWrite sensorPortLetter list rxDataLength	对机器人指定输入端读取低速信息
MessageRead（方法）	call NxtDirectCommands1 ▾ .MessageRead mailbox	从机器人上的指定信箱读取信息

续表

模块名称	模　块	模块说明
MessageWrite(方法)	call NxtDirectCommands1 .MessageWrite mailbox message	对机器人的指定信箱写入信息
PlaySoundFile(方法)	call NxtDirectCommands1 .PlaySoundFile fileName	播放机器人上的指定音效文件
PlayTone(方法)	call NxtDirectCommands1 .PlayTone frequencyHz durationMs	让机器人发出指定长度和音频的声音
ResetInputScaledValue(方法)	call NxtDirectCommands1 .ResetInputScaledValue sensorPortLetter	重设指定输入端口的标准值
ResetMotorPosition(方法)	call NxtDirectCommands1 .ResetMotorPosition motorPortLetter relative	重设电机的位置
SetBrickName(方法)	call NxtDirectCommands1 .SetBrickName name	设定 NXT 的主机名称
SetInputMode(方法)	call NxtDirectCommands1 .SetInputMode sensorPortLetter sensorType sensorMode	设定机器人指定输入端的状态，sensorPortLetter 为输入端编号，sensorType 为感应器类型，sensorMode 为感应器返回值的格式
SetOutputState(方法)	call NxtDirectCommands1 .SetOutputState motorPortLetter power mode regulationMode turnRatio runState tachoLimit	设定机器人的指定输出端的状态
StartProgram(方法)	call NxtDirectCommands1 .StartProgram programName	运行已下载到机器上的程序
StopProgram(方法)	call NxtDirectCommands1 .StopProgram	停止机器人正在运行的程序
StopSoundPlayback(方法)	call NxtDirectCommands1 .StopSoundPlayback	停止播放声音

3. Nxt 电机

Nxt 电机模块用来控制 NXT 机器人的马达，进而控制机器人的前进、后退、拐弯等动作。

表 B.47　Nxt 电机控件的模块说明

模块名称	模　块	模块说明
NxtDrive(实例)	NxtDrive1	Nxt 电机实例
MoveBackward(方法)	call NxtDrive1 .MoveBackward power distance	机器人以指定的电力(power)后退指定的距离(distance)
MoveBackwardIndefinitely(方法)	call NxtDrive1 .MoveBackwardIndefinitely power	让机器人以指定的电力(power)持续后退
MoveForward(方法)	call NxtDrive1 .MoveForward power distance	机器人以指定的电力(power)前进指定的距离(distance)
MoveForwardIndefinitely(方法)	call NxtDrive1 .MoveForwardIndefinitely power	让机器人以指定的电力(power)持续前进
Stop(方法)	call NxtDrive1 .Stop	所有电机停止转动
TurnClockwiseIndefinitely(方法)	call NxtDrive1 .TurnClockwiseIndefinitely power	让机器人以指定的电力(power)持续顺时针转动
TurnCounterClockwiseIndefinitely(方法)	call NxtDrive1 .TurnCounterClockwiseIndefinitely power	让机器人以指定的电力(power)持续逆时针转动
属性	set NxtDrive1 . StopBeforeDisconnect to ✓StopBeforeDisconnect　NxtDrive1 . StopBeforeDisconnect ✓StopBeforeDisconnect 读写属性：StopBeforeDisconnect(设定是否在断开连接之前将电机停止运转)	

4. Nxt 光感应器

Nxt 光感应器模块用来控制乐高 NXT 机器人上的光感应器。

表 B.48　Nxt 光感应器控件的模块说明

模块名称	模　块	模块说明
NxtLightSensor(实例)	NxtLightSensor1	Nxt 光感应器实例
AboveRange(事件)	when NxtLightSensor1 .AboveRange do	当光值高于指定的范围时触发的事件
BelowRange(事件)	when NxtLightSensor1 .BelowRange do	当光值低于指定的范围时触发的事件

续表

模块名称	模　　块	模块说明
WithinRange(事件)	when NxtLightSensor1 .WithinRange do	当光值在指定的范围内时触发的事件
GetLightLevel(方法)	call NxtLightSensor1 .GetLightLevel	返回光值强度，强度值介于 0～1023 之间
属性	set NxtLightSensor1 . AboveRangeEventEnabled to ✓AboveRangeEventEnabled BelowRangeEventEnabled BottomOfRange GenerateLight TopOfRange WithinRangeEventEnabled NxtLightSensor1 . AboveRangeEventEnabled ✓AboveRangeEventEnabled BelowRangeEventEnabled BottomOfRange GenerateLight TopOfRange WithinRangeEventEnabled 读写属性：AboveRangeEventEnabled(设置当光值大于 TopOfRange 时，是否触发 AboveRange 事件)、BelowRangeEventEnabled(设置当光值低于 BottomOfRange 时，是否触发 BelowRange 事件)、BottomOfRange(设置触发 WithinRange、BelowRange、AboveRange 等事件的最小值)、GenerateLight(光感应器的前端是否会发光)、TopOfRange(设置触发 WithinRange、BelowRange、AboveRange 等事件的最大值)、WithinRangeEventEnabled(设置当光值介于 BottomOfRange 与 TopOfRange 之间时，是否触发 WithinRange 事件)	

5. Nxt 声音感应器

Nxt 声音感应器模块用来控制乐高 NXT 机器人上的声音感应器。

表 B.49　Nxt 声音感应器控件的模块说明

模块名称	模　　块	模块说明
NxtSoundSensor(实例)	NxtSoundSensor1	Nxt 声音感应器实例
AboveRange(事件)	when NxtSoundSensor1 .AboveRange do	当音量高于指定的范围时触发的事件
BelowRange(事件)	when NxtSoundSensor1 .BelowRange do	当音量低于指定的范围时触发的事件
WithinRange(事件)	when NxtSoundSensor1 .WithinRange do	当音量介于指定的范围内时触发的事件
GetSoundLeveal(方法)	call NxtSoundSensor1 .GetSoundLevel	返回音量强度，强度值介于 0～1023 之间

续表

模块名称	模块	模块说明
属性	set NxtSoundSensor1 . AboveRangeEventEnabled to / NxtSoundSensor1 . AboveRangeEventEnabled（✓AboveRangeEventEnabled、BelowRangeEventEnabled、BottomOfRange、TopOfRange、WithinRangeEventEnabled） 读写属性：AboveRangeEventEnabled（设置当音量超过 TopOfRange 时，是否触发 AboveRange 事件）、BelowRangeEventEnabled（设置当音量低于 BottomOfRange 时，是否触发 BelowRange 事件）、BottomOfRange（设置触发 WithinRange、BelowRange、AboveRange 等事件的最小值）、TopOfRange（设置触发 WithinRange、BelowRange、AboveRange 等事件的最大值）、WithinRangeEventEnabled（设置当音量介于 BottomOfRange 与 TopOfRange 之间时，是否触发 WithinRange 事件）	

6. Nxt 触摸感应器

Nxt 触摸感应器模块用来控制乐高 NXT 机器人上的触摸感应器。

表 B.50　Nxt 触摸感应器控件的模块说明

模块名称	模块	模块说明
NxtTouchSensor（实例）	NxtTouchSensor1	Nxt 触摸感应器实例
Pressed（事件）	when NxtTouchSensor1 .Pressed do	当触摸感应器被按下时触发的事件
Released（事件）	when NxtTouchSensor1 .Released do	当触摸感应器被放开时触发的事件
IsPressed（方法）	call NxtTouchSensor1 .IsPressed	返回触摸感应器是否被按下
属性	set NxtTouchSensor1 . PressedEventEnabled to / NxtTouchSensor1 . PressedEventEnabled（✓PressedEventEnabled、ReleasedEventEnabled） 读写属性：PressedEventEnabled（设置当触摸感应器被按下时是否能够触发 Pressed 事件）、ReleasedEventEnabled（设置放开触摸感应器时是否能够触发 Released 事件）	

7. Nxt 超声波感应器

Nxt 超声波感应器模块的主要功能是用来控制乐高 NXT 机器人上的超声波感应器。

表 B.51 Nxt 超声波感应器控件的模块说明

模块名称	模块	模块说明
NxtUltrasonicSensor（实例）	NxtUltrasonicSensor1	Nxt 超声波感应器实例
AboveRange（事件）	when NxtUltrasonicSensor1 .AboveRange do	当距离大于指定的范围时触发的事件
BelowRange（事件）	when NxtUltrasonicSensor1 .BelowRange do	当距离小于指定的范围时触发的事件
WithinRange（事件）	when NxtUltrasonicSensor1 .WithinRange do	当距离介于指定的范围之间时触发的事件
GetDistance（方法）	call NxtUltrasonicSensor1 .GetDistance	返回距离的大小，单位为厘米，距离值介于 0～254
属性	set NxtUltrasonicSensor1 . AboveRangeEventEnabled to（AboveRangeEventEnabled / BelowRangeEventEnabled / BottomOfRange / TopOfRange / WithinRangeEventEnabled）；NxtUltrasonicSensor1 . AboveRangeEventEnabled（AboveRangeEventEnabled / BelowRangeEventEnabled / BottomOfRange / TopOfRange / WithinRangeEventEnabled） 读写属性：AboveRangeEventEnabled（设置当距离超过 TopOfRange 时是否触发 AboveRange 事件）、BelowRangeEventEnabled（设置当距离小于 BottomOfRange 时是否触发 BelowRange 事件）、BottomOfRange（设置触发 WithinRange、BelowRange、AboveRange 等事件的最小值）、TopOfRange（设置触发 WithinRange、BelowRange、AboveRange 等事件的最大值）、WithinRangeEventEnabled（设置当距离介于 BottomOfRange 与 TopOfRange 之间时是否触发 WithinRange 事件）	

附录 C

架设 AI2 本地服务器

在 AI2 的开发过程中，数据是保存在 MIT 的 AI2 服务器上的，因此一定要访问互联网才能够进行 AI2 开发。这使一些上网不便的用户失去了 AI2 开发的乐趣，为了解决这个问题，本附录中将介绍架设 AI2 本地服务器的方法和步骤，这样可以在没有互联网的环境中开发 AI2 应用程序。

C.1 下载所需资源

在架设 AI 2 本地服务器之前，需要下载并安装 6 个软件包，这些软件包有 Java 开发包(jdk-7u55-windows-i586. exe)、Git-1. 9. 0-preview20140217. exe、apache-ant-1. 9. 3-bin. zip、python-2. 7. 6. msi、appengine-java-sdk-1. 9. 2. zip、appinventor-sources-master. zip。

1. Java 开发包

目前 AI2 需要的 JDK 版本是 1. 7 版，最新的 1. 8 版并不适用。Java 开发包的下载网址是在 http://www. oracle. com/technetwork/java/javase/downloads/jdk7-downloads-1880260. html，如图 C. 1 所示。首先选择接受许可协议(Accept License Agreement)，然后选择相应版本进行下载，如图 C. 1 所示。笔者使用的是 64 位的 Windows 7 系统，因此

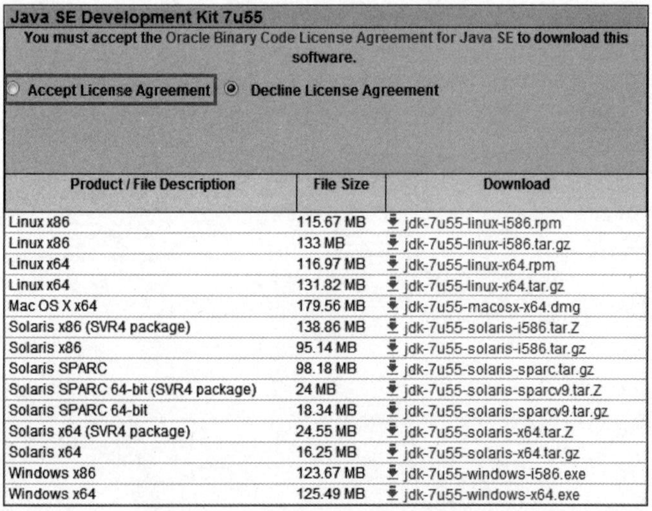

Java SE Development Kit 7u55

You must accept the Oracle Binary Code License Agreement for Java SE to download this software.

Accept License Agreement　Decline License Agreement

Product / File Description	File Size	Download
Linux x86	115.67 MB	jdk-7u55-linux-i586.rpm
Linux x86	133 MB	jdk-7u55-linux-i586.tar.gz
Linux x64	116.97 MB	jdk-7u55-linux-x64.rpm
Linux x64	131.82 MB	jdk-7u55-linux-x64.tar.gz
Mac OS X x64	179.56 MB	jdk-7u55-macosx-x64.dmg
Solaris x86 (SVR4 package)	138.86 MB	jdk-7u55-solaris-i586.tar.Z
Solaris x86	95.14 MB	jdk-7u55-solaris-i586.tar.gz
Solaris SPARC	98.18 MB	jdk-7u55-solaris-sparc.tar.gz
Solaris SPARC 64-bit (SVR4 package)	24 MB	jdk-7u55-solaris-sparcv9.tar.Z
Solaris SPARC 64-bit	18.34 MB	jdk-7u55-solaris-sparcv9.tar.gz
Solaris x64 (SVR4 package)	24.55 MB	jdk-7u55-solaris-x64.tar.Z
Solaris x64	16.25 MB	jdk-7u55-solaris-x64.tar.gz
Windows x86	123.67 MB	jdk-7u55-windows-i586.exe
Windows x64	125.49 MB	jdk-7u55-windows-x64.exe

图 C.1　Java 开发包的下载页面

选择下载 jdk-7u55-windows-x64. exe。

下载完成后，双击 Java 开发包开始安装，如图 C. 2 所示。

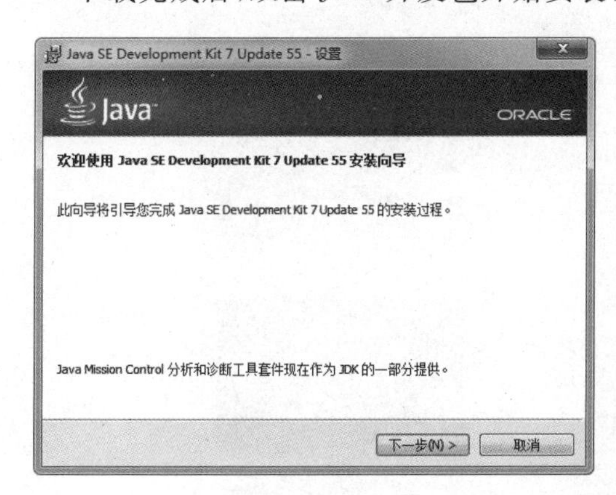

图 C. 2　安装 Java 开发包

Java 开发包安装完成后，在 Windows 系统的 CMD 中输入"java -version"，如果显示 java 开发包的版本信息，则表示安装成功，如图 C. 3 所示。

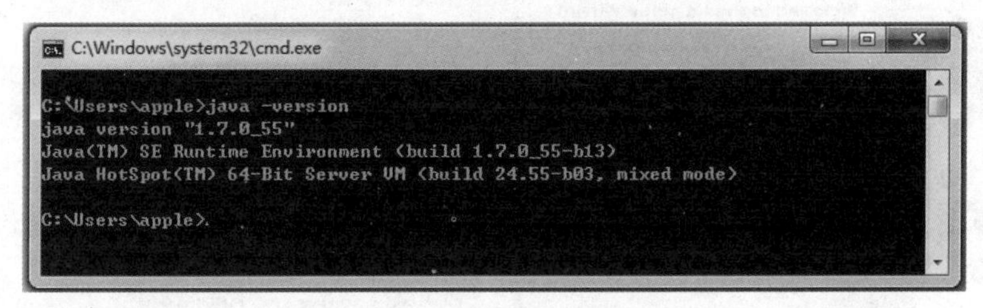

图 C. 3　Java 开发包版本信息

2. Git for Windows

Git 是一种开源的版本控制工具，可用来协调多人程序开发，AI2 在编译过程中需要使用 Git。在浏览器地址栏中输入 Git 的网址 http://git-scm. com，单击右下方的"Download for Windows"按钮，下载与系统匹配的 Git 版本，如图 C. 4 所示。

笔者下载的版本是 Git-1. 9. 0-preview20140217. exe。在安装过程中，在模块选择页面的"additional icons"中将桌面和快捷启动栏中添加上 Git 图标，其他页面选择默认值即可，如图 C. 5 所示。

Git 安装完成后，可以在菜单或桌面上启动 Bash 版本或 GUI 版本的 Git，如图 C. 6 所示。

3. Apache Ant

Apache Ant 是一个将软件编译、测试、部署等步骤联系在一起加以自动化的一个工具，大多用于 Java 环境中的软件开发。进入 http://ant. apache. org/bindownload. cgi 页面，从"Current Release of Ant"栏选择最新版本的 zip 版本的 Apache Ant 进行下载。笔者下载的版本是 apache-ant-1. 9. 3-bin. zip，如图 C. 7 所示。

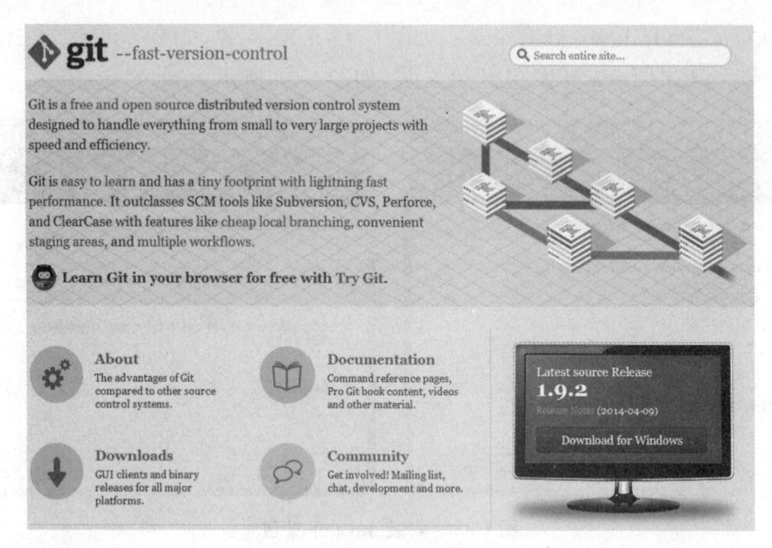

图 C.4　Git 下载页面

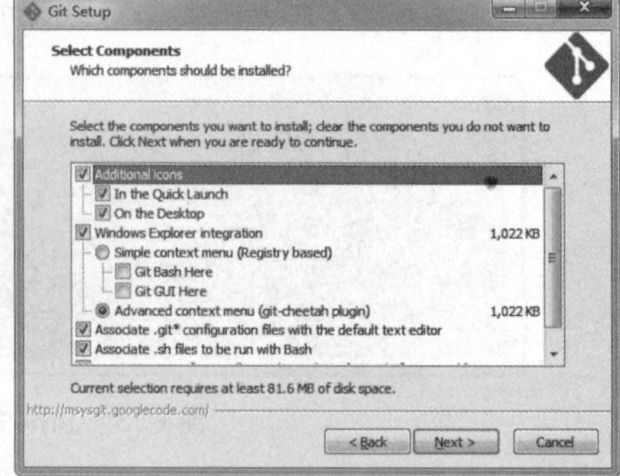

图 C.5　安装 Git

图 C.6　Bash 版本或 GUI 版本的 Git

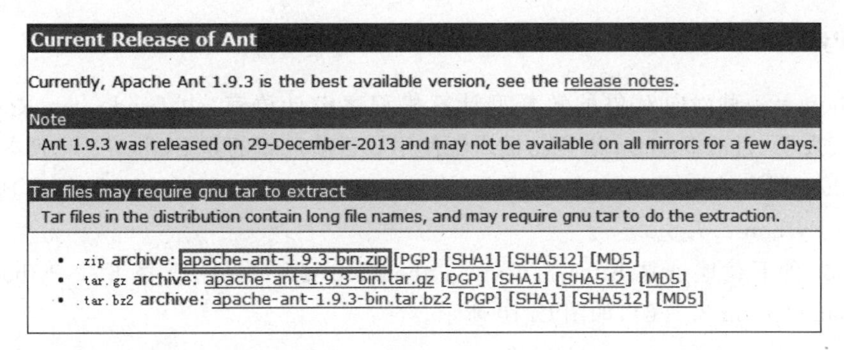

图 C.7 Apache Ant 下载页面

下载完成后，笔者将软件解压到 C:\apache-ant-1.9.3，解压位置读者可以自己选择。然后在“系统属性”对话框中单击“环境变量”按钮，在打开的对话框中单击“系统变量”→“编辑”按钮，在“Path”中追加 Apache Ant 的 bin 目录的位置。笔者在系统变量 Path 中追加的内容为“;C:\apache-ant-1.9.3\bin”，如图 C.8 所示。

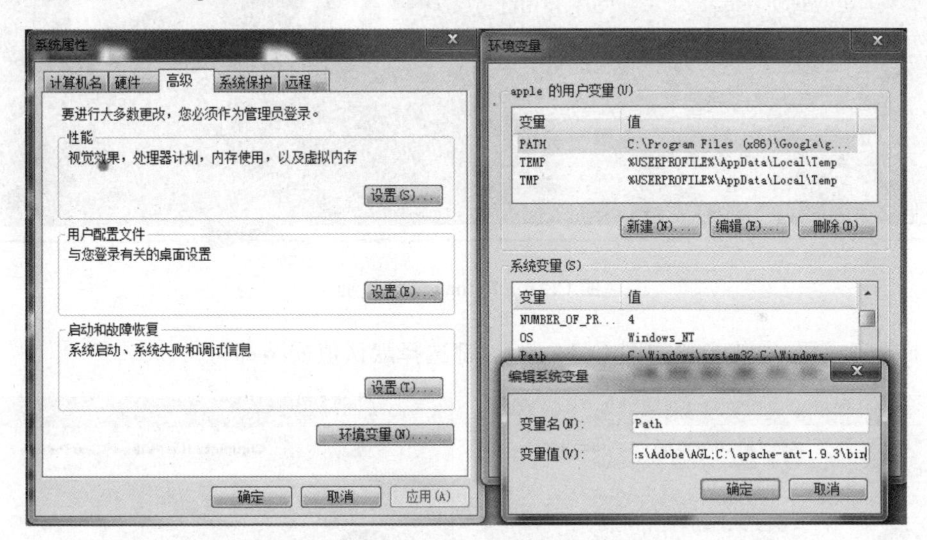

图 C.8 修改系统环境变量 Path

为了判断 Apache Ant 是否成功安装，在 Windows 系统的 CMD 中输入“ant”，如果提示“Buildfile: build.xml does not exist! Build failed”，则表示已经部署成功，如图 C.9 所示。

图 C.9 成功安装 Apache Ant

4. Python 2.7

Python是一种面向对象的解释型计算机程序设计语言，由Guido van Rossum于1989年底发明，目前Python语言已被广泛使用。目前最新的是Python 3.x版本，但AI2中的Python脚本均为Python 2.x版本，若使用Python 3.x版本编译会报错，所以这里必须使用Python 2.7.6。

Python的下载地址是https://www.python.org/downloads，选择下载Python 2.7.6（Download Python 2.7.6），如图C.10所示。

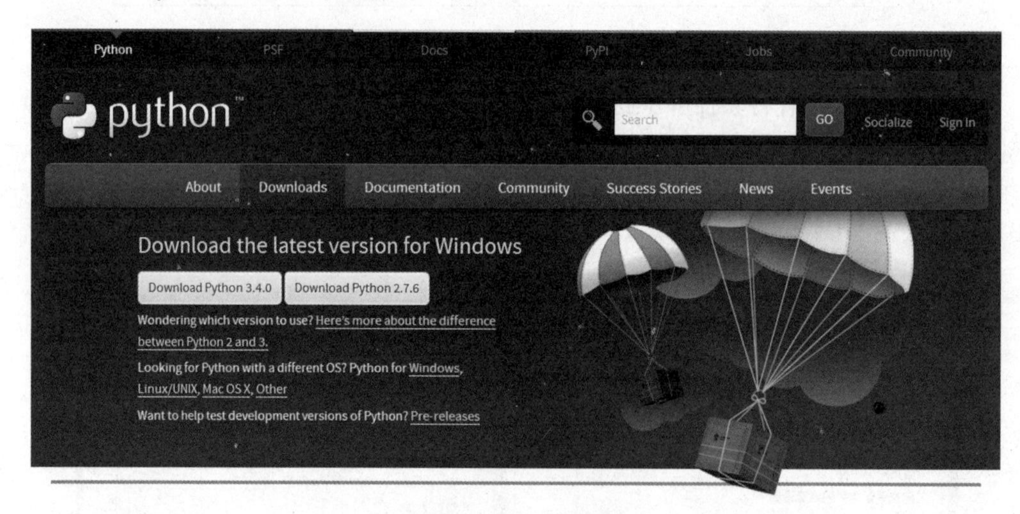

图C.10　Python下载页面

下载完成后，安装步骤如图C.11所示，都选择默认值安装即可。

图C.11　安装Python

安装完成后，将Python的安装目录追加到系统变量Path中，如图C.12所示。

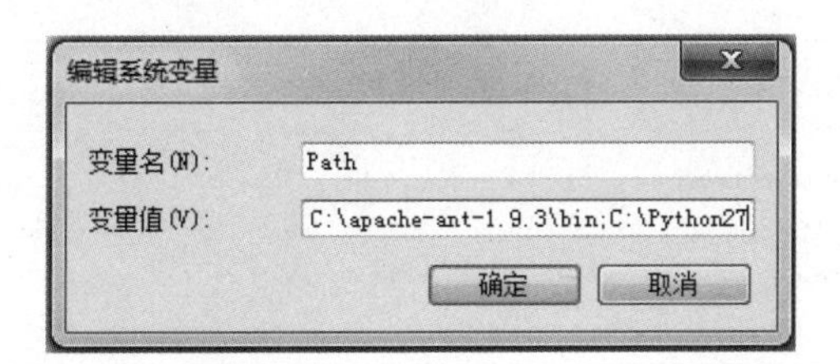

图 C.12 向环境变量 Path 中添加 Python 的安装目录

5. Google App Engine SDK for Java

Google App Engine 是 Google 提供的云服务平台，目前支持 Python、Java 和 Go 语言。AI2 使用的是 Java 语言的 Google App Engine 框架，因此在下载地址 https://developers.google.com/appengine/downloads 中选择 Google App Engine SDK for Java 版本的 appengine-java-sdk-1.9.3.zip 进行下载，如图 C.13 所示。

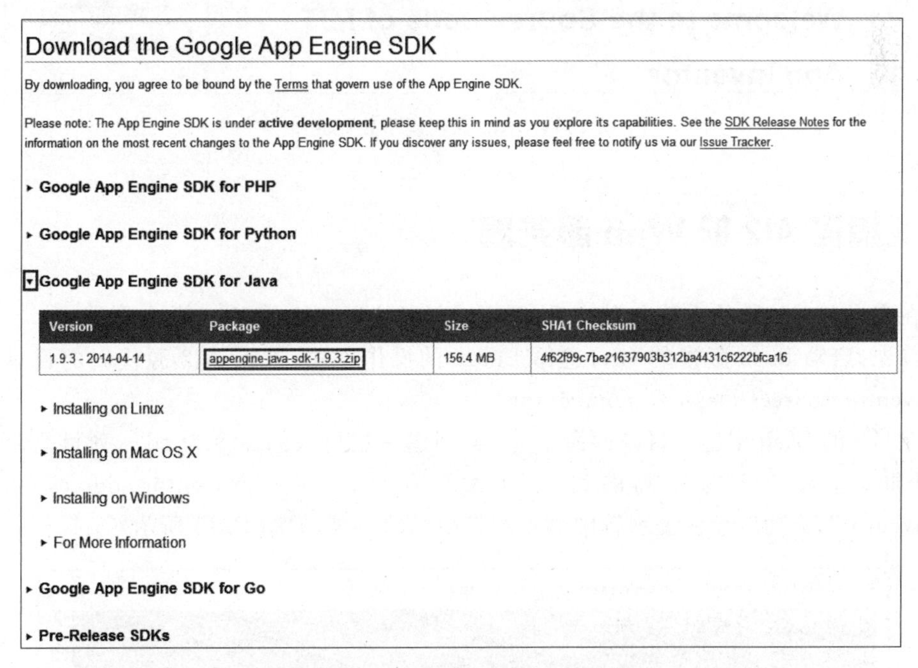

图 C.13 Google App Engine 下载页面

下载完成后，将其解压到适当位置。笔者将 appengine-java-sdk-1.9.3.zip 解压至 C:\appengine-java-sdk-1.9.3。

6. AI2 源代码

AI2 源代码的下载位置在 https://github.com/mit-cml/appinventor-sources 页面，如图 C.14 所示，单击页面右下方的“Download ZIP”按钮即可下载 AI2 的源代码。

下载的文件为 appinventor-sources-master.zip，下载完成后笔者将其解压到 C:\appinventor-sources-master 文件夹中。

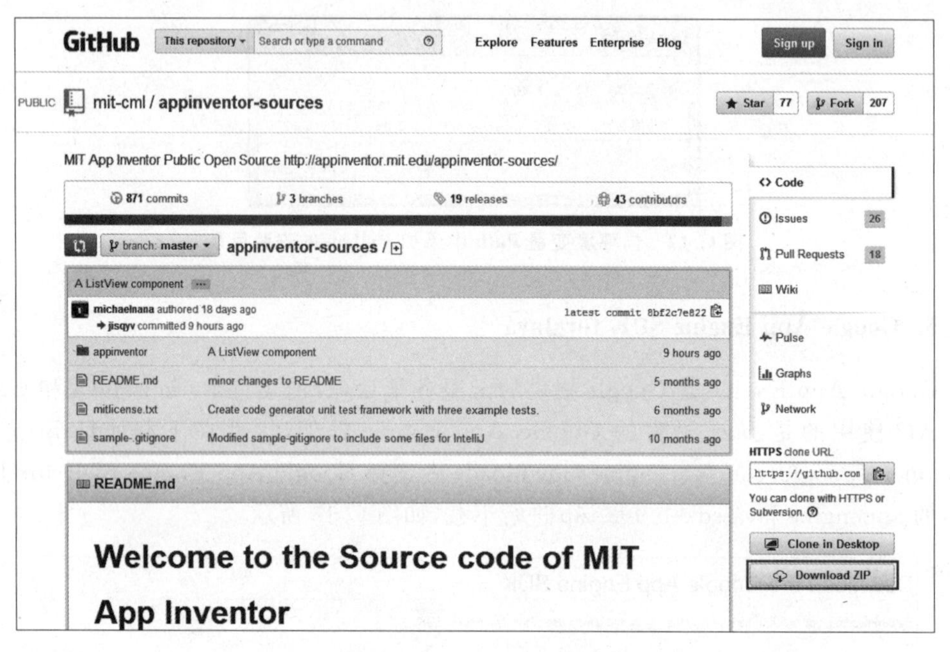

图 C.14　AI2 源代码下载页面

C.2　编译 AI2 的 Web 服务器

在完成基础软件的下载和安装后，下面就可以编译 AI2 的 Web 服务器了。

首先，启动 Bash 版本的 Git，遵循 Linux 的操作方式，进入 AI2 源代码的目录 C:\appinventor-sources-master\appinventor。

在 Git 的 Bash 中进入目录的命令为 cd，回退一层目录的命令为 cd..，列目录命令为 ls。因此，进入 AI2 源代码的目录的命令为“cd /c/ appinventor-sources-master/appinventor”，成功后会在提示符中显示刚切换到的目录，如图 C.15 所示。

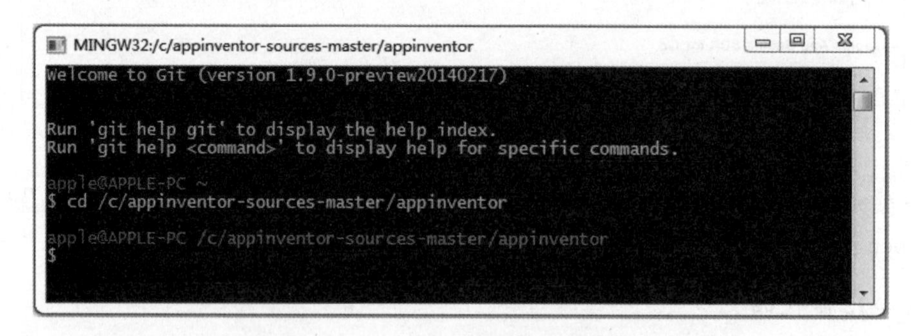

图 C.15　进入 AI2 的源代码的目录

用户可以在源代码目录中使用 ls 命令，显示当前目录中的所有子目录和文件，然后输入 ant 命令启动编译过程，如图 C.16 所示。

编译过程会持续一段时间，在编译完成后会显示“BUILD SUCCESSFUL”，如图C.17所示。

MINGW32:/c/appinventor-sources-master/appinventor
apple@APPLE-PC /c/appinventor-sources-master/appinventor
$ ls
aimerger appengine build-common.xml common lib
aiphoneapp blocklyeditor build.xml components misc
aiplayapp build buildserver docs rendezvous
apple@APPLE-PC /c/appinventor-sources-master/appinventor
$ ant

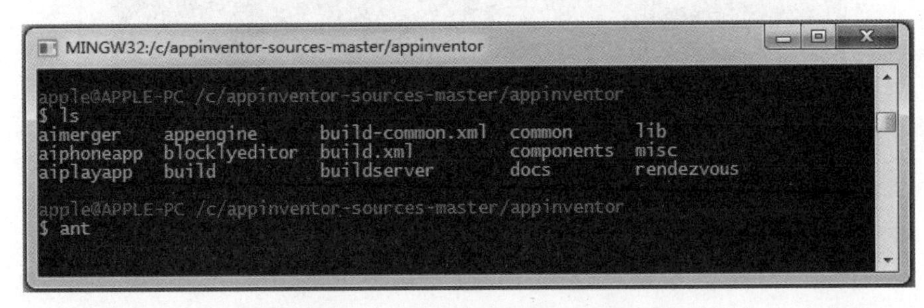

图C.16 ant命令启动编译过程

MINGW32:/c/appinventor-sources-master/appinventor
BuildServer:
CheckPlayApp:
PlayApp:
BUILD SUCCESSFUL
Total time: 22 seconds
apple@APPLE-PC /c/appinventor-sources-master/appinventor
$

图C.17 编译AI2成功

编译好AI2服务器后，下一步是启动AI2的Web服务，方法是在Git的Bash中输入启动命令“/c/appengine-java-sdk-1.9.3/bin/dev_appserver.sh --port=8888 --address=0.0.0.0 ./appengine/build/war”，如图C.18所示。其中，“/c/appengine-java-sdk-1.9.3/”是安装在C盘根目录下的AppEngine目录；“--port=8888”设置本地的Web服务端口为8888，“--address=0.0.0.0”设置本地的Web服务的IP地址，“0.0.0.0”表示绑定本机所有有效的IP地址。

MINGW32:/c/appinventor-sources-master/appinventor
BuildServer:
CheckPlayApp:
PlayApp:
BUILD SUCCESSFUL
Total time: 22 seconds
apple@APPLE-PC /c/appinventor-sources-master/appinventor
$ /c/appengine-java-sdk-1.9.3/bin/dev_appserver.sh --port=8888 --address=0.0.0.
0 ./appengine/build/war

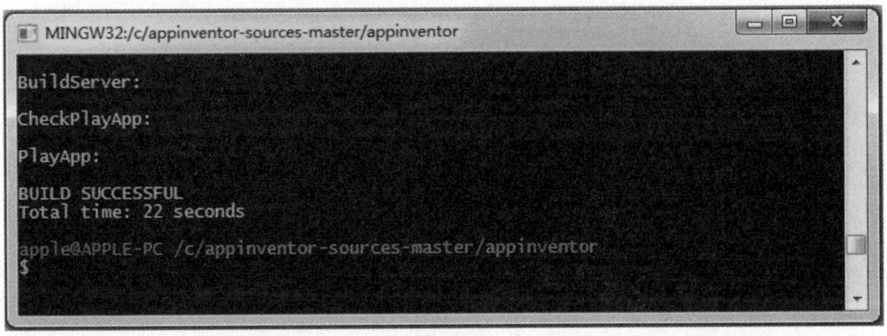

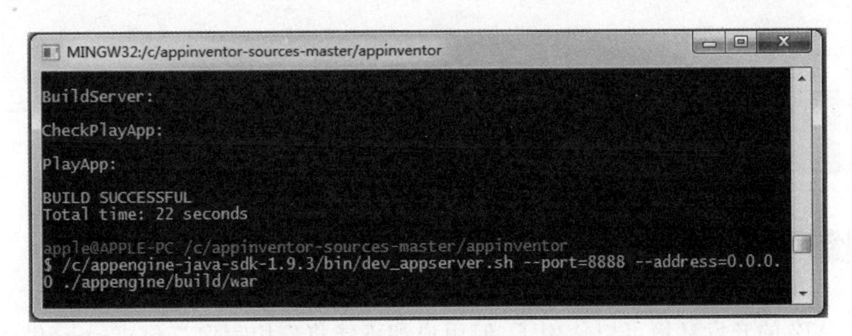

图C.18 启动AI2的Web服务命令

AI2的Web服务成功启动的标志是在Bash中显示“Dev App Server is now running”，如图C.19所示。

```
MINGW32:/c/appinventor-sources-master/appinventor
eService load
信息: Time to load datastore: 42 ms
四月 23, 2014 11:52:32 下午 com.google.apphosting.utils.jetty.JettyLogger info
信息: Started SelectChannelConnector@0.0.0.0:8888
四月 23, 2014 11:52:32 下午 com.google.appengine.tools.development.AbstractModul
e startup
信息: Module instance default is running at http://localhost:8888/
四月 23, 2014 11:52:32 下午 com.google.appengine.tools.development.AbstractModul
e startup
信息: The admin console is running at http://localhost:8888/_ah/admin
四月 23, 2014 11:52:32 下午 com.google.appengine.tools.development.DevAppServerI
mpl doStart
信息: Dev App Server is now running
```

图 C.19　成功启动 AI2 的 Web 服务

AI2 的 Web 服务启动后,在浏览器的地址栏中输入"localhost:8888",访问刚启动的 AI2 Web 服务,则会显示 AI2 的登录界面,如图 C.20 所示。

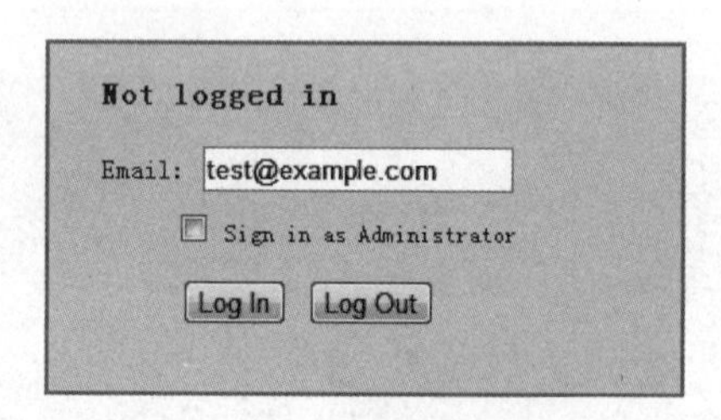

图 C.20　AI2 的登录界面

测试账号 test@example.com 已经自动添加在 Email 文本框中,用户只要单击"Log In"按钮,即可进入 AI2 开发环境,如图 C.21 所示。

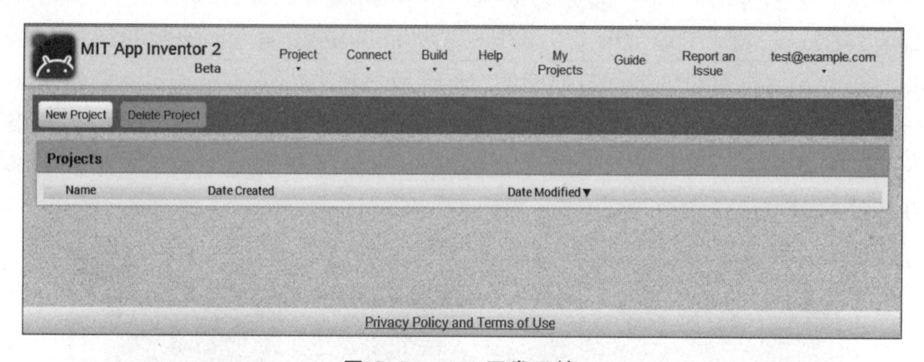

图 C.21　AI2 开发环境

C.3　编译 AI2 的 Build 服务器

虽然 AI2 的开发环境可以使用了,但用户却不能将应用程序打包成 apk,供用户的计算机或手机下载,就是说图 C.22 中的两项功能是无效的。

要实现编译 apk 的功能,需要再编译一个 Build 服务。编译 Build 服务时,需要重新开启一个 Git 的 Bash。需要注意的是,不要关闭启动 Web 服务的那个 Bash,因为 AI2 的 Web 服务由这个 Bash 提供。

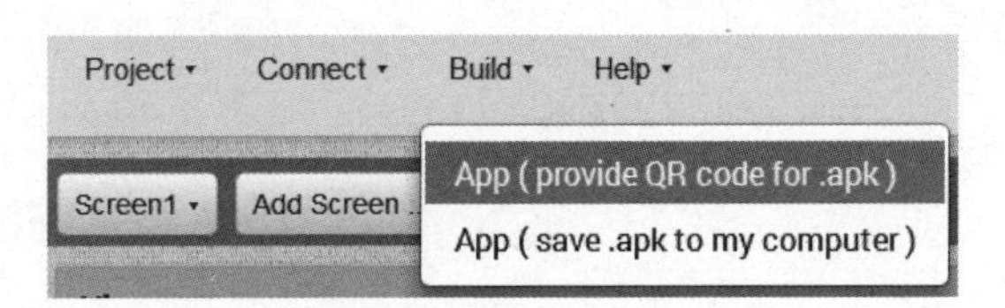

图 C.22　编译 apk 的功能

在 Bash 中进入 C:\appinventor-sources-master\appinventor 目录，然后输入“ant RunLocalBuildServer”命令，如图 C.23 所示。

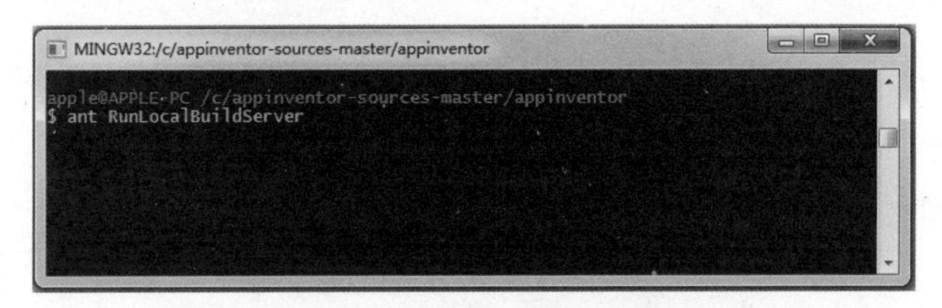

图 C.23　编译和启动 Build 服务命令

编译结束后会自动运行 Build 服务，如出现“Server running”，则表示 Build 服务运行成功，这时就可以将应用程序打包成 apk 文件供电脑和手机下载，如图 C.24 所示。

图 C.24　Build 服务命令启动成功